同济建筑教育年鉴 2017-2019

DEPARTMENT OF ARCHITECTURE CAUP TONGJI UNIVERSITY

同济大学建筑与城市规划学院建筑系 编著

同 济 大 学 出 版 社

编委会

EDITORIAL COMMITTEE

目录
Contents

PREFACE

序

更高、更深、更宽

从2017年起，同济大学建筑学首批进入教育部“一流学科”建设的行列。相应地，提出新的目标，配置更多的资源，也开展进一步的人才培养、科学研究、社会服务、国际合作和文化传承。建筑系为此提出了更高、更深和更宽三个维度的要求。

更高，就是要在教学和科研中有更高的视点，更高的要求。我们提出从“现代性”向“当代性”的转型，把握建筑学发展的新方向。例如在数字设计建造方面，2018年的第八届同济数字建造夏令营吸纳了来自24个国家、125所大学和研究机构的195名营员，成为全世界最重要的专业盛会之一；在历史建筑保护等领域，获得自然科学基金重点项目和重大科技专项多个课题，其中2017—2018年获得自然科学基金面上项目和青年项目50多项，获得省部级科技奖励多项。

更深，就是在人才培养中深耕细作，以教学为核心，以设计课为重点，加深本科生和硕士生的教学内涵。例如通过校友支持，创办了“李德华－罗小未教席教授”“全筑室内设计教席教授”，邀请刘克成、张月等国内知名教授以及MVRDV、GMP等国际知名事务所的主创建筑师指导设计课程，进一步挖掘了设计课的潜力。在传统的国际建造节、本科生欧洲写生、自选题设计课程、毕业设计环节、研究生设计课程改革、博士生课程建设等方面，又有细致的补充和发展。2017—2018年建筑系教师获得国家级教学成果奖2项，上海市教学成果奖4项。

更宽，就是面向社会发展，迎接新的挑战，通过合作和竞争，增加社会服务、国际合作和文化传承的宽度。国际博士生院不仅面向本院博士生，还与国内外20多所合作院校的博士生共同分享。在威尼斯双年展上，同济师生一展乡村建设的身手；在国内外设计竞赛中，先后获得亚洲建协、中国建筑学会等多项竞赛的金银奖。在全世界五大洲，都留下了同济建筑系教师学生的足迹；在建筑系里，每年有百余名来自几十个国家的留学生在此学习。在亚运村，在冬奥赛场，在雄安新区，在灾后重建的现场，也都有建筑系教师学生的努力成果。

这里呈现的，就是建筑系2017—2019年的部分成果。我们提倡“共同但有区别的责任”，希望我们的老师和学生，为了共同的目标，继续展示自己多姿多彩的设计成果。

同济大学建筑与城市规划学院院长

二〇一九年九月二日

OVERVIEW

概　述

办学理念
Vision and Mission

面向不确定的未来：复杂语境下的教学探索

建筑学正面临着前所未有的挑战。新的技术、新的需求、新的思维正强烈地冲击着建筑学的本体，新的审美、甚至新的建筑哲学思考正在诞生。对建筑学教育而言，或许是一次史无前例的考验，因为我们今天在许多方面必须形成新的共识。

自维特鲁威以来，建筑学上一次受到的重大冲击是现代主义运动。它是历史上最壮阔的一次变革，其幅度和周期是前所未有的，但它局限于建筑学本体范畴。一个世纪之后的今天，一场影响更为广阔的新运动已经悄然而至，其结果可能是对建筑学本体的重新定义。

我们可以听到来自不同角度的关于建筑教育的批评：设计院一如既往地希望得到能立马上手的生力军；实验建筑师们认为今天的毕业生大多缺乏批判精神；中国的一般建筑学校依然以培养传统意义的建筑师为己任；而最大胆的西方教授则认为精英大学应该重新定义行业的内涵。全球面临的共同挑战也对建筑学提出新的命题：过去 30年关于可持续发展命题的讨论似乎在为建筑学注入新的内容；而正在兴起的人工智能浪潮，是意味着建筑学中人本原则的终结？还是古希腊数学—几何学的万能宇宙原理的终极回归？或许，建筑学将被彻底分解为建筑学研究与建筑师培养。

在这浑浊的激流之中，建筑教育之路该如何前行？

可以肯定的是，今天给出答案为时尚早！

三年前，我们推出了第一辑《同济建筑教育年鉴（2014—2015）》。在过去三年中，我们不断持续探索，努力面对现实的复杂性和未来的不确定性，这是对建筑学人才培养的总体反思。我们试图让知识点成为方法训练的载体，而不是教育的目的。这种理解既基于对重复

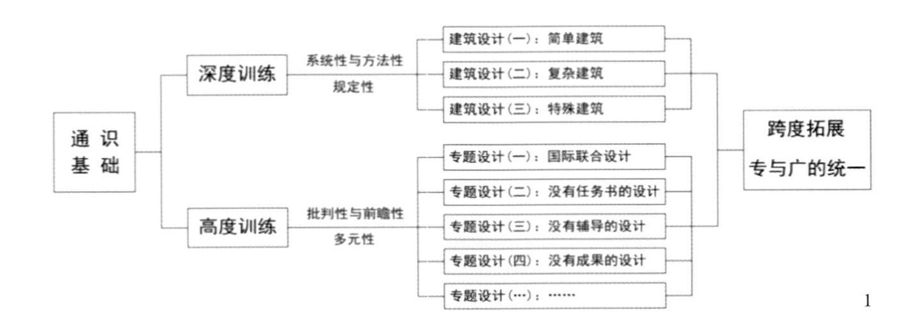

1. 高度与深度双向拓展的建筑设计课程体系示意

训练过多的现状的总体观察，更是基于方法训练应该贯穿建筑学培养的所有阶段的基本原则。我们认为优秀人才必须具备知识能力的系统性、准确性、深度以及价值判断的批判性、前瞻性。我们尝试通过这种高度与深度的双向拓展训练实现培养跨度的拓展，达到多元的目标，从而提升培养质量。

第一，我们进行了对博士生培养方案的整体重塑。本着博士生培养的关键在于创造新知识的基本认识，将批判精神与科学的思维与工作方法作为创新意识的基础，采取了两大关键举措：一是完成了专业学位课从知识内容向方法训练的完整转型，新课程体系涵盖了科学思维训练、批判能力训练和科学研究技能训练；二是建筑学前沿课从硕博合上的系列讲座向“理论前沿”与“技术前沿”两类研讨课转型。学位课的改革对应理论和技术两大培养领域，非学位课则被分为“建筑技术课程”模块和“建筑理论课程”模块两大类，要求博士生根据自己的研究方向，在自己的模块内选修不少于 6个学分的课程，而前沿课（二选一）是必修的。两年的实践显示，修课环节的工作强度和针对性明显提升，以科研方法为导向的训练也为博士生的研究工作打下更好的基础。这里要特别感谢积极支持和参与课程改革的教师们，一些教师参加了相关教学改革课题；有些教师承担了新的关键课程的教学工作，其中许多课程是探索性的。没有这些教师们积极支持，这次课程体系改革是无法实现的。

在此基础上，2018年我们启动了数字技术领域的国际博士生项目，聘请了国际顶尖学者作为兼职教授，第一届招收了 4 名来自欧美国家、具有良好教育背景的

2018 年建筑学博士研究生培养方案中的关键课程

类别	课号	课程	学分	学时	学期	选课	备注
专业学位	1010136	建筑学研究方法	1	18	春季	选修	—
	1010143	研究计划制订	1	18	秋季	选修	—
	1010150	建筑哲学研究	2	36	春季	选修	英文授课
	1010152	论文选题与写作	1	18	春季	选修	—
	1010153	数字设计前沿	1	18	春季	选修	英文授课
	1010146	批判性阅读	2	36	秋季	选修	—
	1010147	数字设计理论	2	36	春季	选修	英文授课
	1210057	科学哲学研究	2	36	秋季	选修	人文学院课程
非学位课	1010137	建筑技术科学前沿	2	36	秋季	二选一	建筑技术课程模块
	1010142	建筑理论前沿专题	2	36	春季	二选一	建筑理论课程模块

国际学生，全过程英语教学，实现了博士生培养全面国际化的突破。

第二，我们恢复了学术型硕士研究生的培养。进一步加强专业型硕士研究生培养中的设计能力与意识的提升，具体而言，就是通过建筑设计中科学问题的凝练以及问题的解答完成一个“研究性设计”课题，以此培养硕士生的观察能力、推理能力、批判能力，并最终导向创造能力。从2018级开始，全面推行以“研究性设计”作为毕业论文选题，我们对“研究性设计”的概念与成果标准进行了明确地界定，具体体现在“研究性设计”的工作内容中：

（1）根据选题进行文献研究、案例分析，提出明确的研究问题；

（2）结合选题对区位、自然和人文环境等条件进行分析；

（3）结合研究问题提出设计理念、方法和策略，并对其进行论证和图解式分析；

（4）通过有深度的设计对研究问题进行解答。

与之同步，学术型硕士生的培养侧重研究能力培养，以适应建筑学教育日趋学术化的总体趋势。我们进一步加强了课程建设，根据拟定的二级学科方向（建筑设计、建筑理论、建筑技术、城市设计、室内设计、遗产保护），将非学位课归类为六个课程模块，要求研究生在自己的模块内至少选择四个学分的课程学习，加强硕士研究生培养中专门化的特点。

第三，我们有效区分了本科生培养中两种类型的建筑设计训练。一是全系统筹、侧重方法训练的“建筑设计”；二是由十个学科组负责的多元选择的“专题设计”。

这是我们化解重复性训练并丰富训练元素的关键措施。“建筑设计”以系统性和深度为目标，围绕设计方法展开；而由学科组负责的“专题设计”则导向广度，通过多元的选择保证活力与创造性，甚至鼓励一些“非设计”的选题，力图拓宽学生知识视野，培养前瞻性与批判性意识，即思想高度，为未来做好准备。

传承同济建筑教育的开放性传统，我们把批判精神与前沿视野作为面向未来的主要手段。在前沿领域，首

2. 2018 年本科四年级“结构几何”教学成果：机器人金属打印的步行桥，机器人建造的椅子，数字诠释的中国塔

先聚焦数字领域，我们近年取得一些突破，在国内外产生了重要影响。数字设计与建造的教学活动目前在本科高年级的自选题以及研究生的设计课中作为学科组的专题设计设置，属于多元与拓展性的内容。本科生自选题“结构几何”关注设计、结构与建造的整合，训练学生的建筑本体逻辑，致力于结构性能化设计方法和机器人建造技术的整合，训练学生“建筑结构一体化”设计思维，对传统建筑教育进行实验性创新。此外，建筑系每年还举办享有重大声誉的国际数字夏令营，邀请当今世界顶尖的领域专家、学者前来指导，吸引了来自全世界的优秀学生，展示了数字领域最先进的技术。在此基础上，数字作品还参加了 2018威尼斯建筑双年展，引起广泛关注。

批判性是我们追求的另一目标。随着城市建设从增量发展向存量品质提升的转型，学界的关注点移向了旧城更新。而过去三十年粗放式发展留下的新城及新区存在的问题不亚于旧城，主要体现为城市性不足，而且一般是结构性的问题。基于此，我们批判性地选择了当代中国新城作为改造对象，探索新城再城市化的途径与策略，并于 2017和 2018年通过两轮本科生的毕业设计，对上海陆家嘴金融贸易区进行了改造实验设计。改造的基本目标在于将空间尺度缺失、功能单一的陆家嘴改造成为日常性的宜人城区，通过空间加密的基本策略，实现新城的再城市化。教学成果参加了 2017年上海城市空间艺术季展览，并获得上海电视台、解放日报、澎湃新闻等重要媒体的多次报道。

未来将至，但它的形式并不确定。在大变革的总体背景下，通过这些思考与实践探索，我们尝试抓住那些具有永恒特质的元素，平衡好“不变”的与必定会“变”的东西，就可以坦然面对未来不确定性的挑战。

这场挑战已经悄然而至。

同济大学建筑与城市规划学院 建筑系系主任

3. 2018 年本科毕业设计中的陆家嘴再城市化：陆家嘴现状，加密后的陆家嘴，陆家嘴改造模型

专业与学科设置
Discipline and Program

学科方向

建筑学按照六个二级学科方向进行学科建设和人才培养。六个二级学科方向及其内涵分别为:

建筑设计及其理论

建筑设计的基本原理和理论、客观规律和创造性构思,建筑设计的技能、手法和表达。

建筑历史、理论与评论

中外建筑演变的历史、理论和发展动向,中国传统建筑的地域特征及其与建筑本土化的关系,以及影响建筑学的外缘学科思想、理论和方法等的交叉运用。

建筑技术科学

与建筑的建造和运行相关的建筑技术、建筑物理环境、建筑节能及绿色建筑、建筑设备系统、智能建筑等综合性技术以及建筑构造等。

城市设计及其理论

城市形态的发展规律和特点,通过公共空间和建筑群体的安排使城市各组成部分在使用和形式上相互协调,展现城市公共环境的品质、特色和价值,从而激发城市活力、满足文化传承和经济发展等方面的社会需求。

室内设计及其理论

根据建筑物的使用性质、所处环境和相应标准,运用物质技术手段和建筑美学原理,创造生态环保、高效舒适、优美独特、满足人们物质和精神生活需要的内部环境。

建筑遗产保护及其理论

反映人类文明成就、技术进步和历史发展的重要建筑遗产的保存、修复和再生利用等,涉及艺术史、科技史、考古学、哲学、美学等一般人文科学理论,也涉及建筑历史、建筑技术、建筑材料科学、环境学等学科理论和知识。

专业设置

在本科、硕士和博士阶段分别设有不同的专业学位与专门化方向。不同阶段的专业设置和培养目标如下:

本科阶段

设四年制历史建筑保护工程专业、四年制建筑学专业（工学学位）、五年制建筑学专业（建筑学专业学位）；在五年制建筑学专业中另有室内设计专门化方向。

建筑学专业培养目标：德智体美全面发展的社会主义建设者和接班人，努力使每一名学生经过大学阶段的学习、熏陶以后，具有“通识基础、专业素质、创新思维、实践能力、全球视野、社会责任”综合特质，践行社会主义核心价值观，适应国家建设需要，适应未来社会发展需求，掌握建筑学科的基本理论、基本知识和基本的设计方法，具备建筑师的职业素养、突出的实践能力，具有国际视野，富于创新精神，能够成为引领未来的社会栋梁与专业精英。

历史建筑保护工程专业培养目标：适应国家建设需要和社会发展需求，德、智、体全面发展，基础扎实、知识面宽广、综合素质高的社会主义建设者和接班人。培养面向建筑遗产与历史环境的保存、修复、利用设计和文物保护及其管理领域，既具备建筑学专业基本知识和技能，又系统掌握遗产保护的理论体系与应用方法，兼具全球视野和创新思维的社会栋梁与专业精英。

研究生阶段

设专业型和学术型建筑学硕士学位、学术型工学博士与专业型工程博士学位（包括全日制与非全日制）。

建筑学硕士培养目标：掌握本学科、专业领域坚实的基础理论和系统的专业知识，具有良好的理论与职业素养以及较强的解决实际问题的能力，并要求学生具有一定的跨学科知识；能够承担专业技术或管理工作，能独立进行科研工作，成为具有良好学术素养和国际视野的高层次专门人才。

建筑学博士培养目标:具有正确的人生观和价值观，深厚的理论素养，开阔的国际视野和出众的综合能力的建筑学研究者，能够独立进行创造性研究与实践的建筑学高端人才以及引领未来的专业精英及新领域的开拓者。

师资与梯队构成
Faculty

现有在编教师 143 名。学缘结构方面（按最高学位获得单位），最高学位获得单位所占比例分别为：同济大学（62%），清华大学、东南大学等国内知名高校（19%），哈佛大学、剑桥大学、东京大学、香港大学等海外知名高校（19%）。职称构成方面，教授（含研究员）43 名、副教授（含副研究员）58 名，国家级高校教学名师 1 名，上海市高校教学名师 3 名。拥有中国科学院院士 2 名、中国工程院院士 1 名，青年长江学者 1 名，法国建筑科学院外籍院士 2 名，美国建筑师学会荣誉院士（Hon. FAIA）3 名。专业背景方面，建筑学专业 105 名（73.43%），非建筑学专业 38 名（26.57%）。拥有博士学历的专职教师为 102 位，占比 72%。师资队伍中，外籍教师人数为 7 人，61 位拥有 1 年及以上的境外学习进修经历，占比 42.6%。

设计基础教学团队

<table>
<tr><th>总负责人
（责任教授）</th><th>团队</th><th>团队负责人
（责任教授）</th><th>学科方向</th><th>学科方向负责人
主讲（副）教授</th><th>成员</th></tr>
<tr><td rowspan="6">张建龙</td><td rowspan="2">设计基础一
（一年级）
（CF1）</td><td rowspan="2">孙彤宇（教授）</td><td>建筑与环境认知</td><td>赵巍岩
（主讲副教授）</td><td rowspan="4">俞　泳（副教授）
戚广平（副教授）
岑　伟（副教授）
李　立（教授）
徐　甘（副教授）
周　芃（讲师）
关　平（讲师）
张雪伟（讲师）
王　珂（副教授）
李彦伯（副教授）
田唯佳（副教授）</td></tr>
<tr><td>造型基础</td><td>王志军
（主讲副教授）</td></tr>
<tr><td rowspan="2">设计基础二
（二年级）
（CF2）</td><td rowspan="2">章　明（教授）</td><td>材料与建造</td><td>李兴无
（主讲副教授）</td></tr>
<tr><td>生成设计</td><td>胡　滨
（主讲教授）</td></tr>
<tr><td rowspan="2">美术
（CF3）</td><td rowspan="2">胡　炜（教授）</td><td>绘画艺术</td><td></td><td rowspan="2">吴　刚（副教授）
刘秀兰（教授）
邬春生（副教授）
刘　宏（副教授）
刘庆安（副教授）
叶　影（副教授）
何　伟（副教授）
周信华（副教授）
王昌建（副教授）
吴　葵（讲师）
刘　辉（讲师）
徐油画（讲师）
吴　茜（讲师）
于幸泽（助理教授）</td></tr>
<tr><td>公共环境艺术</td><td>阴　佳
（主讲教授）</td></tr>
</table>

续表

二级学科	学科组	学科组负责人 (责任教授)	学科方向	学科方向负责人 主讲(副)教授	成员
建筑历史与理论及历史建筑保护	中国传统建筑 (A1)	常　青(院士)	中国建筑史	李　浈(主讲教授)	张　鹏(副教授) 王红军(副教授) 刘涤宇(副教授) Placido Gonzalez Martinez (副教授) 朱宇晖(讲师) 邵　陆(讲师) 李颖春(副教授) 温　静(助理教授) 张晓春(副研究员)*
			风土建筑		
	外国建筑历史与理论 (A2)	卢永毅(教授)	外国建筑历史	李翔宁(主讲教授)	梅　青(教授) 钱　锋(女)(副教授) 周鸣浩(副教授)
			西方建筑理论	王骏阳(主讲教授)	
	建筑遗产保护与再生 (A3)	伍　江(教授)	历史街区和历史城镇保护与复兴	鲁晨海(主讲副教授)	朱晓明(教授) 陆　地(副教授) 刘　刚(副教授)
			建筑保护与修复技术	戴仕炳(主讲教授)	
建筑设计及其理论	公共建筑设计 (A4)	吴长福(教授)	公共建筑	谢振宇(主讲教授)	李麟学(教授) 徐　风(副教授) 王桢栋(教授) 陈　宏(讲师) 周友超(讲师) 汪　浩(讲师)
			高层建筑	佘　寅(主讲副教授)	
	住宅与住区发展 (A5)	黄一如(教授)	住宅与住区发展	周静敏(主讲教授)	戴颂华(副教授) 周晓红(教授) 姚　栋(副教授) 罗　兰(讲师) 贺　永(副教授) 司马蕾(副教授) Harry Den Hartog(讲师)
	建筑设计方法 (A6)	李　斌(教授)	环境行为学	徐磊青(主讲教授)	沐小虎(副教授) 孙澄宇(副教授) 陈　强(讲师) 龚　华(讲师) 李　华(讲师) 董　屹(副教授) 郭安筑(讲师)
			建筑设计方法	董春方(主讲副教授)	
			数字化设计技术		
			数字化设计方法		
	建筑策划与类型学研究 (A7)	李振宇(教授)	建筑策划与类型学研究	王方戟(主讲教授)	刘　敏(副教授) 涂慧君(教授) 江　浩(讲师) 张　婷(助理教授)
	大跨建筑 (A8)	钱　锋(教授)	大跨建筑	魏　崴(主讲副教授)	汤朔宁(教授) 徐洪涛(讲师) 刘宏伟(讲师)
	都会设施与建筑 (A13)	张永和(教授)			谭　峥(助理教授)

续表

<table>
<tr><td rowspan="4">建筑技术科学</td><td rowspan="2">建造技术
（A9）</td><td rowspan="2">袁　烽（教授）</td><td>建筑构造</td><td>孟　刚（主讲副教授）</td><td rowspan="2">曲翠松（副教授）
陈　镌（副教授）
周　健（讲师）
胡向磊（副教授）
金　倩（副教授）</td></tr>
<tr><td>建筑安全</td><td></td></tr>
<tr><td rowspan="2">环境控制技术
（A10）</td><td rowspan="2">宋德萱（教授）</td><td>绿色建筑与节能</td><td></td><td rowspan="2">叶　海（副教授）
林　怡（副教授）
杨　峰（副教授）
邓　丰（副教授）
赵　群（讲师）
崔　哲（副教授）
黄子硕（助理教授）</td></tr>
<tr><td>建筑光环境</td><td>郝洛西（主讲教授）</td></tr>
<tr><td rowspan="2">城市设计
及其理论</td><td rowspan="2">城市设计
（A11）</td><td rowspan="2">庄　宇（教授）
蔡永洁 **
（教授）</td><td>城市开发与更新</td><td>张　凡（主讲副教授）</td><td rowspan="2">陈　泳（教授）
孙光临（副教授）
杨春侠（副教授）
戴松茁（讲师）
许　凯（副教授）
黄林琳（讲师）
Iris Belle（助理教授）
叶　宇（助理教授）</td></tr>
<tr><td>城市形态</td><td>王　一（主讲副教授）</td></tr>
<tr><td>室内设计
及其理论</td><td>室内设计
（A12）</td><td>陈　易（教授）</td><td>室内设计</td><td>左　琰（主讲教授）</td><td>阮　忠（副教授）
冯　宏（讲师）
尤逸南（讲师）
黄　平（讲师）
颜　隽（讲师）</td></tr>
</table>

院士团队

<table>
<tr><th>团队</th><th>团队负责人
（责任教授）</th><th>学科方向</th><th>学科方向负责人
主讲（副）教授</th><th>成员</th></tr>
<tr><td rowspan="4">建筑与城市空间研究所
（CZ）</td><td rowspan="4">郑时龄（院士）</td><td>建筑理论</td><td>沙永杰（主讲教授）</td><td rowspan="4">华霞虹（教授）
王　凯（副教授）
刘　刊（助理教授）
支文军（研究员）*
彭　怒（研究员）*
徐　洁（副研究员）*</td></tr>
<tr><td>建筑评论</td><td>章　明（主讲教授）*</td></tr>
<tr><td>生态城市与生态建筑</td><td>陈　易（主讲教授）*</td></tr>
<tr><td>城市空间</td><td>王伟强（主讲教授）*</td></tr>
</table>

其他团队

团队	负责人	成员
《时代建筑》编辑部 （T+A）	支文军（研究员）	彭　怒（研究员） 徐　洁（副研究员）

注：标注 * 为兼任教师岗

** 为联合责任教授岗

学生情况
Students

本科生

2017 级建筑系本科新生共 108 人，少数民族 6 人，文科生源 6 人，综合改革生源 27 人，港澳台生源 13 人。其中建筑学专业学生 90 人，男生 51 人，女生 39 人；历史建筑保护工程专业 18 人，男生 3 人，女生 15 人。

2017 届毕业的建筑系本科生共 140 人，去向为工作 22 人，读研 59 人，出境 30 人，其他 29 人。其中建筑学专业 120 人，工作 22 人，读研 48 人，出境 27 人，其他 23 人；历史建筑保护工程专业 20 人，读研 11 人，出境 3 人，其他 6 人。

2018 级建筑系本科新生共 119 名，少数民族 18 人，文科生源 7 人，综合改革生源 27 人，港澳台 10 人。其中建筑学专业学生 98 人，男生 42 人，女生 56 人；历史建筑保护工程专业 21 人，男生 3 人，女生 18 人。

2018 届毕业的建筑系本科生共 127 人，去向为工作 24 人，读研 52 人，出境 30 人，其他 21 人。其中建筑学专业 107 人，工作 23 人，读研 46 人，出境 19 人，其他 19 人；历史建筑保护工程专业 20 人，工作 1 人，读研 6 人，出境 11 人，其他 2 人。

2019 届建筑系毕业生共 119 人，其中工作 26 人，读研 44 人，出境 36 人，其他 13 人。其中建筑学专业 104 人，工作 24 人，读研 39 人，出境 29 人，其他 12 人；历史建筑保护工程 15 人，工作 2 人，读研 5 人，出境 7 人，其他 1 人。

研究生

2017 级专业学位建筑学硕士新生共 179 名，来自本院的硕士研究生共 82 名，还有 2 名来自澳门和 2 名来自台湾的全日制硕士生。此外，来自海外的硕士交流生有 9 名，西班牙 3 名，比利时 1 名，荷兰 1 名，德国 2 名，韩国 1 名，美国 1 名。

2017 级建筑学专业博士研究生新生 37 人，来自本院的博士研究生 11 人，另有 1 名意大利博士交流生。

2018 级建筑学硕士新生共 176 名，其中新增学术型建筑学硕士新生 50 名，专业学位建筑学硕士新生 126 名，来自本院的硕士研究生共 116 名。还有 5 名来自德国，1 名来自美国，和 1 名来自丹麦的硕士交流生。

2018 级建筑学专业博士研究生新生 35 人，来自本院的博士研究生 11 人。

1. 联合国教科文组织研究中心调研场景

教学设施
Facilities

主要教学空间与科研设施

目前，建筑与城市规划学院教学区由 A、B、C、D、E 五栋大楼组成，总面积达 3.2 万m^2。

A 楼（文远楼）

实验楼、国际合作机构。

B 楼（明成楼）

高年级教室、信息中心、管理用房，25 间标准专业教室。

C 楼（新楼）

教师办公、科研、展览服务用房。

D 楼（基础教学楼）

低年级教室、教学创新基地、对外交流用房，20 间标准专业教室，8 间小型专业教室。

E 楼（同济规划大厦）

毕业设计教室、硕士生教室，18 间标准专业教室。

1.A 楼（文远楼）
2. C 楼（新楼）

3. B 楼（明成楼）
4. D 楼（基础教学楼）
5. E 楼（同济规划大厦）

实验室及教学科研基地

I 类：教学类实验中心

建筑规划景观国家级实验教学示范中心

建筑规划景观国家级实验教学示范中心(同济大学)获批于 2012 年。与建筑、规划、景观三大学科的特点相对应，中心以三个系列实验教学内容为核心，即专业基础与创新实验系列、专业应用与创新实验系列、课题研究与创新实验系列；通过设施的支撑、人员的支撑、经费的支撑、制度的支撑四个支撑系统，形成目前的资源高效整合、科研教学贯通、学校企业联合、现实问题接轨、国际发展同步的五个实验教学特色，以及“创新能力培养贯穿实验教学始终，注重实验的社会性、体验性和时代性，文化传承意识与实验教学融合，通过实验培养团队合作能力”的四个主要特点。该中心包括艺术造型实验室、模型实验室等。

艺术造型实验室

艺术造型实验室成立于 2001 年，位于 D 楼一层（含砖雕、木雕、琉璃、版画工作区）、D 楼二层（艺术造型研究室），总面积约 400 m²，可同时容纳 120 名学生上课，60 名学生艺术创作活动。并有燃气陶窑 1 座、电琉璃窑 1 座及其他教学辅助设备。艺术造型工作室开设的“艺术造型”系列课程以“形态创造”为主线，在实践的基础上充分研究现代艺术形式理论。使学生在想象力、创造力、形态创造方法、艺术创造中对材料的审美与驾驭能力等诸多方面进行研究训练和提高。这类课程因其纯粹、自由、便捷和很强的表现力使学生在较短时期内研究尽量多的创作性课题成为可能，深受学生的欢迎并成为选修课中热门课程之一。

模型实验室

建筑模型实验室，位于 D 楼一层，面积约 330 m²，拥有数控机床设备：激光雕刻机 3 台、平面镂铣机 1 台；拥有大型机床设备：立式镂铣机、刨床、手动单燕尾榫机、榫槽机、立式海绵轮砂光机、细木工带锯机；拥有电动手控模型加工设备 108 套（曲线锯、电刨、斜断锯、电圆锯、砂光机、木工接合机、木工修边机、雕刻机）以及供出借的模型制作工具箱 30 套。目前，建筑模型工作室可同时容纳 60 名学生模型制作，是学生建筑模型及家具模型加工制作的主要场所，也用作其他设计方面的教学和交流。

建筑规划景观国家级虚拟仿真实验教学中心

建筑规划景观国家级虚拟仿真实验教学中心（同济大学）获批于 2014 年末，依托同济既有的优质教学资源，针对课程中亟待虚拟化的实验环节，提出了“六纵三横”的在线虚拟实验建设布局。在线虚拟实验教学管理平台之上，已有 15 个虚拟实验模块开始运行。一年内有 500 余名同济本科生完成了实验教学任务。根据

1. 模型实验室

中心“紧抓内容建设，依靠校企合作”的建设思路，所有模块都由既有课程的主讲教师负责实验内容设计，而通过学校投入大量的资金，组织起一批虚拟现实项目开发企业，通过教师与企业的互动，各展所长，最终完成建设工作。

其中数字化规划与设计实验室位于 D 楼二层，面积约 700 m²，包含计算机房和媒体实验室两个部分。计算机房通过将现有的严重老化设备更新、添置新设备、引入新功能，提升实验室的硬件配置水平至国内领先、并与国际接轨。实验室更新与添置的设备主要包括：上课学生用计算机，更新原有 30 台，新添 60 台；共计 118 台主流配置的实验室计算机，并配备相应课程所需软件，满足一般性的综合性实验要求；新添图形工作站 3 台及相关软件，满足对图形运算要求较高的设计性实验、创新科研要求；网络服务器 1 台，满足数据共享和提高教学效率的要求；添置先进的计算机辅助设计软件，开设新课程；教学配套设备，新添高亮度投影及幕布系统两套，扩音设备一套，满足教学过程中示范、演示需要；其他设备，如激光打印和扫描设备等，满足教师备课、课件制作、学生练习和过程作业检验等要求。这些设备主要用于科研、生产、本科生的毕业设计和少量的专业实习及研究生的毕业论文用机和研究生的专业实习用机。此外还设有计算机辅助与图形学（研究生）选修课、地理信息系统原理与应用（研究生）选修课。

2,3. 建筑照明和光学实验室

媒体实验室由三部分组成，分别为摄影区、摄像区、视频会议及小型表演区。摄影区包括 6 轴专业摄影电动背景、一套影棚闪光灯组合、一套影棚常亮灯组合、1m×2.4m 专业静物台、2m×2m 移动背景架等设备，可供专业静物、人像、设计作品模型的拍摄。摄像区包括一座配备专业灯光系统的虚拟绿箱、专业录音棚、导控室、虚拟演播室设备，以及四套影像非线性编辑系统，可供示范课程视频拍摄、采访、实景与虚拟场景相结合的设计作品视频拍摄与后期编辑。视频会议与小型表演区包括一台专业投影仪、电动投影幕、一套 LED 新型灯光系统、音响系统等，可供国际联合设计教学成果异地实时交流、小型时装秀、创意表演等。媒体实验室将为研究数字媒体在设计创意中的作用提供实验平台。

II 类：科研类实验中心

高密度人居环境生态与节能教育部重点实验室

高密度人居环境生态与节能教育部重点实验室是以同济大学建筑与城市规划学院为基础，通过整合以下目前已有的科研基地而形成，其中包括：联合国亚太地区世界遗产培训与研究中心、建筑声学实验室、视觉与照明艺术实验室、造型艺术实验室、先进城市能源与环境控制实验室及其他若干研究所和研究中心。研究方向紧紧围绕城镇密集区发展预测和动态监控技术、城市建筑群生态化模拟集成技术、既有建筑 / 历史建筑诊断与生态改建技术，开展高密度人居环境生态与节能的多学科、多层次的学科集群研究，提高基础研究和理论研究能力，为我国城镇化健康发展及建设资源节约型和环境友好型社会提供技术和决策支撑。该重点实验室包括：

3

建筑声学实验室

同济大学是国内最早从事建筑声学研究的单位之一，具备完善的建筑声学研究设施和仪器设备，在10余项国家自然科学基金和国家“863”“973”等科技攻关项目的资助下，开展多项前沿性的研究，负责或参加国家建筑声学领域的设计规范或产品标准近30项，“道路交通噪声控制研究”获国家科技进步三等奖，“城市环境噪声防治系统工程的研究”获国家教委科技进步二等奖等多项奖励；实验室拥有国内最大的消声室（体积为16.0m×11.4m×6.6m =1 203m^3，建于1981年）、混响室（体积为8.6m ×6.8m×5.4m=268m^3，建于1981年）和隔声室（体积为11.1m×4.6m×5.0m=255m^3，建于1957年）等实验室和齐全的实验设备。近年来积极探索计算机技术在建筑声学测试中的应用，自行开发相关程序，有效地提高了测试精度和效率。

建筑照明和光学实验室

实验室面积约为240 ㎡。其中，演示室引进了欧洲著名照明公司ERCO的ERCO GANTRY式吊顶、ERCO灯具和ERCO Light Control调光系统，演示的内容涉及基础照明、进阶照明、高阶照明、特别效果、射灯效果、投影影像效果、连续转换场景、移动感应、暗光技术、双重反射投光技术、完整射灯技术。曾承担国家重大工程中的关键科技攻关项目“LED在国家游泳中心建筑物照明工程中的应用研究”“基于城市景观照明的LED灯具研发及相关标准制定”和上海市科委重大科研专项“世博园区光环境规划的新技术应用与研究”。

历史建筑保护实验中心

实验室面积约200 ㎡，设立于2007年，是国内第一个历史建筑保护技术实验室，已成为东亚地区建成遗产信息采集、材料病害勘察及其修复技术的前沿科研教学基地。创建了一整套注重工程实践与实验教学、适应于遗产特征和建筑学科特点的技术知识传授方法，影响、带动了香港大学等兄弟院校的遗产保护教学与实验室建设。实验室研发的历史建筑材料无损检测、诊断与修复技术、砖石砌体修复技术等获得了多项相关专利，在北京、上海、天津、澳门等的数百个保护项目中得到验证和实施。

生态化城市设计国际合作联合实验室

该实验室整合建筑学、城市规划和景观学科的生态知识体系、尖端技术体系，组建跨学科团队，同时在各学科内部培育并完善围绕生态化城市设计的学科方向，汇聚国际资源，形成完善的国际一流生态化城市设计学科群，引领国际学术研究导向。在不同学科领域共同围绕高密度地区生态化城市设计，建立相应的理论与技术方法体系，联合地理信息、软件、环境、交通、土木、管理等学科，组建跨学科团队，同时在各学科内部培育并完善围绕生态化城市设计的学科方向。

实验室聚焦需求引领和国际前沿，紧密结合国家新型城镇化战略，进一步提炼生态化城市设计领域中的关键科学问题，协同攻关，推进学科交叉，增强服务国家和地方城乡建设的能力。重点在长三角和上海地区，加强生态城市智能化监测和管控技术、绿色交通系统规划和实施技术、高密度城市空间生态化效能优化研究、生态化数字设计与建造技术、生态人居环境参数化设计与建造技术、绿色基础设施和环境修复技术等方面研究成果产出。

实验室通过与波鸿鲁尔大学、达姆施塔特工业大学、布伦瑞克工业大学合作，结合国内外相关实验科研资源，加强联合合作，共同促进建设定期化、规模化的联合研究基地，汇聚各方优势资源，优化联合研究团队运行机制，加强联合攻关、评价及激励和协同创新能力。

建立高水平、国际化研究团队，学习国际领先经验，推动国内相关领域的研究、学科建设和人才培养。同时依托同济大学良好的实践平台和国内生态城市建设的契机，推广生态化城市设计研究成果，把科学研究同中国城市建设实践结合，在国际合作中实现资源融合和优势互补。

4. 日光实验室

上海市城市更新与建成环境科学重点实验室

为了进一步提高实验室的自主创新能力，更好的服务上海科创中心建设，同济大学建筑与城市规划学院依托建筑学、城乡规划学、风景园林学三个“一流学科”交叉创新的上海市城市更新及其空间优化技术重点实验室，于2017年9月通过了上海市科委组织的专家组网上评审与论证，并于11月20日正式获批建设，成为2017年度上海市重点实验室组建计划的四个项目之一。

该实验室主任为同济大学常务副校长伍江教授。项目建设期为2年，旨在探索存量发展时代城市可持续发展的城市更新模式和技术体系，研究中国特色的超大城市空间发展理论和方法，为全球性的城市化研究提供学术平台和创新基地。

III 类：其他平台

城市规划与设计现代技术国家（专业）实验室

同济大学城市规划现代技术实验室为原国家计委、国家教委批准，利用世界银行贷款的全国重点学科建设项目。实验室依托同济大学城市规划与设计重点学科，开展科学研究、技术开发和咨询、培养高层次的人才，为国内城市规划领域技术方法研究的重要基地。实验室面积600 m²，目前配备有较先进的虚拟设计技术硬件和软件，可进行大型城市规划和建筑的虚拟设计。该实验室由城市规划与设计现代技术研究室开始发展（1987年），1995年基本建成。其中包括三个室：GIS室、交通规划室和CAD以及系统室，另有专供本科生和研究生上机用的开放式机房。

亚太地区世界遗产培训与研究中心（上海）

2006年9月中国教科文组织全国委员会正式来函批准在同济设立“亚太地区世界遗产培训与研究中心（上海）”，中心服务于亚太地区《世界遗产公约》缔约国及其他联合国教科文组织成员国，主要负责文化遗产的培训与研究，包括：开展教育和培训活动，提高世界遗产保护水平和质量；与该地区相关的研究中心合作，从事研究、保护和遗产资源调查工作；举办科学研讨会和各种会议（地区和国际性），开设涉及所有世界遗产领域的长短期培训课程和培训班；在世界范围内收集相关的资料，建立资料库；通过互联网，收集和传播本地区的相关知识和信息；通过出版，传播各国研究活动的成果；促进世界遗产保护各个具体领域的合作计划，并就此在地区级别推动保护工作者的交流和交换。中心位于同济大学文远楼，面积约300 m²。

同济—亚洲发展银行城市知识中心

以城市可持续发展为主题的区域知识中心（简称“城市知识中心”），于2010年3月在建筑与城市规划学院成立。这个面向亚洲与太平洋地区的城市知识中心由亚洲发展银行和同济大学共同建立，旨在共同促进在城市发展领域里的区域知识交流，推动地区可持续的城市发展和经济增长。该中心建立至今，由我院城市规划系系主任唐子来教授主持的团队正在展开第一阶段工作，主要包括：总结中国城市化过程中在城市规划、能源利用和废水处理方面的成功经验；以发展中国家政府官员和城市发展的从业人士为对象，编写中英文版的案例报告；并与亚洲发展银行协作，以城市知识中心为平台，举办城市发展经验的国际研讨会，将中国城市的优秀案例在国内外推广。城市知识中心的长期目标是总结和传播国内外城市化发展过程中的成功经验，以促进亚太地区更好地实现以人为本、环境友好型、可持续的城市发展。

同济大学985平台“空间信息与城市立体监控系统”

该平台以空间信息获取与处理、城市立体动态监控的理论技术和应用为研究主题，以其中涉及的关键技术为研究内容，实现软硬件集成的、动态的、三维的空间信息获取与处理及城市立体动态监控系统，为城市建设、管理和发展中的灾害监测与应急反应提供空间技术保障和空间信息决策支持。目前，已经研究开发了车载移动三维空间数据采集系统，实现空间信息快速获取与城市立体动态监测。

教学创新基地

学院利用学校的投入和社会的资助，结合现有设施和社会资源，初步建成一批跨学科的本科教学创新基地。其目的在于在丰富教学内容、改革教学形式的基础上，激发学生的创造性思维，提高学生的创新能力。同时，课堂内外互动、学校内外开放的教学形式得到进一步的完善。“建筑与城市规划学院教学创新基地”下设十个分基地。

1. 模型工作室

设计基础形态训练基地

地点：模型车间、模型工作室；

课程：设计基础、建筑设计基础、建筑生成设计、建筑设计、纸居艺术设计等。

美术教学实习创新基地

地点：安徽省宏村、西递等；

课程：素描、色彩实习。

传统建筑测绘实践创新能力培养基地

地点：山西省；

协作单位：山西省建设厅；

课程：传统建筑测绘、历史环境实录。

城镇历史文化遗产保护与利用实践教学创新基地

地点：江苏省历史文化名镇同里；

协作单位：同里镇人民政府；

课程：城市历史文化遗产保护、城市更新（城市设计）、毕业设计、历史建筑保护技术等。

上海优秀历史建筑资源调查实践教学创新基地

地点：上海；

协作单位：上海市规划局；

课程：近代历史环境实录。

城市规划综合实践创新基地

地点：上海；

协作单位：上海市城市规划管理局、上海市各区规划管理局；

课程：城市规划社会综合实践、毕业设计。

风景区规划综合实践创新基地

地点：杭州；

协作单位：杭州市园林局；

课程：中国古典园林测绘、风景区社会实践与资源调查。

艺术教学创新基地

地点：陶艺工作室、照明实验室等；宜兴实习基地、徽州实习基地、松江实习基地、虹桥实习基地；

课程：设计基础、陶艺与设计、陶艺与造型、雕塑等。

社会实践创新基地

地点：学工办；

项目：大学生创新活动计划、大学生创新实践训练计划（SITP）、挑战杯竞赛。

中国传统家具教学创新基地

地点：上海青浦千工坊；

课程：中国传统家具与文化、家具与陈设。

图书馆

学院图书分馆

同济大学建筑与城市规划学院图书分馆面积近 1 500 m²，其中阅览面积占到 2/3，座位数 250 座；由学校图书馆与学院共建，主要收录有关建筑规划的图书期刊。学院图书馆每年投入至少 80 万元用于添置图书。在全球范围内购买最新专业专刊，并通过接受国际国内学术机构和团体赠送等方式扩充藏书量。目前有逾万册藏书和学位论文，200 余种中外文期刊，建立了中国传统建筑研究图书资料库（地方志等），种类和数量已在全国建筑院系中处于领先水平。学院图书分馆还保存有历年硕士和博士论文 2 500 册。学院图书馆定期向学校图书馆转移部分书籍和期刊，使图书资料持续更新。

学院图档室

同济大学建筑与城市规划学院教学图档室创建于 2003 年，总面积 120 m²，投资 50 余万元，采用密集专业图档资料架，容量可贮藏 15 年的教学成果档案。学院图档室收集和保存了从 1952 年起历届学生课程设计图纸、毕业设计图纸和实习档案等教学管理资料。2004 年明成楼改建后，学院图档室和图书馆同步拓展，成为可储存学生 20 年作业的大型图档馆。它系统地保存了历年来的招生、课程考核、实习和毕业设计资料、教师的教学成果、各项专业评估检查报告，最核心的部分则是学生优秀作业和近 10 年一至五年级的学生设计作业图纸和毕业设计图纸，这些珍贵的作业图纸作为历代学子的智慧结晶，已成为教学图档室的永久收藏。近年来的课程设计作业和毕业设计均做到了纸质图纸与电子文件双重存档的要求，便于取阅，到 2014 年底已累计超过 1 000 份。

院史馆

2006 年 10 月 10 日，作为同济大学第一个学院院史馆——建筑与城市规划学院院史馆正式开馆。院史馆建设从 2003 年下半年开始，学院组织人手开始了校友寻访工作，涵盖上至 1938 年之江大学建筑系学生、下到近年毕业的历届校友。院史馆成为学院发展的又一平台，也是联系校友的重要载体。院史馆馆藏丰富，不仅收藏了教案、信札手稿、师生设计作品、美术作品、雕刻工艺品、书籍报纸、教学用具、礼品、纪念品、老照片、毕业证书以及获奖证书、奖品等，还藏有代表我校建筑设计不同时代的设计作品模型，如上海市优秀历史建筑、建于 1961 年的同济大学大礼堂模型等。院史馆还开通了数字馆，可在电子触摸屏中可以查阅到馆内的任何一件物品及其详细的说明。还可以查询到每一名教职员工的照片，以及每一届毕业学生名单。

信息中心（三馆联动成果）

为整合学院信息资源，提升学科发展支撑平台建设水平，由学院领导班子牵头开展的三馆联动计划于 2010 年上半年顺利完工，将图书、图档和院史馆连为一体，成为学院的信息中心。中心空间从原有的 1 000 m² 拓展到 1 500 m²，从 180 个座位增加到 250 个，将书刊、学位论文和图纸档案、珍贵史料等各种类型资源统一管理，形成了一个整体化的学科信息空间。截至 2014 年底，图书馆馆藏专业图书已达到 37 509 册，其中包括中文图书 21029 种、26 912 册，外文图书 5 411 种、5 780 册，以及硕士和博士学位论文 4 817 册，订阅中外文专业期刊 322 种，其中中文 203 种，外文 119 种。

为响应学科建设和各专业评估对数字化教学文件、学生课程作业文档系统的需求，三馆联动计划专门拓展了一个数字化服务区域，包括3个研究室和电子阅览室，内有20台一体化计算机、3台交换机和1台服务器、3台投影仪，以及配套网络架构的6台无线路由器，形成强大的网络环境供学院师生访问丰富的数字资源，如学校总馆的各种专业文献数据库、本院分馆的书目数据库，精品讲座视频等。在此基础上，信息中心配备了大型宽幅扫描仪一台，以及相应的学科化信息服务平台来开展学位论文全文、图档作业、设计图库等数据库的建设。截至2014年底，全馆入藏的4 000多册学位论文、1 000余份的作业图纸已经完成电子化，可供在线浏览参阅。

为配合学院规范研究生学位论文的写作和答辩过程，上述学科化信息服务平台还提供相似性检测服务，在新写作的论文和已发表的海量论文之间开展深度比对，提供重复性数据、文字和段落对比表格等信息，供导师和学术委员会在各个环节上参考监督，提高学位论文写作的诚信度。

综上所述，图书分馆、院史馆和图档室三位一体，在学院领导班子带领下，在全体专业教师和各部门指导协助下，将持续建设，开发学院的特色资源，为师生读者提供更高水平的服务。

1. 院史馆

UNDERGRADUATE EDUCATION

专业教育·本科教育

设计类课程

Design Courses

同济建筑设计课程设置的基本思路是围绕人与空间、材料与建构、建筑与环境等建筑设计教学的重点，结合价值观、审美能力和社会意识等的培养，进行由浅及深的系统训练，强调以问题为导向，注重方法训练，并体现出体系性与开放性相结合的特征。“体系性”是专业培养规律的体现，强调每个设计课题都必须结合阶段性的训练目标选择恰当的研究对象，并采取有针对性的评价方法和教学手段，从而形成了启蒙、基础、深化、分化、综合等诸个紧密衔接的训练阶段。“开放性”指的是在阶段性训练目标明确的前提下，并不强求具体设计题目的一致性。特别是在高年级阶段，一系列由指导教师结合特定研究领域和学科发展前沿形成的自选专题，对于培养学生研究性、自主性的学习能力和多元化的专业发展方向具有积极的作用。

设计基础
Fundamentals of Design

建筑设计基础教学是建筑与城市规划学院所有专业共同设置的一个公共专业基础教学平台，包括五年制建筑学专业（含室内设计方向）、四年制历史建筑保护工程专业、五年制城乡规划专业（1.5 学年，共 3 个学期）以及四年制风景园林专业（1.5 学年，共 3 个学期）。

培养目标

一、二年级设计基础阶段的培养目标是帮助学生树立正确的价值观念，培养基本的设计思维。即培养广博的人文、社会、艺术等当代观念；了解建筑学科的基本知识和基础理论，掌握建筑设计的基本方法和基础技能，建立自主学习的基本能力。

教学重点

现实的人居空间环境纷繁复杂，但其中又包含着生活形态的潜在逻辑。作为设计师应具备在感性体验的基础上，用理性的思考从中概括出其主要特征的能力，通过对生活环境的观察与分析，发现建筑空间环境中的构成要素质量。以生活为主题、以生活形态相对应的建筑空间原型展开学习，是专业基础教学的重点。

教学内容：观念 + 知识 + 技能

观念教学：环境意识、社会意识、历史意识、文化意识；

知识教学：概论、原理、基础史论；

技能教学：感知与认知能力、表达和表现能力、设计能力、技术意识。

课程系列

造型系列：艺术造型、艺术造型工作坊、材料与造型；

史论系列：艺术史、当代艺术评论、建筑史、城市阅读；

原理系列：设计概论、建筑概论、建筑生成原理、建筑设计原理；

设计系列：设计基础、建筑设计基础、建筑生成设计、建筑设计、设计周。

各学期课程目标

一年级第 1 学期：空间认知与表达（基于知觉系统的空间认知与形态构成）；

一年级第 2 学期：材料与空间建构（基于材料逻辑的空间建构和基于简单功能关联的群体空间设计）；

二年级第 1 学期：结构与空间生成设计（基于生成逻辑的建筑空间与结构设计）。

课程结构及授课方式

课程结构：建筑设计基础课程由理论课、研讨课和设计课组成；

授课方式：设计理论课采用年级大班授课方式(120～150人左右)；设计研讨课采用小班教学方式(28人左右)，以讨论和案例研究方式进行；设计课采用小组教学方式，每位教师与学生（8～10人）组成小组，教学以参与、启发、辅导、实践方式进行。

特色教学

国际化教学：每年4～8名双学位国际班学生，全英语教学；

基础实验班1：一年级，由设计切入的基础教学；

建筑实验班2：二年级第2学期，衔接三年级实验班。

1. 水平与垂直空间构成。阚子超。指导教师：胡滨。

艺术造型训练

在艺术造型训练中更有针对性的同时，使学生主动研究和学习中华民族传统文化艺术的内在本质与丰富多彩的艺术表现形式，吸收传统绘画的意境营造，同时注重当代艺术的表现方法。在艺术造型训练中强调学生创作的主动性，将每个人独特的感受与精神性解读融入画面中去，而不仅仅是表象的描摹。

艺术学习的核心是善于创造，学会创意比懂得表现更重要，创意的发现需要学会不断地改变视角，而改变视角则会获得全新的观点。生活与自然可激发出无尽的形式资源，关注社会，关注自然，具有敏锐的“发现”眼光应该成为一种专业本能，这也是我们艺术教学的核心追求。

指导教师：阴佳、吴刚、何伟、于幸泽

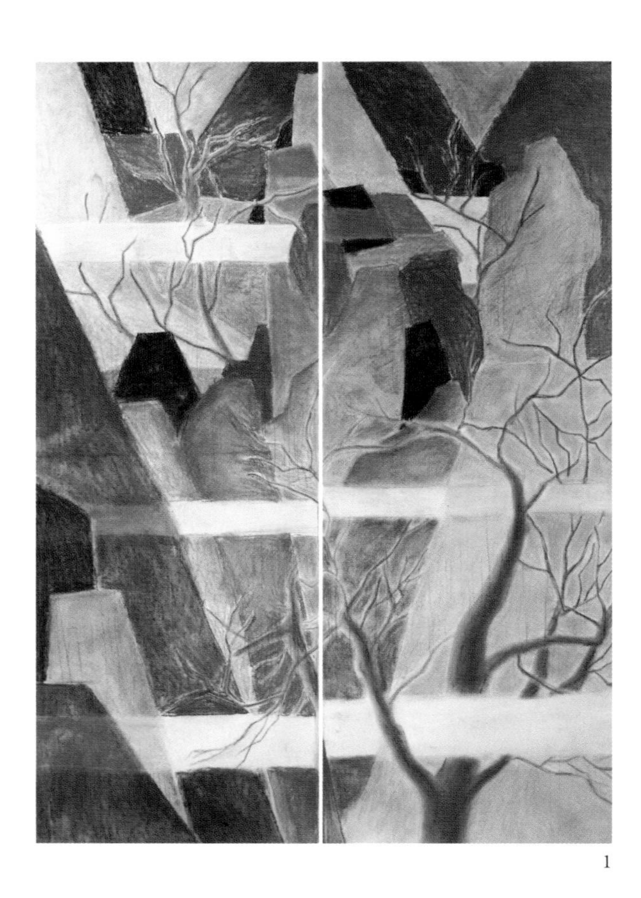

1

1.2.《山水绘》，2016级学生。指导教师：吴刚、阴佳。

2

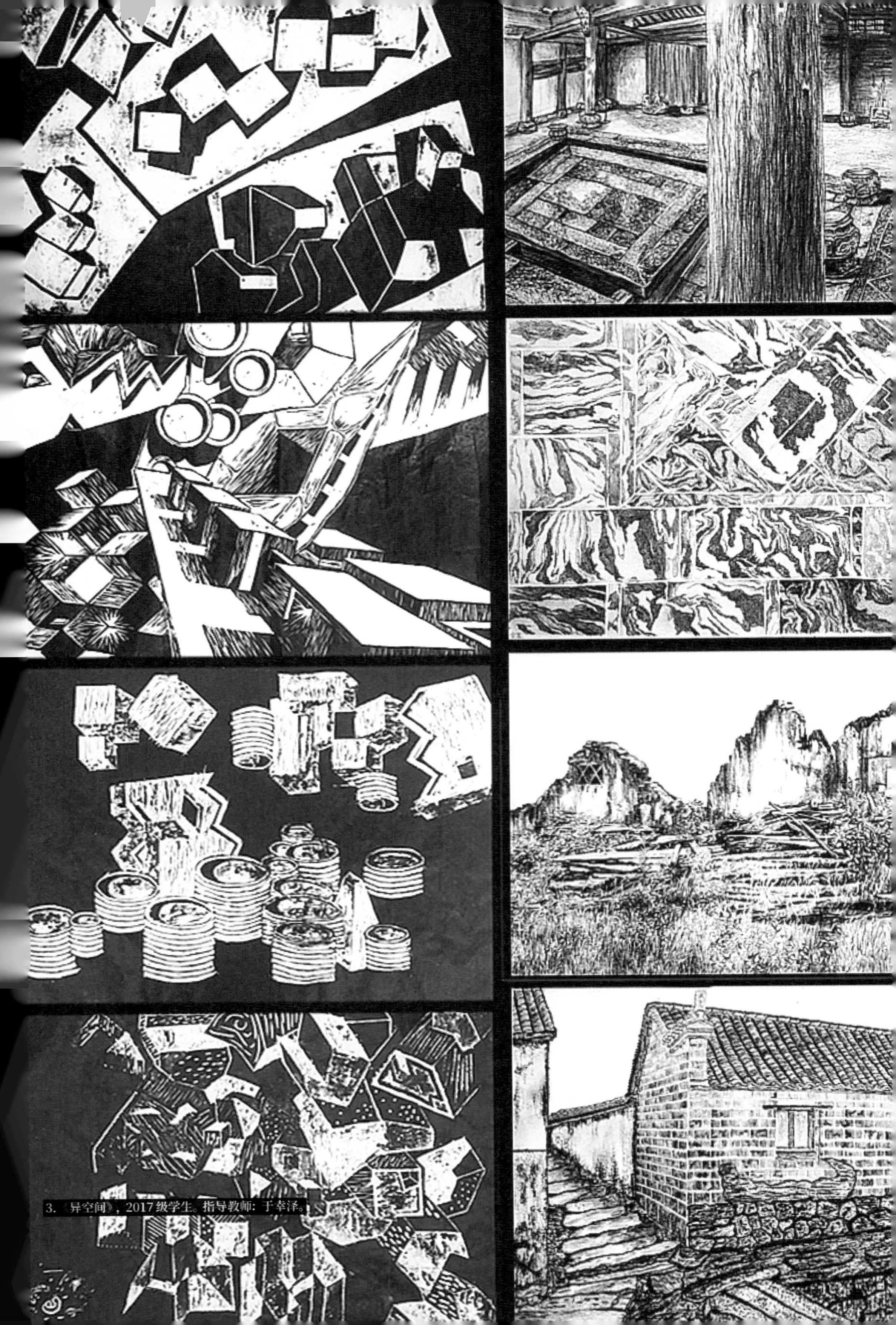

3.《异空间》，2017级学生。指导教师：于幸泽。

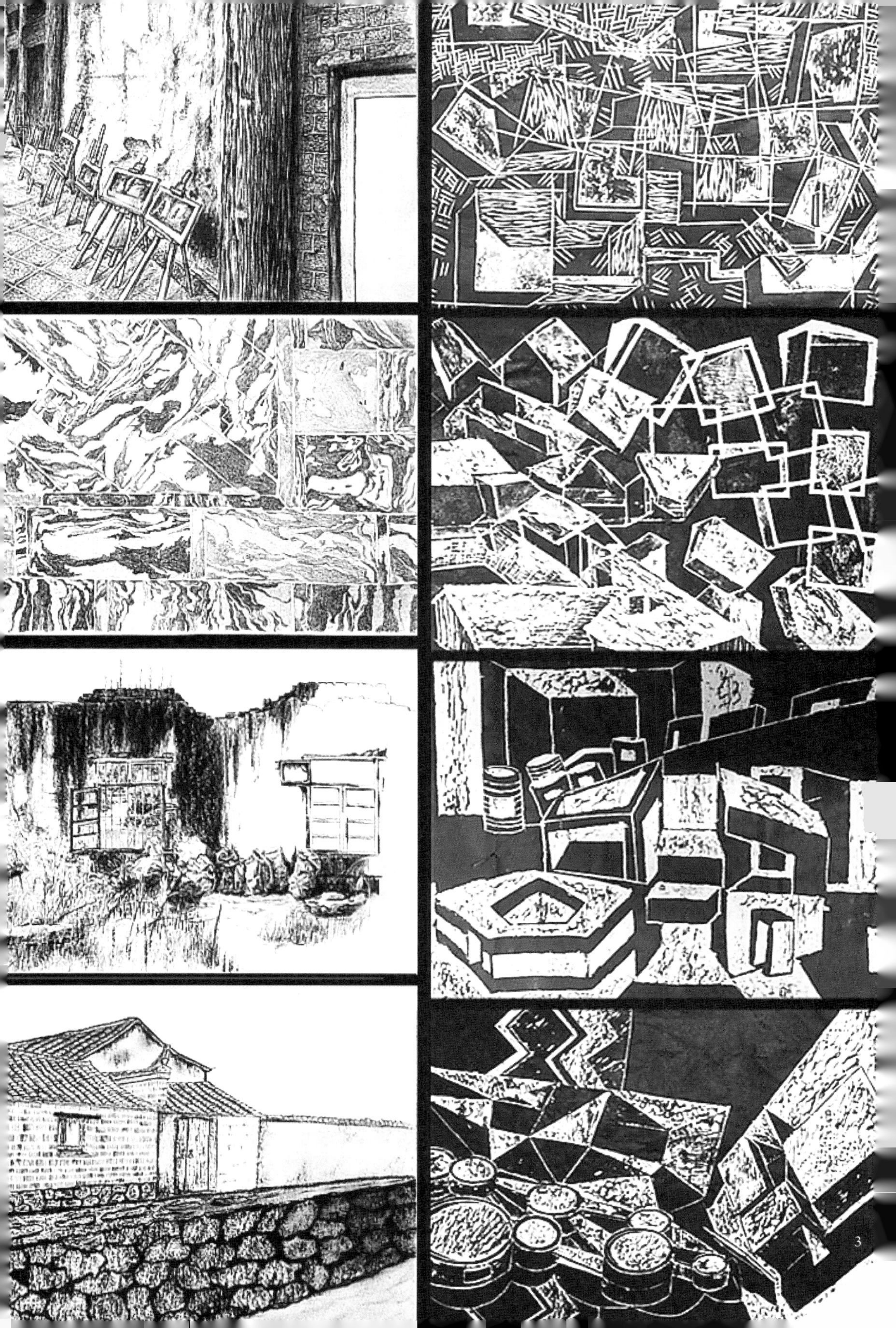

4

4.《理想家园》，2016 级学生。指导教师：吴刚。

5

5.《山水绘》，2016 级学生。指导教师：吴刚、阴佳。

空间认知与表达——休闲茶室设计

一年级第一学期是设计的启蒙阶段，课程从“空间认知与表达”入手，旨在初步唤醒专业的设计意识，激发和引导学生学习建筑学的兴趣。要求学生熟悉并掌握形态构成和空间限定的基本特征与方法，熟悉空间的基本特征，了解建筑空间与使用者身体和行为之间的关系，了解基本的建筑设计表达和表现方法。

本学期的最后一个课程设计是“休闲茶室设计”，通过对基地的实地测绘、考察和研究，设计一个休闲茶室（咖吧），其功能是为师生们提供一个休憩和交流的场所，总建筑面积不大于60 ㎡。设计要求充分考虑基地及环境因素，鼓励利用空间限定和空间组织的学习成果，塑造适用、动人的环境和建筑空间。

指导教师：王志军，钱锋（女），徐甘，周芃，刘刊，李彦伯，王凯，李兴无，司马蕾，戚广平，崔哲，赵巍岩，温静，王珂，黄平，关平，华霞虹，汤朔宁，孟刚，张雪伟，Iris Belle，田唯佳，张鹏，岑伟，张建龙

1. 休闲茶室设计，朱笑行。指导教师：王志军，钱锋（女）。

2. 工会俱乐部休闲茶室设计，林子涵。指导教师：戚广平，崔哲。

材料与空间建构——里弄三世居设计

一年级第二学期以“材料与空间建构”为主线组织课程设计训练，引导学生了解并初步掌握建筑功能与空间和形态之间的关系，了解材料、构造与形态和空间之间的相互关系，学习运用材料进行空间塑形和建造的基本原理和方法；了解并初步掌握设计调查、研究、分析、表达的基本方法；同时进一步熟悉和掌握建筑设计的表达和表现技能。

本学期设置有三个连续的课程设计，分别为“里弄调研及微更新”“个体空间设计”和“里弄三世居设计”，帮助学生建立基于“材料”和“空间关系”的建构理念。

要求：在既有里弄调研的环境中，选择一栋边套建筑作为重新设计的基地，植入新的住宅空间。该建筑将能容纳三世同堂，努力塑造和睦的家庭关系；同时也要保持三户独立使用和进出的各自需求。建筑高度不高于其相邻的建筑高度，建筑面积 180 m²。

本课程设计通过对建筑结构及其建造方式的一般性研究，从居住的功能、行为及其相互关系三个方面研究里弄新的空间模式，并通过选择适宜的“结构体系”将“功能、使用、空间关系”三者整合为一体。

指导教师：王志军，李颖春，徐甘，周芃，刘刊，李彦伯，张婷，李兴无，司马蕾，戚广平，崔哲，田唯佳，叶宇，王珂，钱锋（女），关平，严隽，朱晓明，周鸣浩，张雪伟，Iris Belle，岑伟，邓丰，赵巍岩，温静

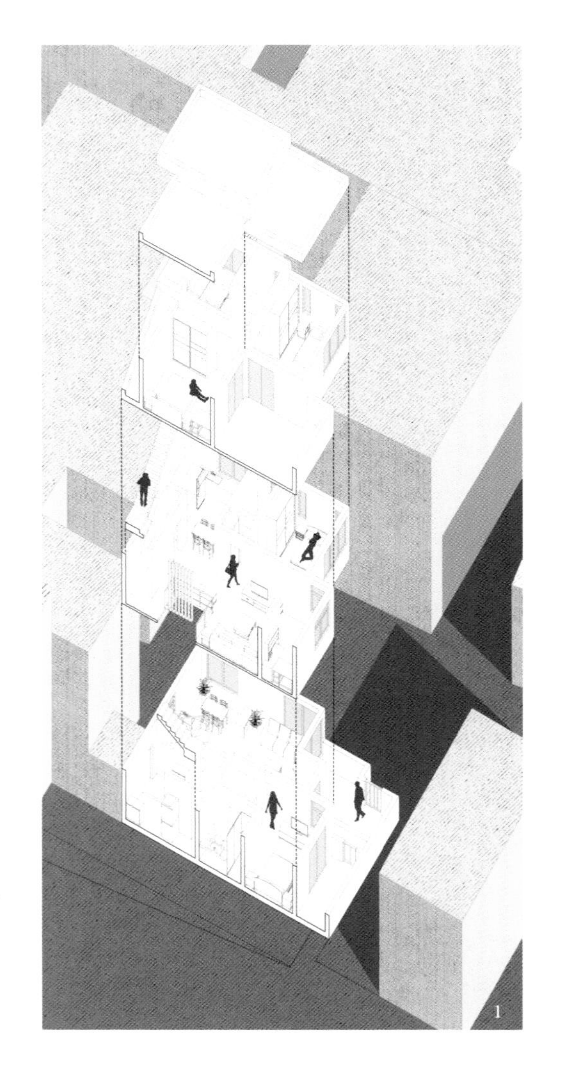

1. 分合境——里弄三代居设计，刘昱廷。指导教师：赵巍岩，温静。
2. 方子桥社区小（集合）住宅设计，郭力娜。指导教师：李彦伯、张婷。

2

建筑生成设计

二年级第一学期的建筑生成设计由三个连续的单元组成："网格渐变和园林空间生成""基于水平向度的空间生成"和"基于竖直向度的空间生成"。课程采用系列课题的形式，让学生按顺序及问题等级完成一个全过程完整的课程设计，使学生对自己所学的建筑学相关知识及设计技巧有一个梳理，形成相对正确的基本建筑生成观。

基于水平向度的空间生成

在位于同济大学校园内的二块基地中择其一，设计一个同济大学当代艺术展示中心，既可作为主题性的当代艺术展示空间，也可作为通用性的当代艺术展示空间，总建筑面积不超过 500 m²。让学生了解生成设计中规则衍生和性能驱动两种生成机制的设计原理。并结合具体的场地环境和功能条件，运用生成设计的方法，完成该当代艺术展示中心的设计及表达。

基于竖直向度的空间生成

在位于同济新村和上海九龙路 1933 片区内的两块基地中择其一，设计一处社区活动中心。建筑高度不大于 24m，总建筑面积约 1 000 m²，须提供至少三个主要的活动空间：儿童活动空间（8m/8m/12m，可满足设置攀爬架）；多功能厅（12m/12m/8m）；群众艺术展示空间（18m/6m/4m）；其余空间根据设计者的调研与研究合理配置，使之成为充满活力的社区中心。

1.2. 山馆：同济大学当代艺术展示中心设计，范展豪。指导教师：戚广平，朱宇晖，叶宇。

设计需体现出清晰的生成逻辑，可从空间与结构、形态与环境、功能与流线等多个关系中建立生成逻辑。引导学生掌握“生成要素”不同的定义方式，并根据差异性的各要素来建立关联方式，并设定相应的“生成规则”，以进行建筑形态的生成。本设计尤其注重空间和结构这两种不同属性的生成要素之间的关联性以及相互之间的适应性。

指导教师: 徐甘,陈镌,刘刊,王志军,朱晓明,李颖春,胡滨,赵群,温静,戚广平,朱宇晖,叶宇,李彦伯,刘宏伟,谭峥,赵巍岩,田唯佳,Placido Gonzalez,章明,龚华,胡向磊,张雪伟,周鸣浩,Iris Belle,关平,贺永,严隽,李兴无,李华,刘涤宇,王珂,杨峰,周健

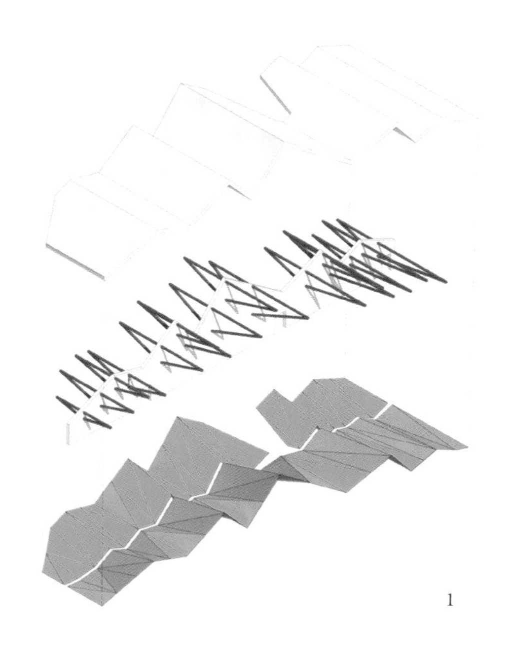

1

2

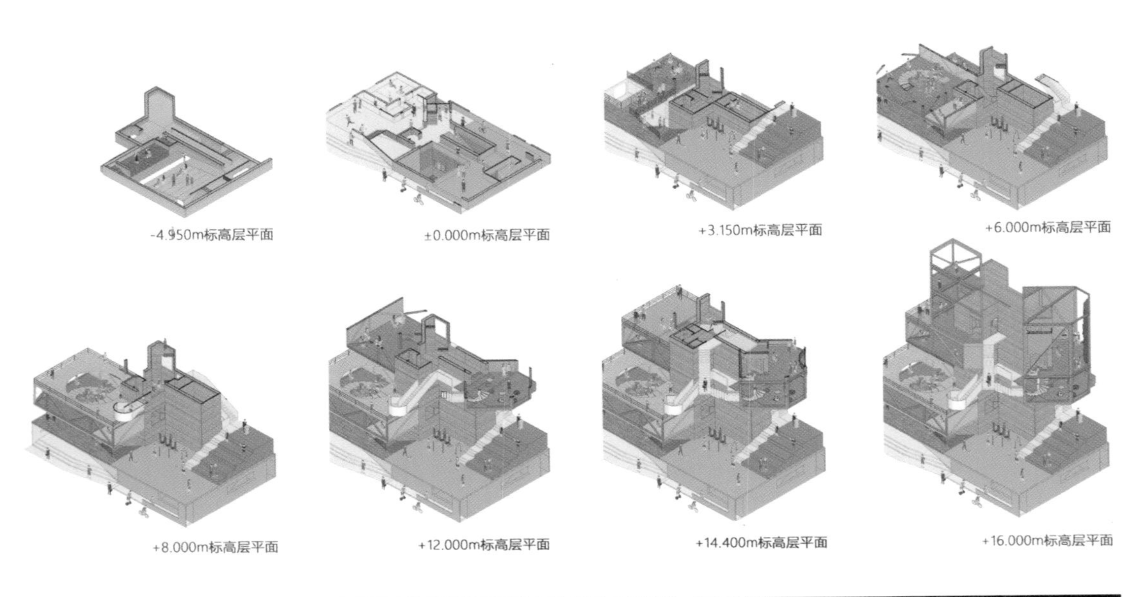

3

3. 垂直公园：社区活动中心设计，周雪松。指导教师：朱晓明，王志军，李颖春。

4

4. 水平与垂直空间构成，阚子超。指导教师：胡滨。

同济 CAUP 评图中心设计

课题要求学生通过对基地的深入考察和研究，利用同济大学建筑与城市规划学院东侧现有停车场，设计建造同济 CAUP 评图中心，为学院师生提供一处可供评图、展览、交流和临时绘图的空间。建筑限高 18m，总建筑面积控制在 1 320 m² 以内。设计要求充分考虑基地及环境因素，妥善解决建筑所涉及的各功能要素间的关系，满足各类使用空间的要求。

全学期课程设计划分为四个相互衔接的单元，分别为基地调研及案例研究、建筑方案概念设计、认知与实践、建筑方案深化设计。

本课程通过整个学期的长题训练，加强对持续推进的“设计过程”和“设计深度”的认识，引导学生建立正确合理的设计理念，强化建筑设计的环境意识，掌握建筑方案设计的整体思维和理性方法，强化培养整合功能计划、空间形态、结构、技术和建造等诸多因素共同作用的整体建筑设计意识，进一步强化和掌握建筑设计的表达和表现能力，强化自主学习能力的培养。

指导教师：徐甘，张建龙，李兴无，王志军，李立，王珂，章明，戚广平，岑伟，李彦伯，张雪伟，赵巍岩，关平，陈镌，汤朔宁，周健，徐风，孟刚，龚华，赵群，刘宏伟

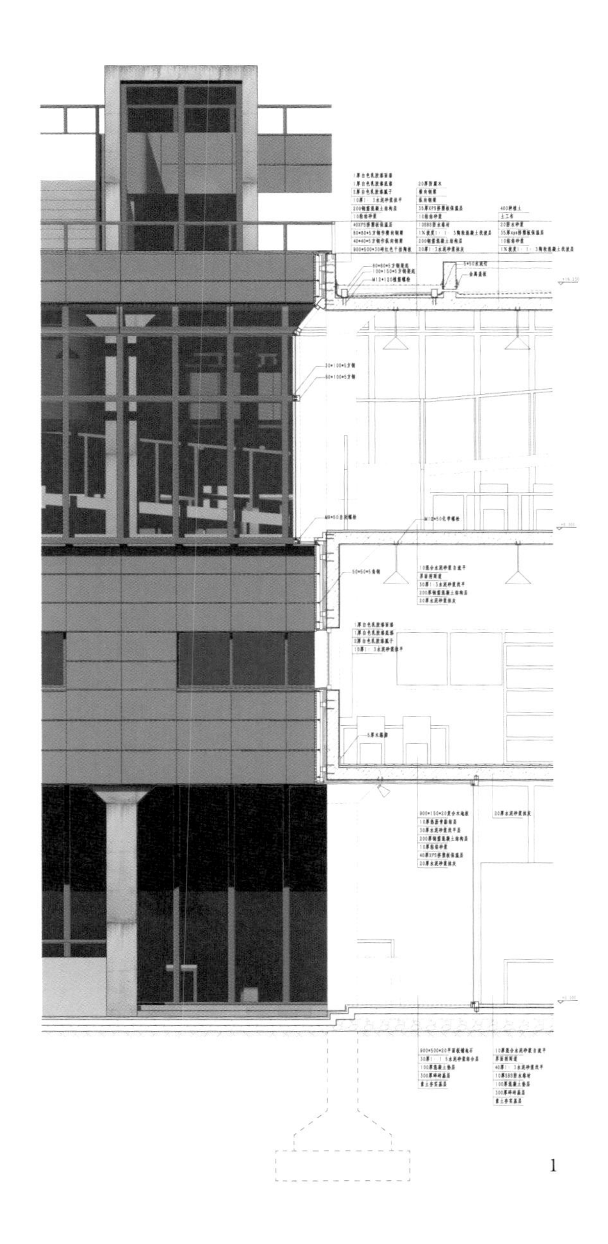

1

1.2. CAUP 评图中心设计，陈嘉宁。指导教师：李彦伯，刘宏伟，张雪伟。

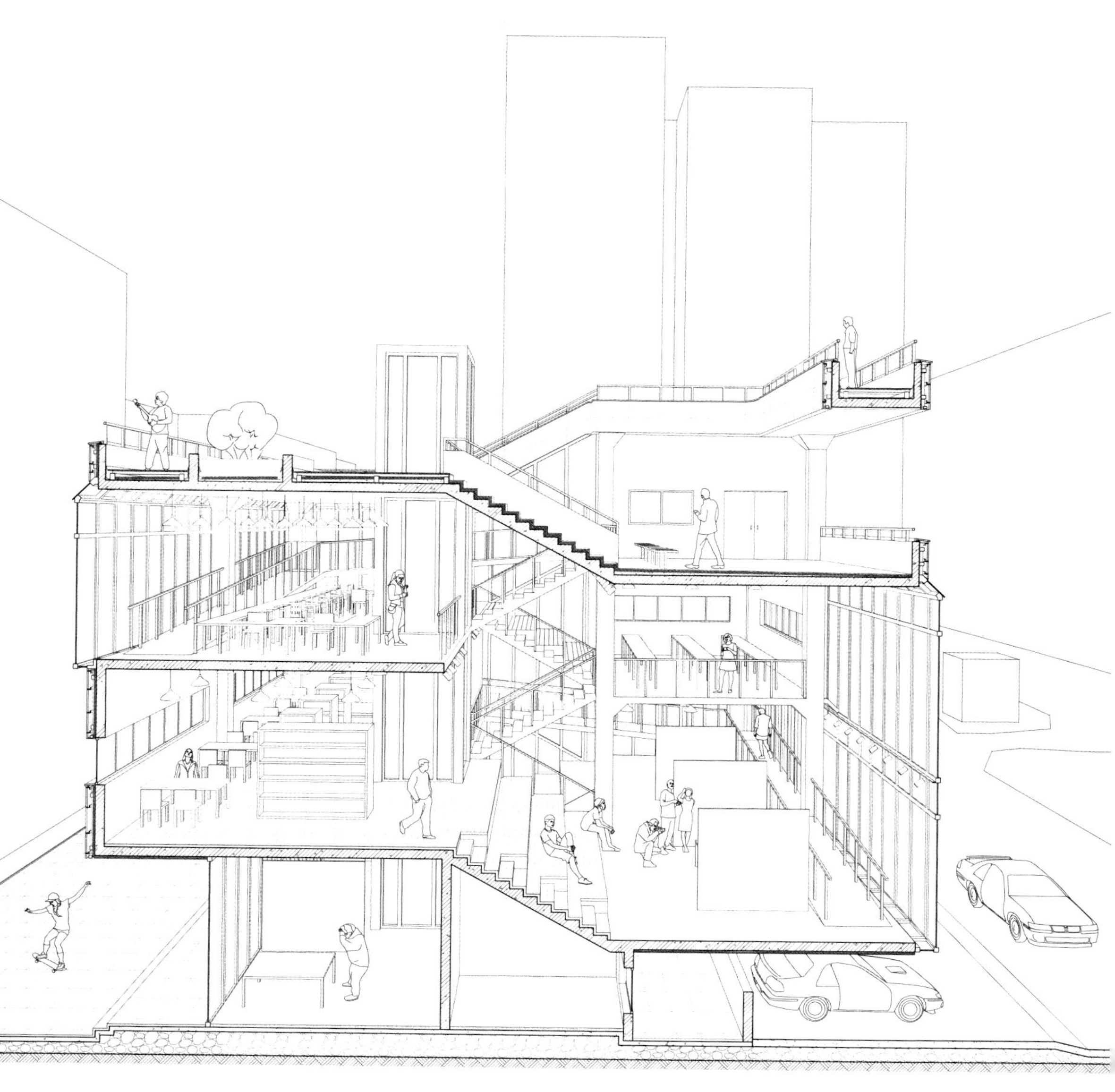

2

建筑设计
Architectural Design

设计课程是建筑学专业的培养计划中的主干。学生经过两年的建筑设计基础训练，进入到高年级建筑设计深化、多元的教学阶段。课程提炼了三年级到四年级各阶段教学要解决的基本问题，强调对建筑设计本质规律的探索，使学生在掌握知识的基础上逐步走向创造性地运用知识，形成有针对性的教学内容和方式，完善系统和连贯的培养教学板块。

三、四年级的建筑设计课程系列，重点关注建筑与人文环境、建筑与自然环境、建筑流线与空间组织、建筑结构与形态等问题；重点关注在高密度城市环境背景下的建筑群体、高层建筑、城市综合体等设计本质规律；重点关注智慧城市、绿色建筑、数字化设计、历史建筑保护等建筑学专业未来发展的专题性方向。

在具体的教学组织中，设计课程由 6 个规定性选题、2 组自选性专题组成。规定性选题包括：三年级上学期前 8.5 周的建筑与人文环境——民俗博物馆，三年级上学期后 8.5 周的建筑与自然环境——山地体育俱乐部；三年级下学期整合了建筑群体和高层建筑设计，组成 17 周的长题——城市综合体；四年级上学期前 8.5 周的住区建筑设计，四年级上学期后 8.5 周的城市设计。2 组自选性专题，安排在四年级下学期，各个学科组根据学科研究方向设定题目，如生态节能技术、数字与智能建筑、共享建筑、城市设计、城市更新、基础设施、服务学习、室内设计、环境行为等，学期内一般会有 10 余个选题供学生选择。

同时，在教学组织方式中，积极推进年级性课题向专题性、自选性课题的演化，鼓励教师作独立性小组教学探索，在四年级下学期多样化的自选性专题和研究型选题的基础上，探索三年级上学期“建筑与人文环境”和“建筑与自然环境”课程的多元化教学。

1. 拾级而上——山地俱乐部设计，刘静怡。指导教师：陆地。

建筑与人文环境

建筑与人文环境是建筑学专业三年级阶段第一项课程设计，是环境与建筑设计中尊重城市历史文化和建成环境意义的创新思维训练重要环节。以建筑规模适中、文化功能特性强、与城市历史文化街区关系密切的建筑类型为课程选题。

本课程设计通常以民俗博物馆或者社区文化中心为参考选题。在8.5周的教学时段内，训练学生建立从现场调研与体验出发形成初步设计概念构思；从博物馆本身功能要求，结合历史建筑及环境的再利用的价值研究，深化设计概念，完善设计方案过程。培养学生的城市环境意识，提高调查研究、综合评价、设计及表达的能力。

指导教师：张凡，冯宏，魏崴，孙光临，陈宏，周友超，吴长福，黄平，戴松茁，李麟学，左琰，江浩，佘寅，阮忠，谢振宇，徐风，沐小虎

1. 民俗博物馆设计，马晓然。指导教师：汪浩。
2. 提篮桥民俗博物馆设计，邓欣和。指导教师：蔡永洁，陈宏，孙光临。

1

2

建筑与自然环境

本课题旨在培养学生在复杂地形条件下的建筑空间与形体组合的能力，处理建筑与自然环境及景观的关系；了解娱乐体育的一般常识，思考休闲体育活动与现代生活的关系；加深对建筑空间尺度及地形环境的感性认识。

课程选题为山地体育俱乐部建筑设计，基地选址为江南某市郊山地，要求设计反映文娱建筑的特点，处理好建筑与自然环境景观及地形的关系，充分反映作者的思考与创意。

学生可在地形图的A、B、C、D四个区域任选5 000 m²左右作为建设用地；其余用地可根据学生对娱乐体育项目的理解自行布置相关内容；从总体上统一考虑建筑与活动场地的设计。建筑面积控制在3 000 m²左右。学生可自行确定体育项目及设计内容。

同时要求学生完成相应的资料阅读、案例分析以及自我对建筑设计的反思等文字作业。

设计原理课教师：孙光临，陈镌

指导教师：孙光临，谢振宇，佘寅，陈宏，周友超，陈易，魏崴，徐风，阮忠，戴松茁，陈强，陆地，刘敏，沐小虎，扈龑喆，汪浩，江浩

1. 山势的展开——山地武术俱乐部，汪逸青。指导教师：陈宏，孙光临，扈龑喆。

2.3. 如雁斯飞——山地高尔夫球俱乐部设计，陈子瑶。指导教师：谢振宇。

建筑群体设计：城市综合体设计

在本科至研究生阶段的课程设计体系中，二年级下、三年级下学期、研一三个全年级集体组织的 17 周长题，将成为今后设计课“小、大、专”特质的核心教学节点，而其他课程设计会逐步演化为专题性和自选性课程。高年级阶段的年级课程“城市综合体设计”，承担了核心教学节点中“大而复合”的训练角色。它是将原有商业综合体设计和高层建筑设计整合，形成 17 周的长课题。

课程基地位于上海市虹口区，共有 3 个地块：西江湾路花园路地块、四川北路甜爱路地块、东宝兴路宝源路地块，每个地块规划红线范围均在 2.9 ～ 4.0h ㎡，学生可任选一个地块。任务要求在基地内拟建包含商业、酒店和办公三大功能的城市综合体建筑，地上总建筑面积 70 000 ㎡，其中商业 20 000 ㎡、限高 24m，酒店 30 000 ㎡、限高 100m，办公 20 000 ㎡、限高 100m。

课程在确保商业综合体设计和高层建筑设计两个课程模块的基本教学目标和要求的基础上，以提升设计深化能力为目标。师资配置注重设计类课程与技术、理论类课程的师资搭配，并注重发挥教师的教学专长，提倡教学方法的多样化。

指导教师：谢振宇，王桢栋，吴长福，佘寅，江浩，周晓红，周友超，戴颂华，孙光临，冯宏，沐小虎，董春方，汪浩，Harry den Hartog，刘敏，黄平，扈龑喆，张凡，戴松茁，陈宏

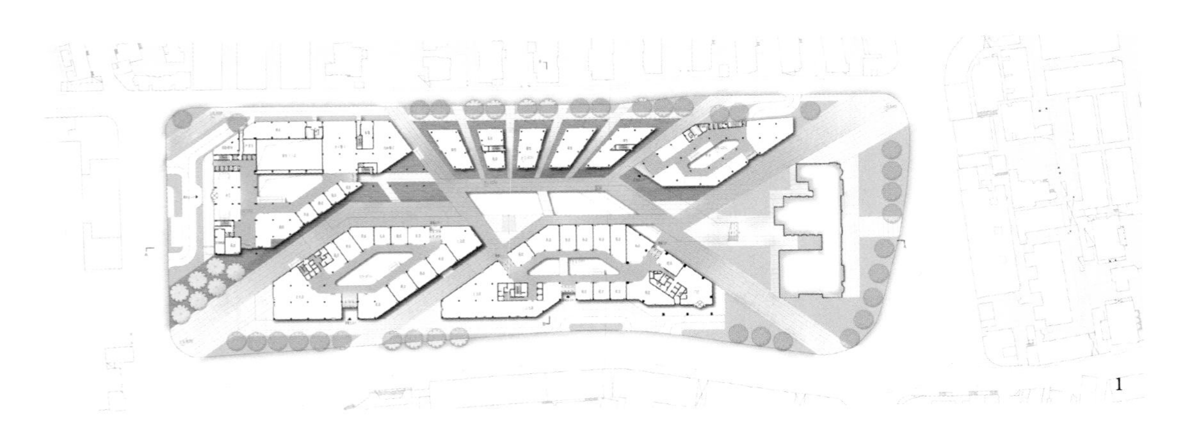

1

1.2. 城市综合体设计，傅哲远，曹伯桢。指导教师：戴松茁，戴颂华，Harry den Hartog。

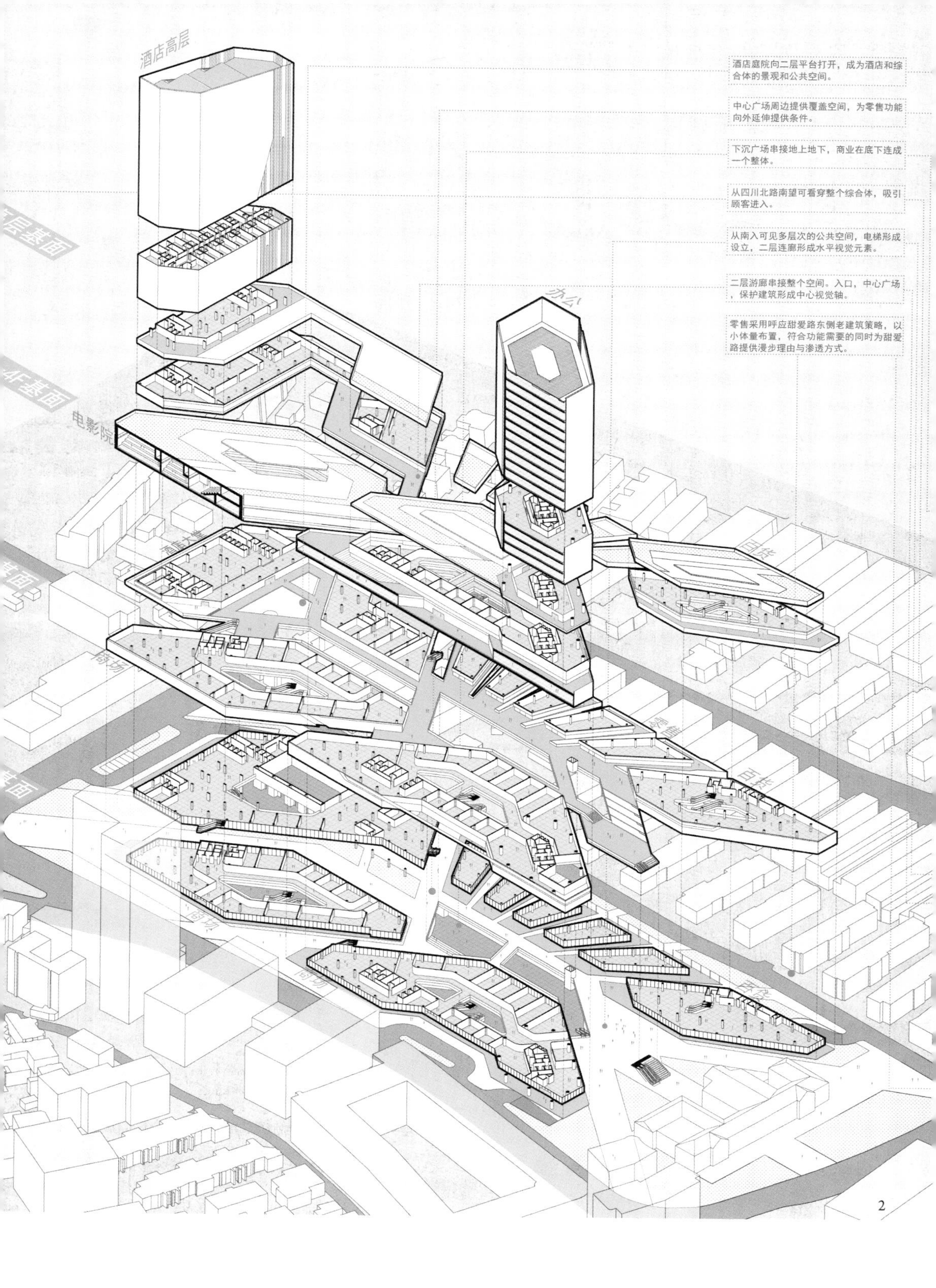
酒店高层
办公
电影院
4F基面
商场
百货
酒店庭院向二层平台打开，成为酒店和综合体的景观和公共空间。
中心广场周边提供覆盖空间，为零售功能向外延伸提供条件。
下沉广场串接地上地下，商业在底下连成一个整体。
从四川北路南望可看穿整个综合体，吸引顾客进入。
从南入可见多层次的公共空间，电梯形成设立，二层连廊形成水平视觉元素。
二层游廊串接整个空间。入口，中心广场，保护建筑形成中心视觉轴。
零售采用呼应甜爱路东侧老建筑策略，以小体量布置，符合功能需要的同时为甜爱路提供漫步理由与渗透方式。
2

3. 庭＆市——城市综合体设计，顾汀，杨眉。指导教师：周晓红。

建筑群体设计：住区规划与住宅设计

作为建筑学本科高年级的专业核心课程，四年级的住区规划与住宅设计（以下简称“住区”）课程的教学目标是以综合专业能力为基础，完善过程组织，追求设计思维创新。

综合专业能力是建筑学教育的基础。在住区课程中的综合专业能力包括了解城市住区修建性详细规划的基本要求，并初步掌握以 10 个知识点为代表的相关规范、规划结构、功能布局、空间组织、形态材料、景观要素、日照分析、经济技术指标等方面的内容。住区课程要求需掌握居住区规划的全过程设计组织。设计过程强调团队合作协同，并落实到田野调查、规划设计、模型表达、交流汇报、图纸表现的每一个阶段。设计思维创新强调内容、概念必须落实在空间设计中，并充分体现理念和概念在设计中的契合度。

指导教师: 姚栋, 曲翠松, 许凯, 罗兰, 陈泳, 戴颂华, 徐洪涛, 周晓红, 沙永杰, 司马蕾, Harry den Hartog

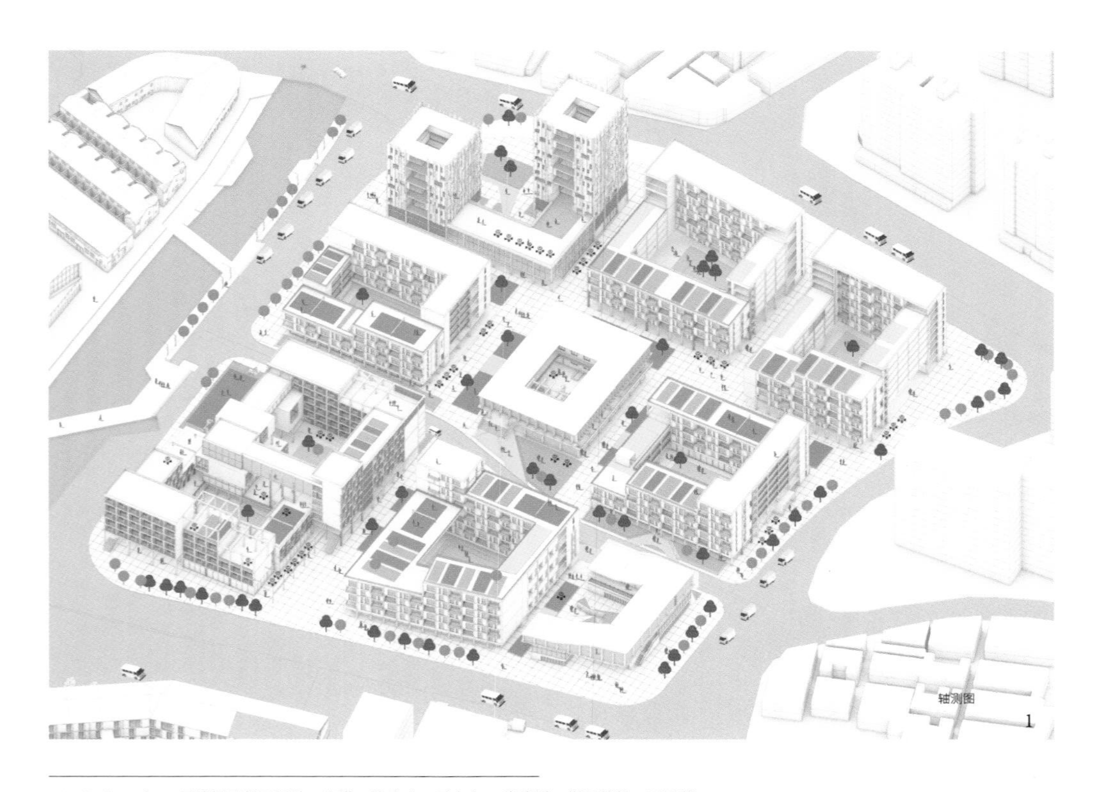

1.2. Co-housing: 开放街区住区设计，张埗，孔培宇，王志文，肖晓溪。指导教师：司马蕾。

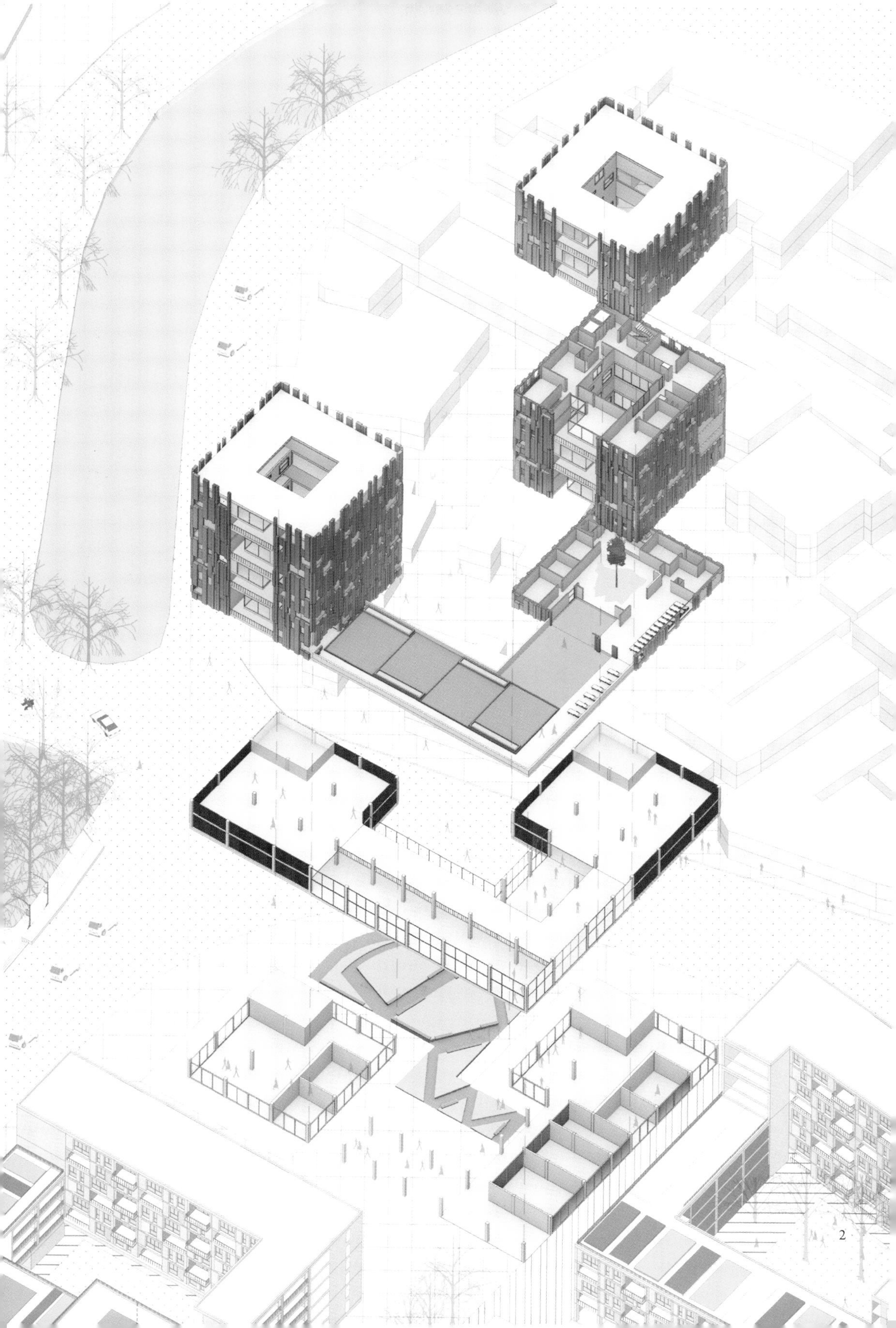
2

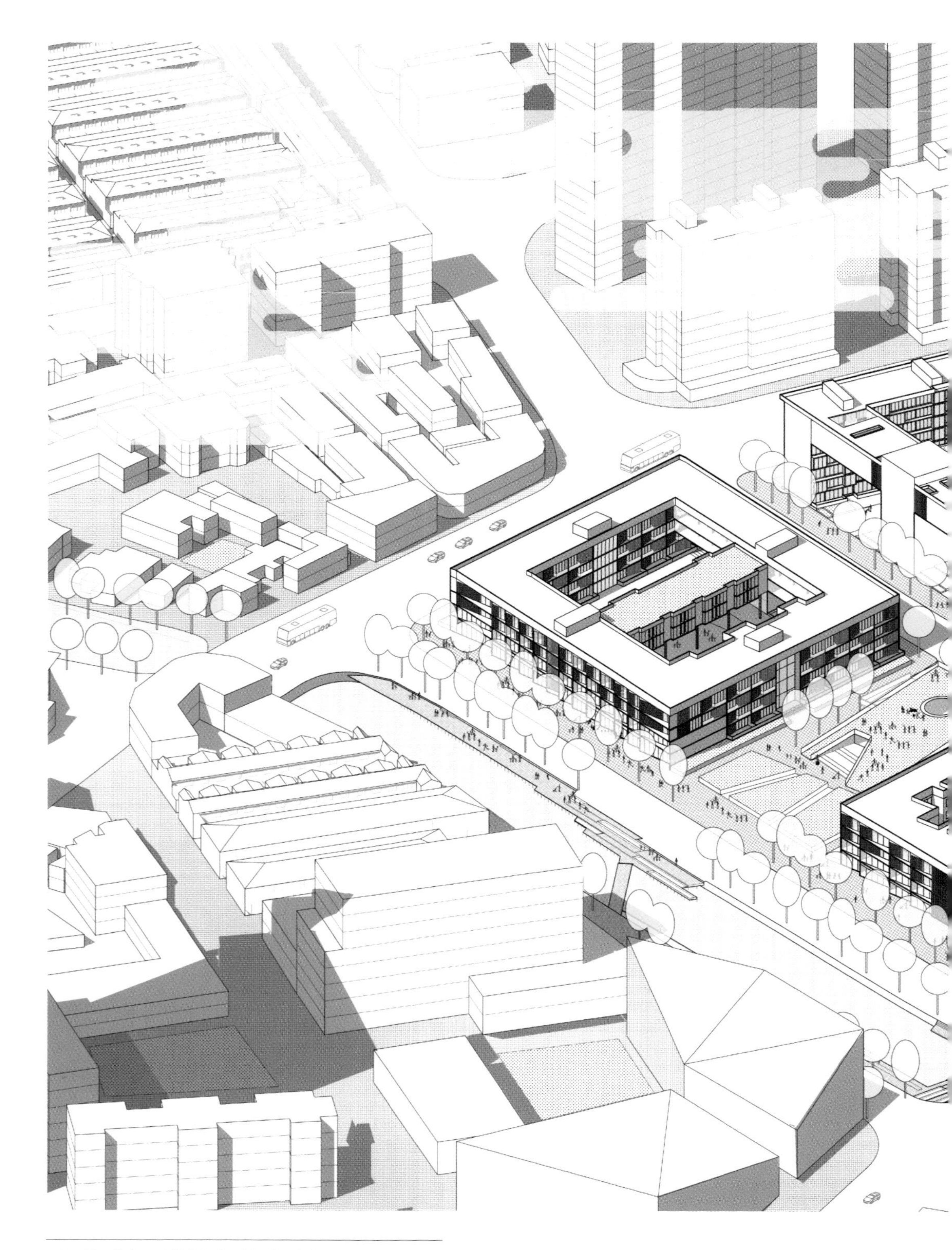

3. 虹口港居住小区更新规划设计，林思琪，李梦石，李延煜。指导教师：沙永杰。

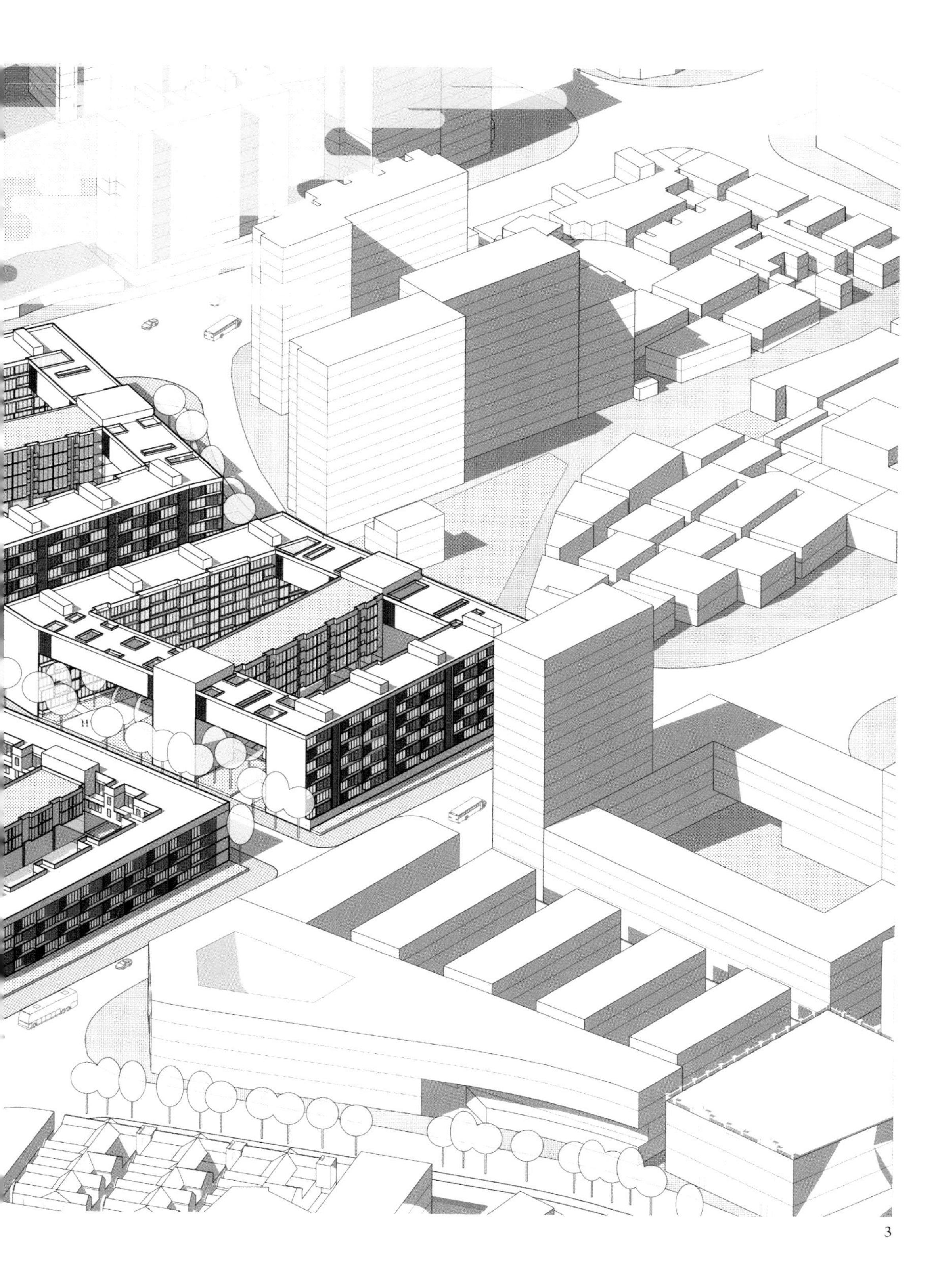

3

建筑群体设计：城市设计

“城市设计”是建筑系本科专业设计主干课程的最后环节，在学生基本掌握大中型建筑的设计方法和综合能力的基础上，了解复杂城市环境的构成要素及基本原理，学习城市空间分析和城市形态设计的基本方法与技能。同时，通过对城市空间与建筑形态的互动研究，以公共空间塑造为核心，探索城市形态要素之间的耦合机制，从更大范围思考城市整体环境的形成规律。

设计基地东临西安路和旅顺路，北抵东汉阳路，西倚南浔路，南至东大名路，虹口港在中央蜿蜒穿过，基地总占地约 12.3 hm^2，其中东长治路北侧 A 街区 5.6 hm^2，南侧 B 街区 6.7 hm^2。任务要求对此地区进行城市更新，除了对基地保留建筑考虑功能置换之外，街区 A 拟增

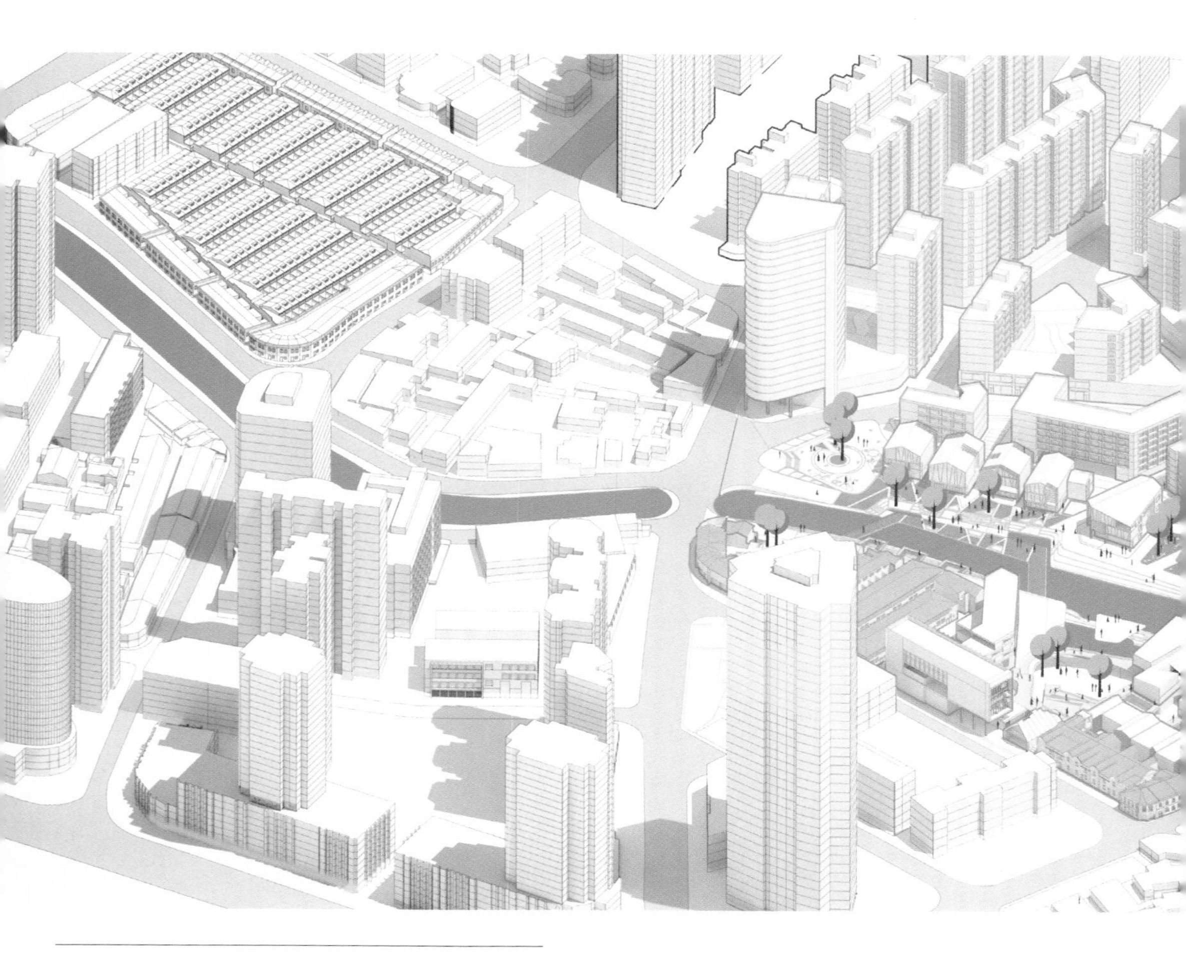

1. 上海北外滩虹口港地区城市更新——叠渡，万芊芊，孟熙，袁一鸣，董雨晴，周逸文，冉佳烨，黄桢翔，高思捷。指导教师：罗兰，陈泳。

建筑面积约 6 万m^2，街区 B 约 4 万m^2，功能包括创意办公、特色宾馆、商业购物、休闲餐饮和影视娱乐及文化展示等，建筑限高 100 m。该课题要求学生通过现场调研，发现建筑价值、场地特征与存在问题，并结合发展需求提出设计目标与设计策略，同时，注重延续街坊形态特征与创造新旧共生环境相结合，培养学生城市设计的整体观以及通过要素整合来营造场所特色和活力的设计能力。

指导教师：庄宇，陈泳，王一，张凡，杨春侠，姚栋，戴颂华，沙永杰，许凯，董春方，罗兰，王红军，陆地，Harry den Hartog，张鹏

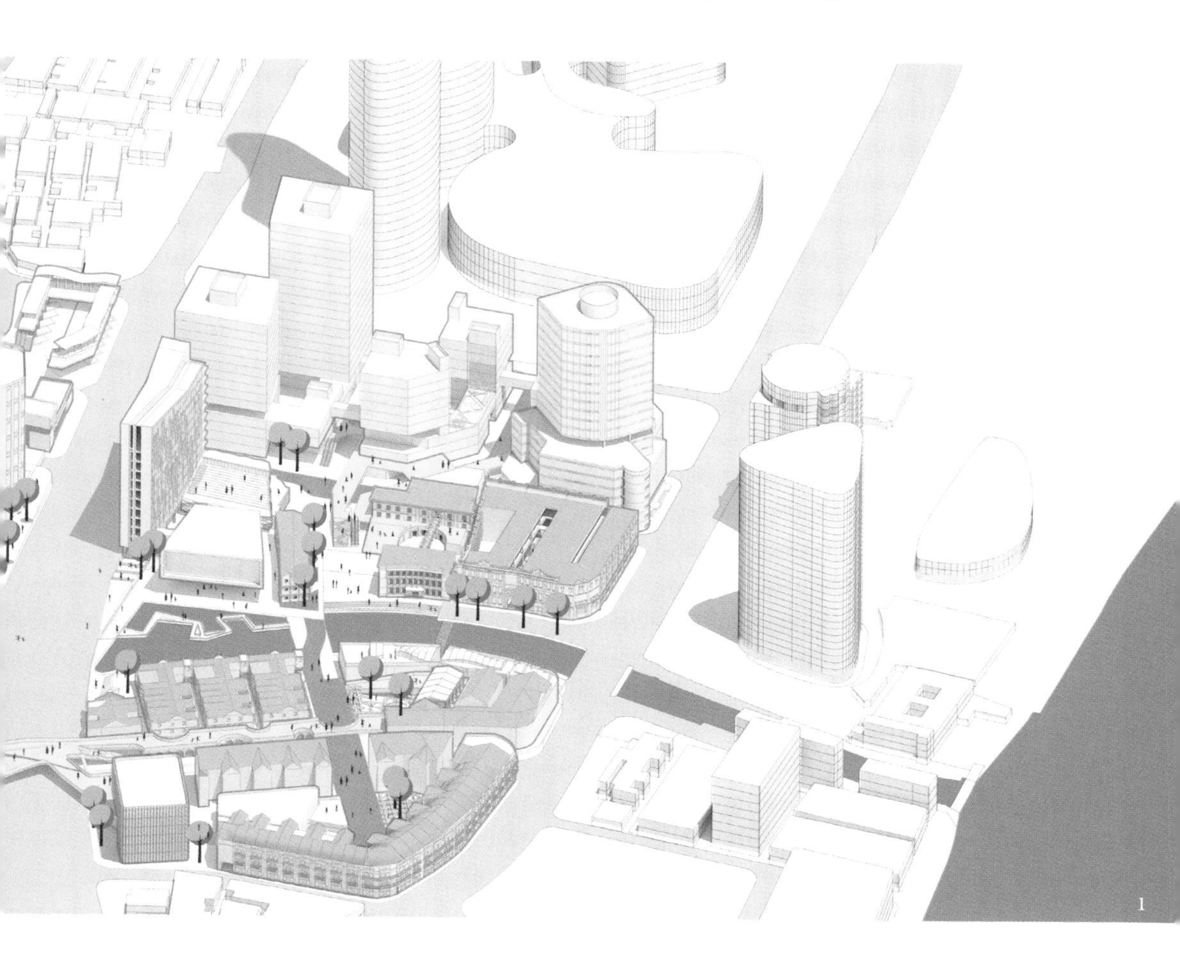

1

专题建筑设计

专题建筑设计，是同济五年制建筑学专业的四年级第二学期的课程设计统称，是在学生完成系统的建筑设计训练之后，为学生能力培养的拓展和分化而提供的自选型设计教学板块。相较于全年级统一命题和组织的课程设计，专题课程设计呈现着选题自主、类型多样、训练专项的教学特色。突出研究专长的师资配置，是本课程持续为学生提供多样化、专门化的课程选题，持续具备吸引力和影响力的重要保障。教师们结合自己的研究领域、设计实践积累、对学科发展的敏锐，通过具体的课程选题，以擅长的方式和研究导向给学生传授知识、方法和价值观；同时，学院开放的办学教学理念不断吸引着业界有专业影响力的学者以模块教席的方式参加自选题教学。

专题建筑设计一般以上、下半学期各 8.5 周作为教学单元，8.5 周为短题，17 周为长题，课程的长短由教师决定。对学生而言，可在上下学期中各选一个 8.5 周的短题或只选一个 17 周的长题。该课程共组织了 11 个学生可选题目，其中 5 个为 17 周的长题，6 个为 8.5 周短题。

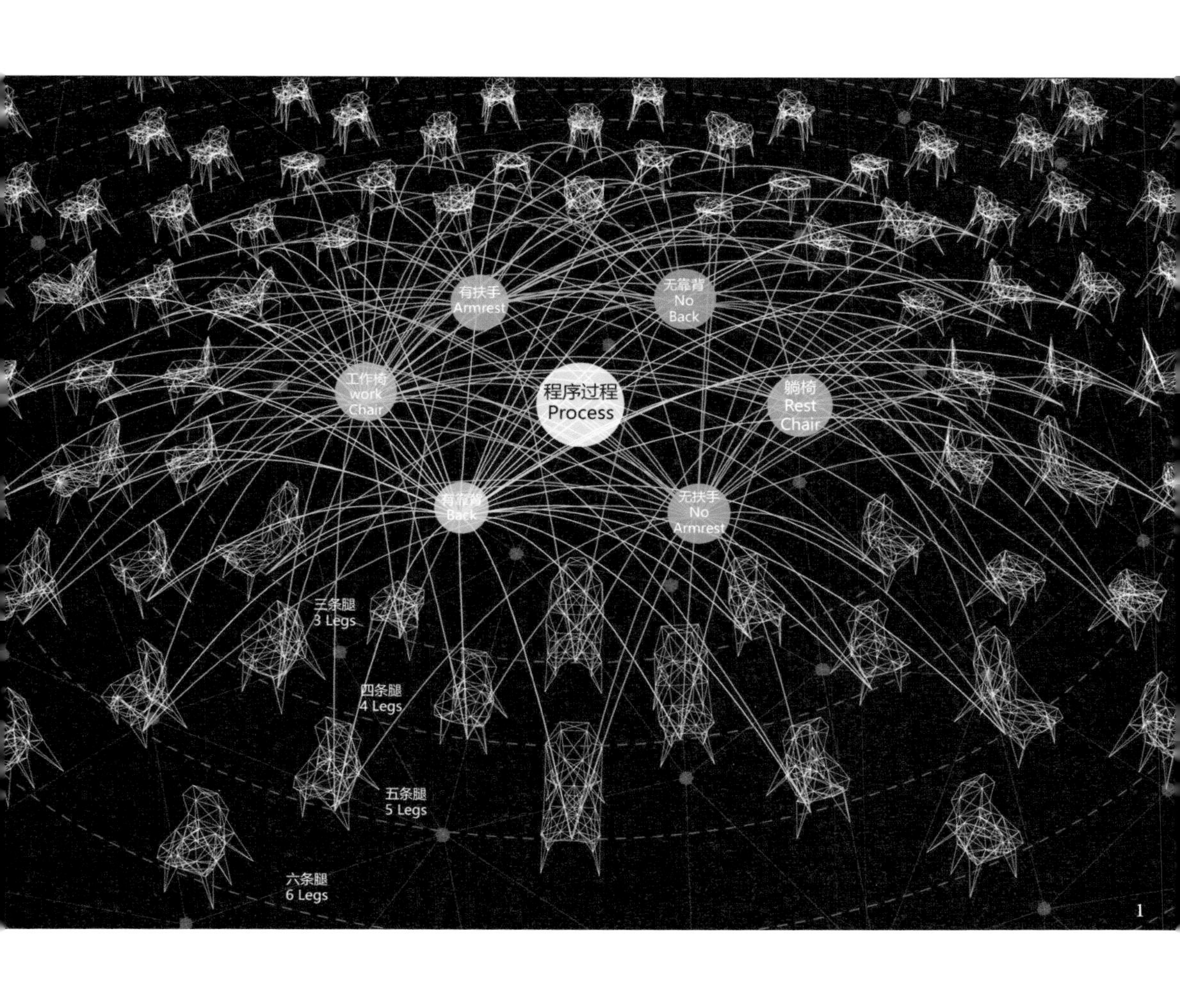

1. 结构几何（中期成果），刘至善。指导教师：袁烽；助教：王祥，柴华，张立名，陈哲文。

结构几何——机器人建造的城市微空间

本课程以“结构几何”为设计方法引导学生思考未来“城市微空间”的设计，并以“机器人建造”为工具探索“城市微空间”从虚拟设计到材料建造之间的转换。课程包括“结构性能化设计”与“机器人建造”两个分主题。课程首先从仿生学原型研究出发，探索建筑几何与结构性能的内在关联性，培养学生的结构性能化设计思维；然后通过机器人建造完成“结构几何”的材料化过程，以此激发学生对建筑几何、结构性能、材料特性及建造方式等建筑本体问题的综合思考。课程分设“仿生学原型”“结构几何原型”“结构性能化设计”“结构性能优化”“机器人数字建造”等专题，对课程主题进行系统、深入的研究和训练。本课程采用理论教学与设计教学相结合的方式。内容分为上下两部分：上半学期通过椅子原型建造，主要进行数字设计方法和机器人建造方法基础训练。下半学期主要进行“城市微空间”原型的设计与建造，并最终通过机器人建造技术进行1:1 ～ 1:5 的空间原型建造实验。

指导教师：袁烽

助教：王祥，柴华，张立名，陈哲文，周轶凡

学生：刘至善，黄桢翔，朱承哲，高思捷，洪正彦，徐纯，李延煜，金青琳，姚奕婕，Seraphim Le，Dakota Pace，Aaron Alsdorf

评委：Neil Leach，李麟学，Max Kuo，吴迪，Stefano Passeri

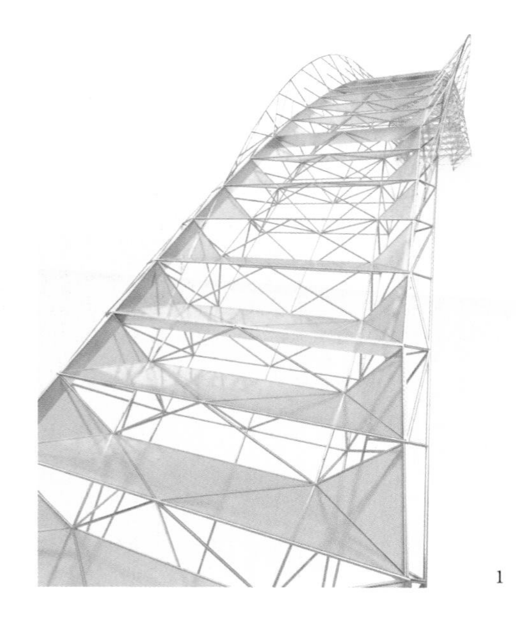

1

1~3. 金属空间打印，洪正彦，刘至善，姚奕婕。导师：袁烽；助教：张立名，陈哲文，王祥，周轶凡。

2

3

热力学建筑原型

以“自然博物馆”作为设计课题，并结合真实城市环境与项目要求。自然博物馆总建筑面积 9 万平方米。课题在建立热力学原型的基础上，以“自然系统”（Natural System）作为研究课题与设计主旨，通过专题研究、原型建立、软件模拟等抽象与具象的训练方式，指导学生在五个不同的阶段进行探究：前期研究、初步原型、原型深化、植入城市环境、热力学物质化与材料细部研究。原型的研究与建立是本次教学的重点。

指导教师：李麟学

学生：刘帆，王芮，胡雨，薛钰瑾，黄景溢，刘旭田，莫然，陈昌杰，杨雁容，Bradley Ellebracht，Conor Stosiek，Kristoff Fink

评委：卜冰，Stefano Passeri，薛广庆，刘旸，Inaki Abalos，Renata Sentkiewicz，周渐佳，Max Kuo

1.2.“Forest”，刘旭田，王芮，杨雁容，Conor。指导教师：李麟学。

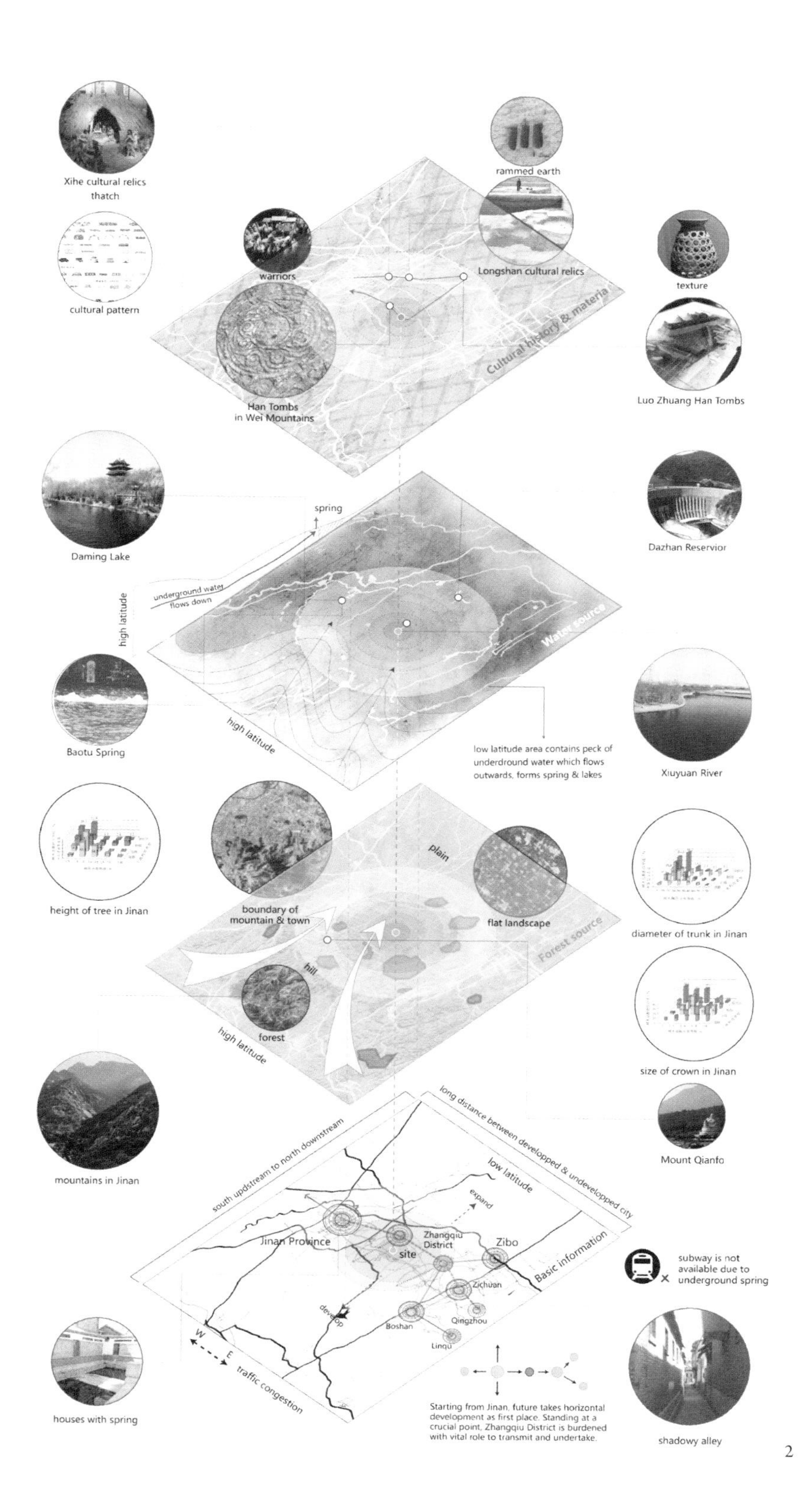

Xihe cultural relics
thatch
cultural pattern
rammed earth
warriors
Longshan cultural relics
texture
Cultural history & materia
Han Tombs
in Wei Mountains
Luo Zhuang Han Tombs
Daming Lake
spring
Dazhan Reservior
underground water
flows down
high latitude
Water source
Baotu Spring
high latitude
low latitude area contains peck of
underdround water which flows
outwards, forms spring & lakes
Xiuyuan River
height of tree in Jinan
plain
boundary of
mountain & town
flat landscape
diameter of trunk in Jinan
Forest source
hill
forest
high latitude
size of crown in Jinan
mountains in Jinan
long distance between developped & undevelopped city
south updstream to north downstream
low latitude
expand
Mount Qianfo
Jinan Province
Zhangqiu
District
Zibo
site
Basic information
Zichuan
subway is not
available due to
underground spring
develop
Boshan
Qingzhou
Linqu
W
E
traffic congestion
houses with spring
Starting from Jinan, future takes horizontal
development as first place. Standing at a
crucial point, Zhangqiu District is burdened
with vital role to transmit and undertake.
shadowy alley

2

圩田文化展示中心设计——白盒子、黑盒子、声场

通过文化中心策划者提出的“白盒子、黑盒子、声场”三个概念，带动身体行为、感知与空间三者关联性的探讨，进而试图通过对当代艺术中相关概念和作品的研究来拓展对建筑基本问题的认知，这是从建筑本体角度的教学侧重点。

将设计场地置于乡村，试图带动建筑的社会性讨论。它将涉及文化中心的介入如何与乡村和村民结合，以此带动对当下乡村建设的理解、功能计划的再制定，以及人群关系与空间关系的相互确认。同时，训练学生的设计在“想象、策略和建造”中建立关联。

指导教师：胡滨

学生：王勃翱，杨滨瑞，万轶群，李梦石，黄怡群，杨天周

1.2. LIVING FARM，杨天周。指导教师：胡滨。

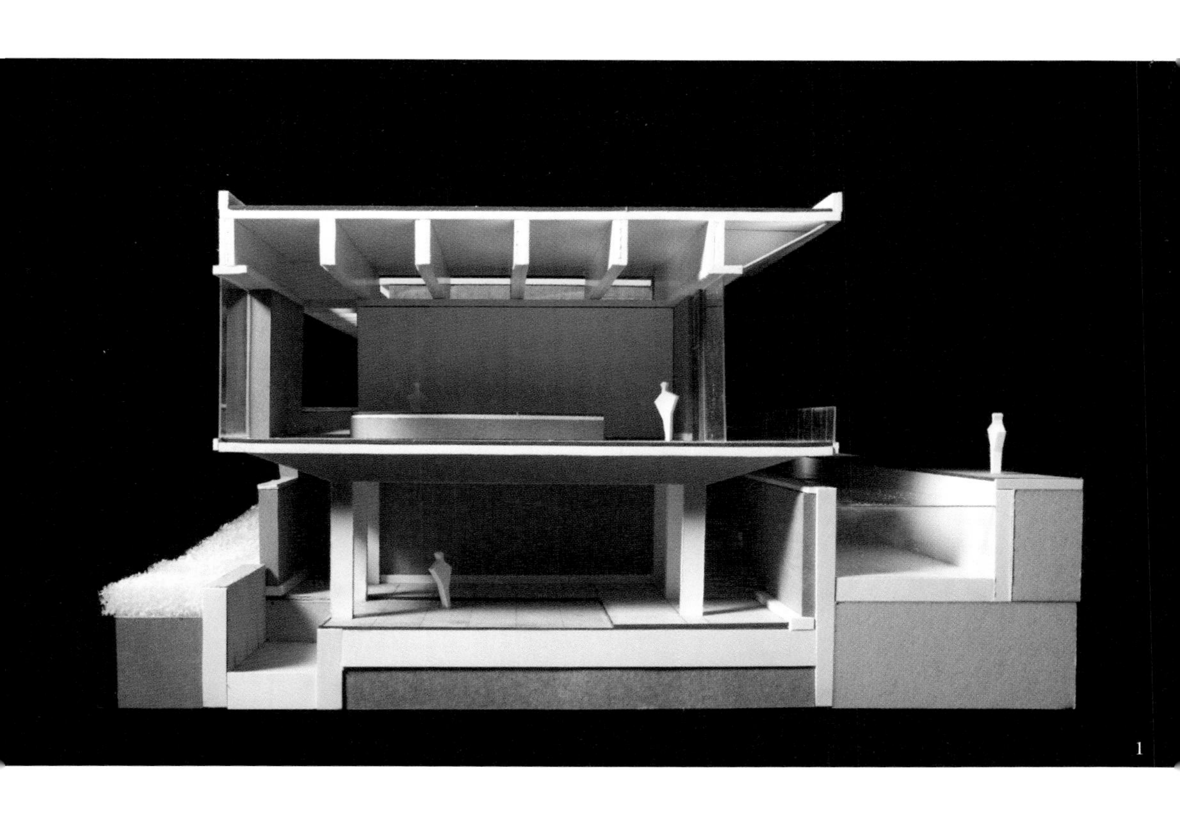

1

2

新商城计划 (New Mall City, A Cavalier Plan)

世界上第一座购物中心由奥地利侨民维克多·格鲁恩（Victor Gruen）设计，是一个乌托邦式的原型，旨在为缺乏中心的广袤郊区提供一处核心场所。然而商业开发逐渐抛弃了早期的形式理想和城市理想，使购物中心最终呈现为符合其自身利益的存在。

该作业在不同时空重新审视格鲁恩的初衷，同时也要面对上海商业、城市和文化景观的现实。探讨的核心问题是一组相反的价值观：重新定义格鲁恩的乌托邦式计划，同时正视晚期资本主义对规模和形式的破坏，寻求一种新的技术将这种无形的商业特质转化为崭新的城市语汇。

抛开以欧洲为中心的构成比例系统，通过研究中国古典绘画来取代城市规划的正统观念。为避免象征和隐喻，作业将重点放在绘画母题和标记制作技术，包括留白，距离表达，多点透视，比例缩放等。通过解码和转译将城市空间陌生化，鼓励学生寻找到自己的设计准则。

指导教师：Max Kuo

学生：岑婕，曾群智，华立媛，华心宁，李遥奇，Olivia Krewer，唐雪峰，王之菡，秦而昌，张徐燕，张蕾，张雨珊，张又予，Tanner Whitney

评委：胡炜，Stefano Passeri，袁烽，李麟学，陈如慧

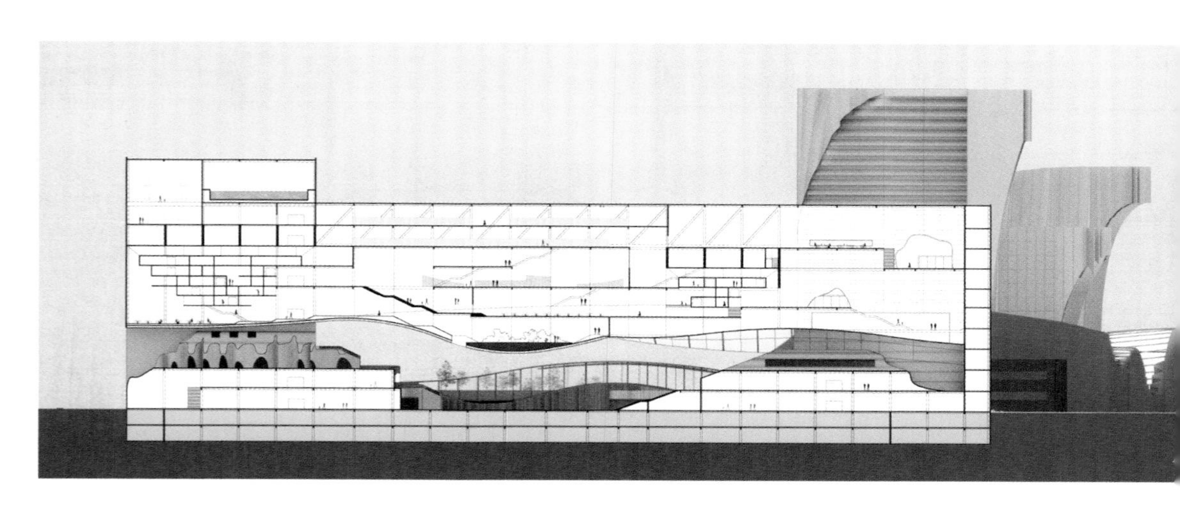

1~3. New Mall City, A Cavalier Plan，岑婕，曾群智，华立媛，华心宁，李遥奇，Olivia Krewer，唐雪峰，王之菡，秦而昌，张徐燕，张蕾，张雨珊，张又予，Tanner Whitney。指导教师：Max Kuo。

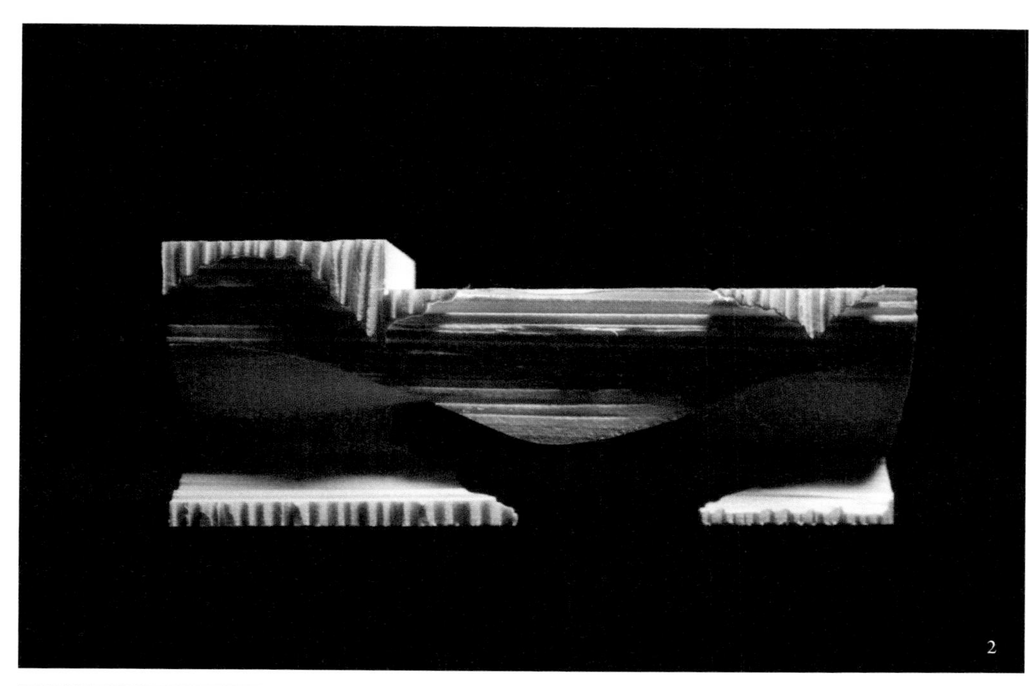
2

3

共享建筑设计——同济书院

随着信息化和全球化，城市和建筑的认知开始悄悄而迅速地发生改变，让建筑的共享在信息识别方面轻松易得。由此，“共享建筑学”得以成为可能。本次由李振宇教授带队的四年级自选题课程设计，围绕“共享建筑设计——同济书院”的主题展开为期8周的教学探讨。同济书院既作为校内师生交往交流的平台，也是共享理念在教育建筑领域的探索和示范的重要载体。因此，本次设计要求学生自拟任务书，策划书院的基本功能与可选功能，并探究多样的共享模式与机制，完成一份以“共享”为主题的设计作业。

指导教师：李振宇

助教：朱怡晨，梅卿

学生：王子宜，陈锟，金大正，杨学舟， 沈婷，李梦瑶

评委：范凌，何勇

1.2. 共享建筑——同济书院，王子宜。指导教师：李振宇。

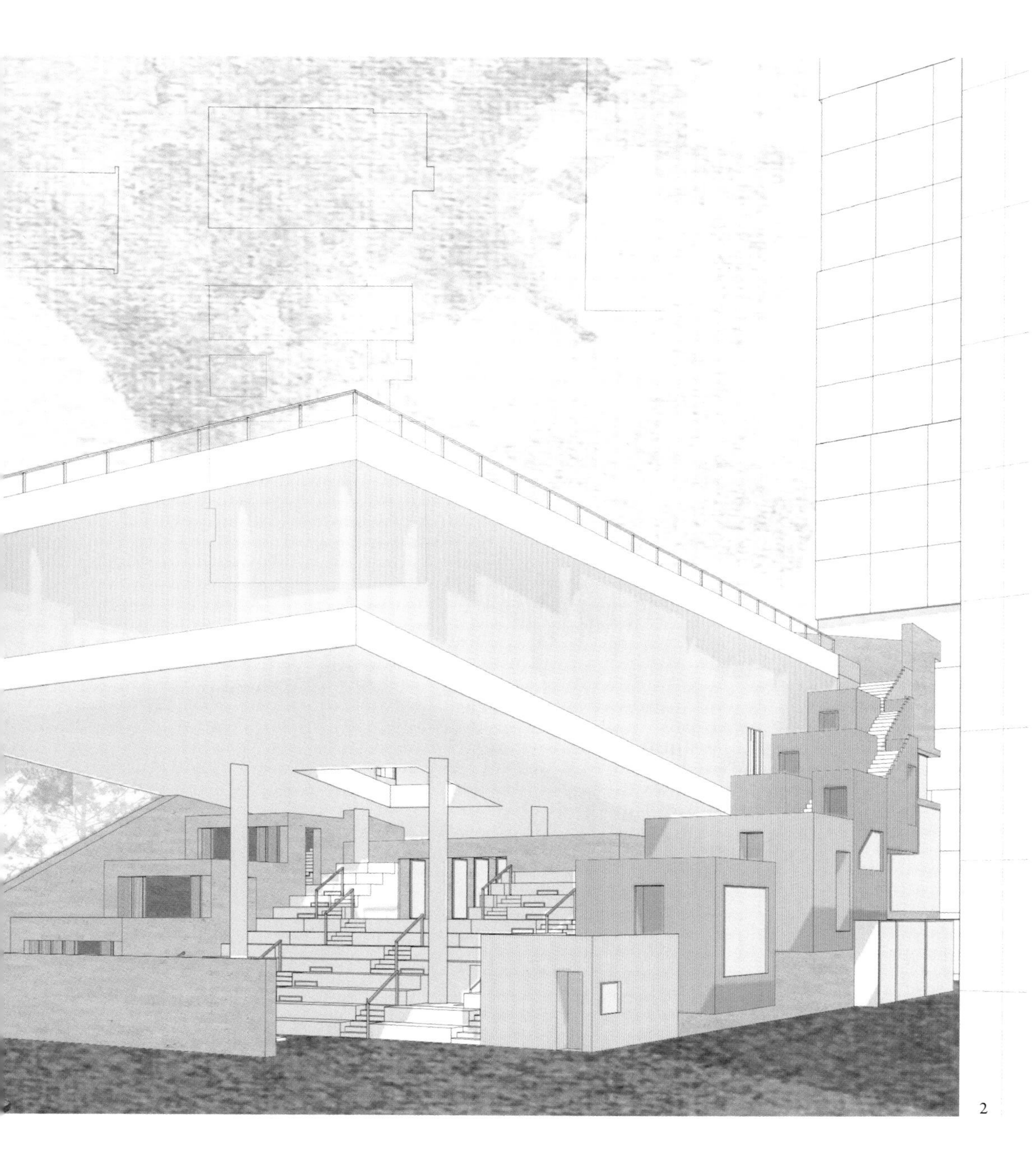

2

综合为老服务中心

中国城市正面临着日益严峻的老龄化问题。近年，作为养老服务体系重要环节的社区养老设施发展迅速，提供日间照料、短期居住、助餐等多样化的服务，满足老年人不同的养老服务需求。但是由于社区养老设施出现时间尚短，物质环境、服务管理等方面还存在诸多问题。本课题的综合为老服务中心为社区、居家老年人提供日间照料、短期居住、助餐等服务。课题要求：通过实地调研，理解老年人的生活行为特征和需求；通过现有建筑的改造设计，培养营造复杂空间环境的综合能力，并掌握无障碍设计基本要求。用地位于上海市杨行镇内，要求自行拟定房间类型、数量、面积、相互关系等具体设计内容。

指导教师：李斌，李华

学生：闯圣子，刘欣耘，王昱昕，孔忱，石俊，刘懿哲，袁一鸣，董雨晴，陈智棠，庄凯宁

评委：郭晓峰

1.2. 市、井——综合为老服务中心设计，袁一鸣。指导教师：李斌，李华。

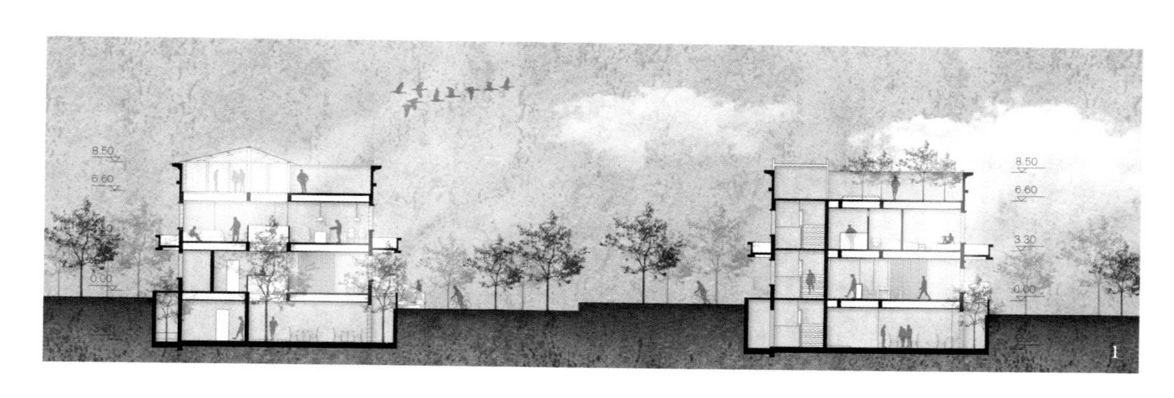
8.50
6.60
0.00
8.50
6.60
3.30
0.00
1

2

超级步行街区城市设计

本专题课程设计旨在探索一种将若干街区作为一个集合，并在其区域内实现步行优先的区域步行化规划模式——“城市超级步行街区”。在当前以机动车作为组织城市交通和城市功能主要手段的城市规划模式下，城市公共空间被极大压缩，步行空间问题尤为突出。本专题旨在重新唤醒步行及公共空间对城市生活的主导性，不仅对“超级步行街区”概念进行深入剖析，也对“超级步行街区”的设计有了较为完善的理论架构与设计表达。学生通过国内外优秀样本案例分析以及相关文献阅读，进而总结超级步行街区的基本特征及进行分类梳理，最后完成超级步行街区模式三种类型的城市设计，即都市中心型、都市型和社区型。

指导教师：孙彤宇

助教：毛键源，赵博煊

学生：陈智棠，闫圣子，董雨晴，蒋泓恺，孔忱，李梦瑶，罗西若，沈婷，袁一鸣

评委：王一，王志军

1

1.2. 超级步行街区——未来城市可持续发展模式（都市中心型），董雨晴，袁一鸣，孔忱。指导教师：孙彤宇。

GREEN SPACE
FOOD STREET
TRAVEL
SHOPPING
CULTURE
LEISURE
SHOPPING STREET
ART STREET
LEISURE STREET
LIBRARY

城市与建筑保护设计
Conservation Design of Urban & Architectural Heritage

城市与建筑保护设计课程让学生深入认识城乡历史环境，对其物质本体及在当下环境中的价值体系进行调查分析；在历史建筑保护工程专业基本理论、技术课程基础上，综合运用保护与再生设计策略、方法和技术，完成历史环境保护和再生设计。

课程共 16 周，前一阶段主要聚焦于历史街区和聚落层面的保护与再生研究，后一阶段在前期研究的基础上，完成其中特定历史建筑的保护设计。

课程以上海市周边历史街区、乡土聚落和建筑遗产为对象。2017、2018 年选题为上海公共租界会审公廨的保护与再生。

指导教师：王红军，张鹏，张凡，陆地，刘刚

学生：历史建筑保护工程专业学生

泛碱

墙体中的可溶性盐碱溶解到水分中，当水分蒸发时，溶解了的盐碱便在墙体表面及近表面处结晶析出。

砖砌体缺失

当砖砌体和砌筑砂浆破坏剥落到一定程度，砖砌体会脱离原位置导致砖砌体缺失。

1. 会审公廨复原与博物馆设计，王月竺，于昊川。指导教师：王红军 、张鹏。

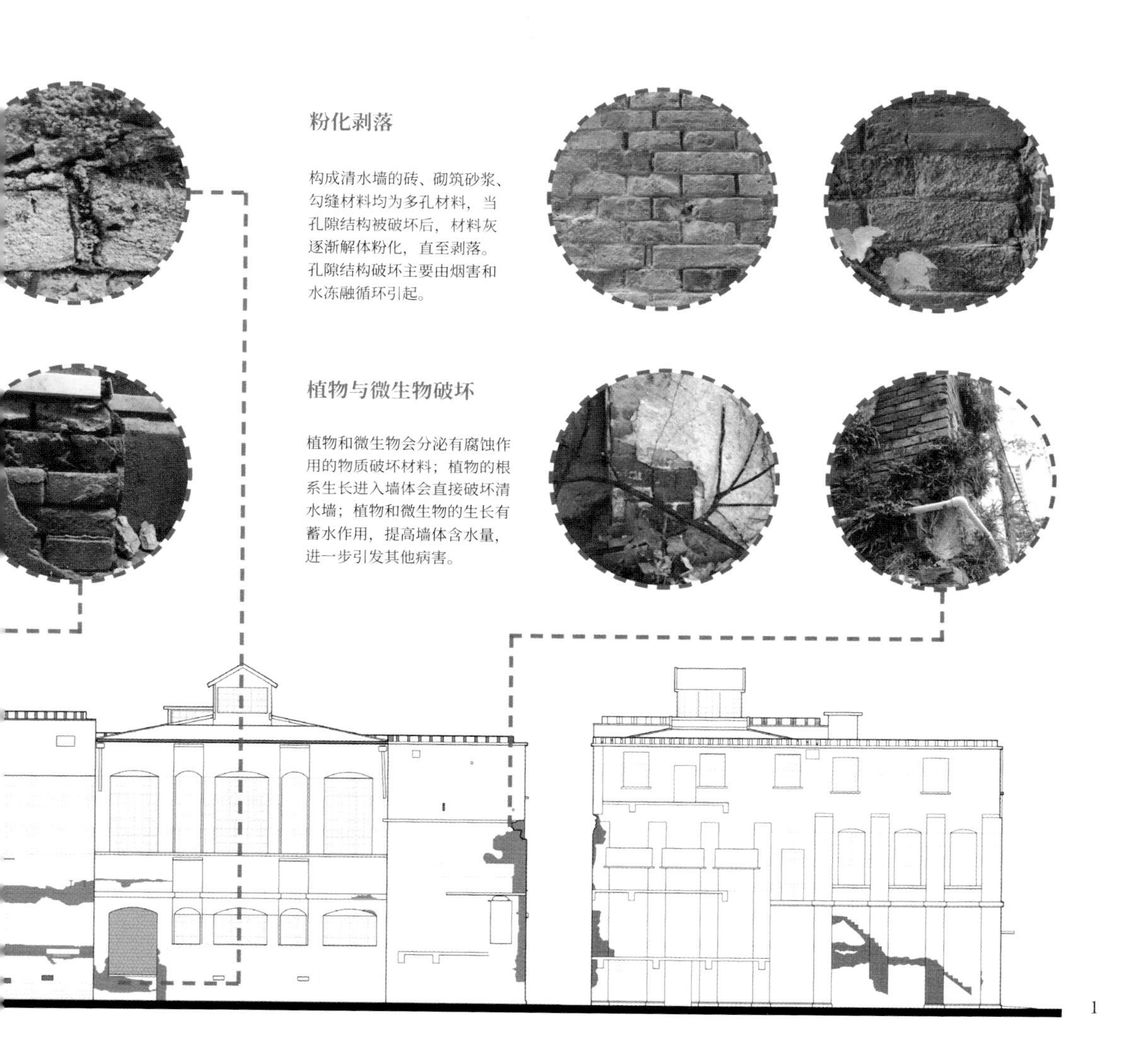

粉化剥落

构成清水墙的砖、砌筑砂浆、勾缝材料均为多孔材料，当孔隙结构被破坏后，材料灰逐渐解体粉化，直至剥落。孔隙结构破坏主要由烟害和水冻融循环引起。

植物与微生物破坏

植物和微生物会分泌有腐蚀作用的物质破坏材料；植物的根系生长进入墙体会直接破坏清水墙；植物和微生物的生长有蓄水作用，提高墙体含水量，进一步引发其他病害。

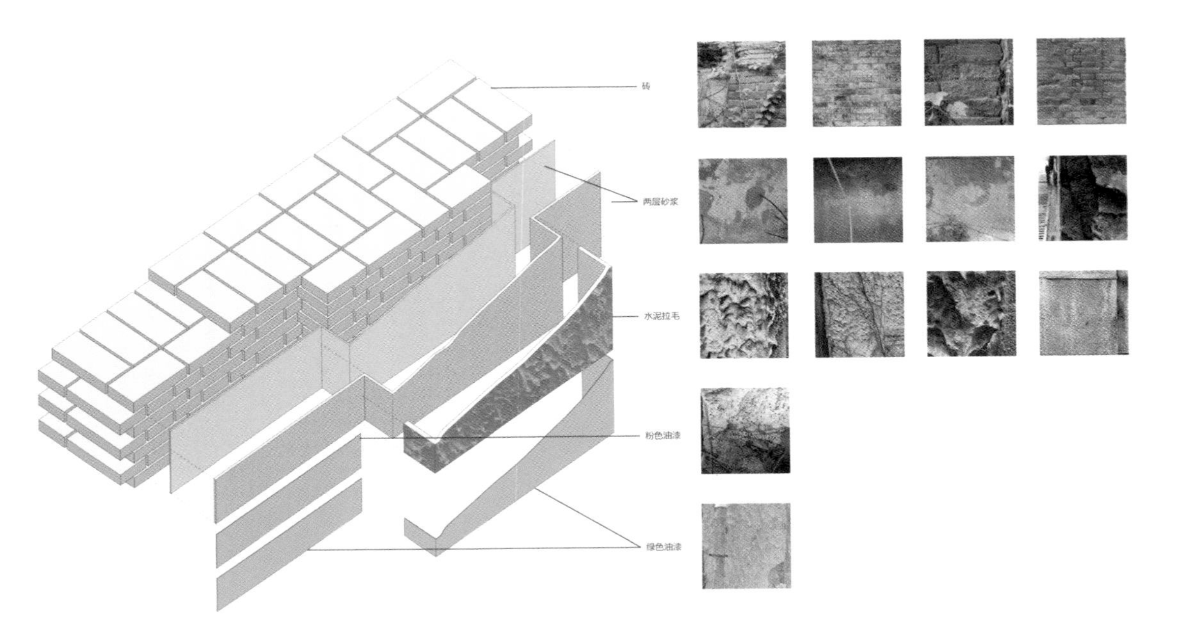

2. 会审公廨外立面病害记录
3. 会审公廨立面测绘线稿与实景拼合

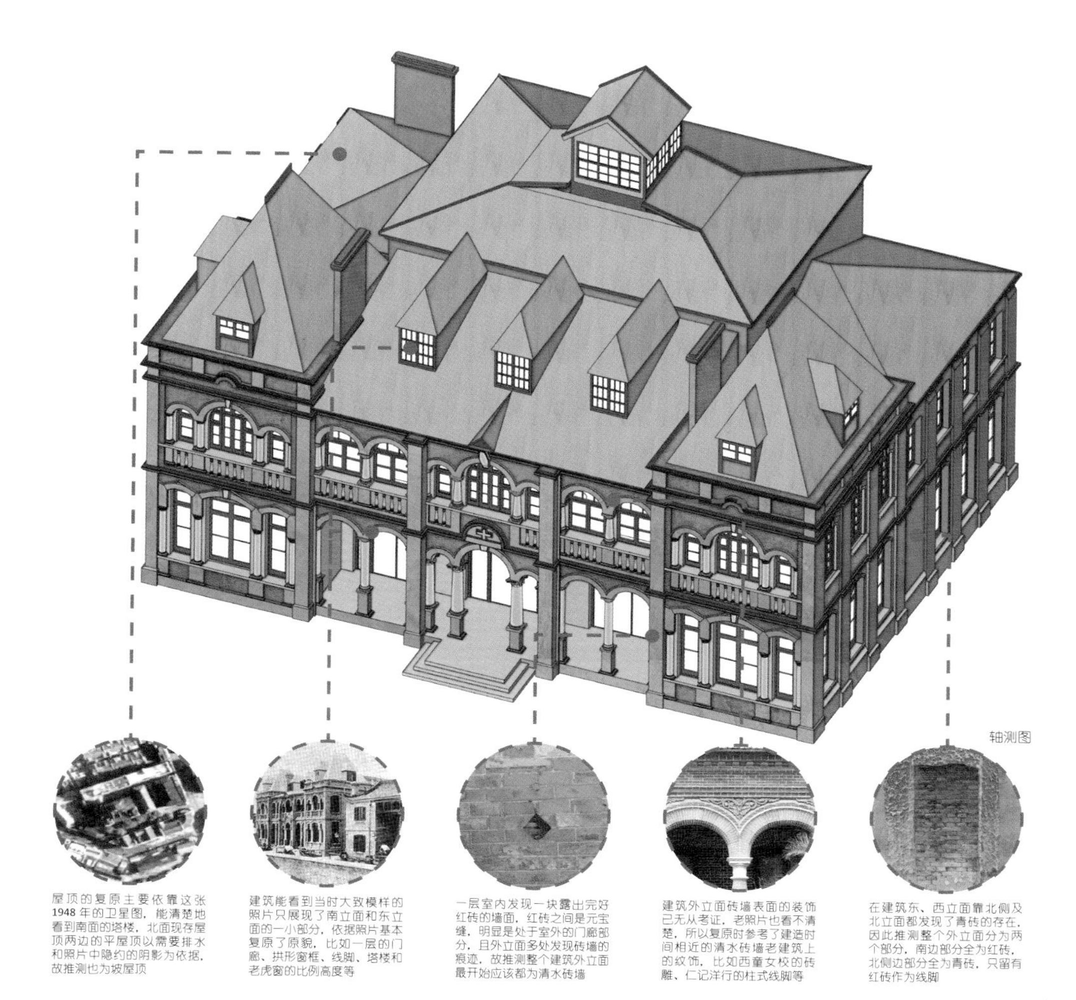

4. 会审公廨外立面复原依据
5.6. 室内主要空间场景图

毕业设计
Graduation Design

毕业设计是本科专业学习的最后一个环节，它是对学生完成本科学习走向社会或者继续深造前所具备的专业素质、能力和知识的一次综合演练，也是对专业教学质量的一次集中检验。2018 年毕业设计的课题，有的从大尺度的城市环境出发，逐步聚焦于小尺度的日常生活空间，有的从小尺度的建筑为起点，思考建筑与城市、建筑与环境的复杂关系，有的放眼世界展望城市建筑的未来图景，有的立足地域传统探讨历史遗产的生命延续。围绕这些课题，学生们深入研究建筑与环境、空间与人、结构与建造等本质问题，体现了我们对于毕业设计教学综合性、实践性和创新性的持续关注。

历年来，建筑系毕业设计在多个方面进行了探索和改革。在课题选择上，以来源于实践、来源于前沿为中心，在建筑城规学院多学科组发展的大背景下，以指导教师的研究方向为基础，着力培养学生的综合性创新研究设计能力；在师资组成上，以学院多种研究方向的教学团队为基础，增大教授比例，组成由领衔教授 + 优秀青年教师 + 博士生助教形成的教学团队，强调研究导向，真正将毕业设计作为研究性 Studio 的一种形式，突出其研究性创新的特点；在教学组织上，为了实现教师研究专长与学生志趣结合的双向选择，我们搭建了一个师生互选的网络平台，在这个平台上实现教师教案公示、学生自由选题、教师择优录取，同时还能形成各课题的网上教学空间与信息发布平台，并展示优秀的毕设成果，在更大的范围内实现教与学的互动；在评价方法上，过程评价和结果评价并重，指导教师、校内评委和校外评委共同参与，以保证评价结果的全面客观，并提供新思路、新观点、新方法，为今后的毕业设计教学组织工作提供新的教改动力和方向。

2017年毕业设计情况汇总表

建筑学专业

	设计题目	小组成员	指导教师
1	后“红坊”的城市再开发:上钢十厂地块文化商业项目设计	李在承,陶麒榆,金金日,金哲成,蔡日革,吴汉祥	刘刚
2	以社区体育功能更新为契机的城市空间改造——虹口足球场地区社区体育及其他功能再整理	景巍然,丁种炫,张文易,郭子豪,汉诺克	田唯佳
3	以社区体育功能更新为契机的城市空间改造——虹口足球场地区社区体育及其他功能再整理	王浩然,谈俊涛,谢云玲,万远超,焦威	王方戟
4	含养老设施的城市社区综合体	吴垣锡,袁丰,梁惠静,王挺,潘屾	李华
5	含养老设施的城市社区综合体	张家宇,瑞驰,何绍禧,许双盈,杨舒丹	李斌
6	以公交和步行为导向的混合型宜居社区——南京市中华门地区越城天地超级步行街区城市设计及建筑设计	魏子宁,陈正阳,唐楷文,申朝阳	黄一如
7	以公交和步行为导向的混合型宜居社区——南京市中华门地区越城天地超级步行街区城市设计及建筑设计	韩丞奎,徐濛,陈嘉禾,吕欣欣	孙彤宇
8	以公交和步行为导向的混合型宜居社区——南京市中华门地区越城天地超级步行街区城市设计及建筑设计	朴英成,金广浩,李明成,李泰凡	贺永
9	上海市崇明岛滨江生态休闲商业地块设计	殷鸣,林静之,陶依依,陈宇翔,王翱,吴鹏飞	陈易
10	斯图加特中德文化交流中心建筑设计	王瑞琦,郑馨,郑思尧,郭佳鑫,沈依冰,白珊山	张建龙
11	2018年中国国际太阳能十项全能竞赛	周瑾楚,辛诗奕,申艺振,路烁,李想,罗辛宁	曲翠松
12	上海越剧院新址建筑概念设计	王劲凯,程叙,景姗姗,谢成龙,王梓安,郝明宇	徐风
13	新城改造:陆家嘴实验	戴方国,洪逸伦,苏南西,程晏宁,周锡晖	许凯
14	新城改造:陆家嘴实验	龙嘉雨,周易,金刚,许纯,张靖	蔡永洁
15	聚焦京杭大运河的桥头——步行生活和文化活力的激发	张若松,达尔汉,崔芳毓,王宇昊,邵一恒,徐思璐	叶宇
16	聚焦京杭大运河的桥头——步行生活和文化活力的激发	张锋,朱嘉鼎,徐蒙恩,区米尔,解远志	庄宇
17	家庭式心理诊所室内设计	纳斯佳,魏熊,安光成,胡秋叶,薇亚,阿谷我	尤逸南
18	面向老龄化的城市更新——工人新村适老综合体设计	郭欣,程一,陈元,陈思宇,斯恩兴,吴逸南	涂慧君
19	上海中心城成熟区域内地块更新设计(徐汇·长宁)	徐洲,王泰龙,龚周隽堃,沈逸飞,郝伟勋	沙永杰
20	上海中心城成熟区域内地块更新设计(徐汇·长宁)	王康富,谢天伟,王钦,金英进,徐幸杰	周鸣浩
21	以文化输出为导向的豫园商城地块城市更新与建筑改造设计	吴风,李霖,林昱宏,叶之凡,吴庸欢	董屹
22	以文化输出为导向的豫园商城地块城市更新与建筑改造设计	孙少白,郭绵沅津,潘思雨,陈有菲,成紫玙	王桢栋
23	苏州浒墅关古镇街区场境再生设计	陈容律,童轶青,郑海凡,陈宇宁,马嫣砾,王竹韵,朱尽染,王兆一	陈强
24	苏州浒墅关古镇街区场境再生设计	郑海凡,陈宇宁,苏家慧,姚冠杰,何斌贤,乔映荷	陈泳
25	重温铁西——城市基因的再编与活化	张治宇,胡伟林,徐琛,路秀洁,杨挺,侯苗苗	孙澄宇
26	重温铁西——城市基因的再编与活化	庄铭予,邓浩彬,蔡庆瑜,朱玉,鲁昊霏,张晓雅	李翔宁
27	上海近代黑石公寓及其周边环境保护与更新设计	安麟奎,张雨缇,李淑一,谢丹妮,周雨桐,常馨之	左琰
28	洛阳考古博物院建筑方案设计	孙童悦,阳腾飞,洪邦建,谢越,张溯之,黄舒弈	李立

历史建筑保护工程专业

	设计题目	小组成员	指导教师
1	黔东南侗族聚落匠作体系适应性发展设计研究	孙文达,段睿妍,张佳择,沈若玙,花炜,田园	王红军
2	大剧院西片区城市设计与建筑更新	徐语键,唐岂鑫,倪凌,高子晗,朱冰洁,翁子健	刘涤宇
3	大剧院西片区城市设计与建筑更新	任宇恒,胡艺龄,李英子,周逸昀,李宛蓉,冯田	陆地

2018 年毕业设计情况汇总表

建筑学专业

	设计题目	小组成员	指导教师
1	山水相连，城乡一体——当代山地城市与建筑空间营造	赵媛婧，王明珠，张音音，管梦玲	李翔宁
2	山水相连，城乡一体——当代山地城市与建筑空间营造	张耀天，余点，马倩宇，朱婧怡	孙澄宇
3	四川美院老校区周边城市更新	王梅超，张惠民，郑国臻，潘宸	王一
4	彩云深处的活力复兴：云南楚雄大姚城市重点地段城市设计	云贺，甘崇雨，唐倩倩，雒雨，王志文	庄宇
5	彩云深处的活力复兴：云南楚雄大姚城市重点地段城市设计	黄成业，王妍，杜昆蓉，黄靖	杨春侠
6	新城改造：陆家嘴实验——一次兼具批判性与前瞻性的冒险旅行（二）	别雨璇，朱任杰，林亦晖，林敏薇，周顺宏，张玉娇	许凯
7	新城改造：陆家嘴实验——一次兼具批判性与前瞻性的冒险旅行（二）	张弛，李昊，冯羽奇，林思琪，厉浩然，王欣蕊	蔡永洁
8	老年人和自闭症儿童的复合福祉设施设计	房玥，陈非凡	司马蕾
9	老年人和自闭症儿童的复合福祉设施设计	居子玥，梅桑娜，朱元元	姚栋
10	老年人和自闭症儿童的复合福祉设施设计	冯雅蓉，叶子桐	崔哲
11	街区针灸：上海杨浦区大桥街道沈阳路周边地块（微）更新	赵启，周雨茜，代昊辰，周逸文，劳艺儒，史瑞琳	陈强
12	街区针灸：上海杨浦区大桥街道沈阳路周边地块（微）更新	周与锋，李安贵，王萧迪，覃杨，郑少凡，杨鹏宇	陈泳
13	同济大学图书馆室内外环境改造设计	许可，毛燕，张奕晨，潘蕾，李一丹	左琰
14	同济大学图书馆室内外环境改造设计	马一茗，刘雨婷，妲娜，张迪凡	林怡
15	冉庄改造规划暨二里头遗址公园游客中心设计	王旭东，高雨辰，何侃轩，唐奕诚，卡莉娜，张埁	李立
16	社区层面的城市更新规划设计（上海中心城区）	窦嘉伟，江旭莹，张煜，熊非，董越斌，李冰洁	沙永杰
17	高行镇历史建筑室内外环境设计	张昊冑，蔡东旭，郝应齐，陆奕宁，吴璇，张晏寿	陈易
18	共生——基于社区修复的黔东南中闪村更新设计	孙正宇，聂方达，王怡婕	张建龙
19	共生——基于社区修复的黔东南中闪村更新设计	王子若，冉佳烨，黄于青	于幸泽
20	山水实验—以游观体验为导向的旅游综合体设计	和亦宁，夏亦然，邓希帆，刘典傲，喻桥苹，白一江	董屹
21	“桥舍”——基于基础设施的城市建筑学	孙晓梦，方志浩，肖佳蓉，王江辉，孙一诺，周博，金世煜，尹铉玟，朱泊锦，朱开，徐佳逸，邱雁冰	谭峥
22	风尚城——静安区东八块静安 67 街区和静安 59 街区改造计划	高舟，张谨奕，黄娜伟，卡那库亚，郭秋花，王雨婷	王骏阳
23	2018 年中国国际太阳能十项全能竞赛	吴雨，邸文博，揭晶皓，石文鑫，林辰彻，樊婕	曲翠松

历史建筑保护工程专业

	设计题目	小组成员	指导教师
1	故宫西华门研究与保护设计	郭皓阳，顾金怡，张毓嘉，王群，蔡灵子	刘涤宇
2	故宫西华门研究与保护设计	彭心悦，王宁，刘宜家，杨子玥，王沿植	温静
3	济南洪家楼天主堂保护设计研究	倪禛，叶航明，刘璐茜，方姜鸿，李树人	张鹏
4	济南洪家楼天主堂保护设计研究	张晶轩，周舟，方丞轩，李若旎，张劼	陆地

2019年毕业设计情况汇总表

建筑学专业

	设计题目	小组成员	指导教师
1	鼓浪屿计划 ——作为世界文化遗产的“国际历史社区”更新	杨天周, 朱承哲, 李梦石, 李梦婷, 曹伯桢, 周华桢, 周子骞, 涂晗, 潘怡婷, 陈诗韵, 程惊雷, 宋连创, 顾汀, 尹建伟, 葛子彦, 罗晓梦, 王述禾, 赤嶺 黎香	李翔宁, 王一, 孙澄宇
2	黔东南中闪村(高别)社区修复与村寨更新设计	马一茗, 杨雁容, 李晨皓, 鲍凌云, 董雨晴, 王子宜, 袁一鸣, 高思捷, 徐纯	张建龙, 于幸泽
3	上海长宁区地块更新设计	陶麒榆, 蔡毓怡, 金大正, 李遥奇, 韩旭, 闯圣子, 黄怡群, 万轶群, 张又予, 徐姝蕾, 陈欣, 杨帆	沙永杰, 刘刊
4	同济—UCLA 联合设计 ——连锁式大学校园	刘至善, 王芮, 黄桢翔, 王昱昕, 陈昌杰, 孔培宇, 徐鸣, 刘佳颉, 郭思同, 张雅宁	张永和, 谭峥
5	“滨水新生活”:漳州台商区地铁站点一体化设计	陈帅江, 陈科翰, 张蕾, 莫然, 岑婕, 刘懿哲, 王子旸, 姚奕婕, 刘欣耘, 杨润宇, 宋璐琦, 朱达轩	庄宇, 叶宇
6	新城改造 3——世纪大道实验	温雨馨, 杨滨瑞, 姜尽其, 刘乐韬, 孟熙, 李梦瑶, 沈婷, 焦阳, 刘旭田, 曾文靖, 曹子健	蔡永洁, 许凯
7	超级校园 ——以社团为组织线索的超高容积率教育综合体设计	华心宁, 罗西若, 黄景溢, 杨学舟, 金青琳, 胡立群, 薛钰瑾, 蒋征玲, 张梓烁, 马晓然, 佟帅, 刘子瑜, 蒋妤婷	董屹, 王桢栋
8	小户型租赁住宅室内装配化设计	华立媛, 王安琪, 佐藤辉明, 肖晓溪, 詹强, 黄曼姝, 王萌, 周宽	左琰, 林怡
9	上海音乐学院附中概念设计	张文雪, 胡雨, 石俊, 李延煜, 王之菡, 陈智棠, 张德武, 井高佑纪, 王修悦, 达尔曼·阿布来提	徐风, 汪浩
10	西藏美术馆建筑设计研究	张晚欣, 万芊芊, 陈晨, 姚梓莹, 于昊川	李立
11	共康路街道赋能提升设计与社区营造	王勃翱, 蒋泓恺, 孔忱, 唐雪峰, 孙圣伟, 张徐燕, 洪正彦, 曾群智, 杨帆, 肖宇	徐磊青, 汤众

历史建筑保护工程专业

	设计题目	小组成员	指导教师
1	故宫文物建筑砖石砌体保护研究	于昊天, 张倩, 王月竺, 秦天悦, 孙益赟, 覃晨婉	张鹏, 戴仕炳
2	西安东岳庙保护及环境整治设计研究	胡奕奕, 张浩瑞, 李迎蕾, 武佳艺, 李雨芯	刘涤宇
3	上海黄浦区典型风貌街坊的保护与城市更新设计	杨健, 何汀滢, 张露文, 程珏晨, 盛嫣茹	刘刚

虹口足球场地区社区体育及其他功能再整理

工作要求：毕业设计是学生投入真实设计工作前的重要过渡。愈发拥挤、复杂的城市将是建筑师们工作环境的常态。建筑师需要具备在复杂城市环境中定位建筑的能力；项目进行的过程中，需要应对不断出现、变化的技术问题。本课题希望借助虹口足球场地区，在设计训练的基础上，加入上述方面的指导和训练。

工作内容：场地方面，虹口足球场地区杂糅了各类城市事件性和日常性的行为和使用，并且在随着城市的发展，衍生出各种功能设施：运动基础设施（足球场、游泳馆、健身房、室外运动场）、交通基础设施及附属商业（地铁站 3 号线、8 号线）、大型商业（龙之梦）、长途客运站、小型旅馆、社区商业、办公、住宅、大型停车场等。因此本设计应在各功能面积基本不减少的前提下，通过建筑及空间更新的方式探索高密度都市中的社区体育功能的命题，改善场地中既有各功能之间的关系。

指导教师：王方戟，田唯佳

参与学生: 王浩然, 谈俊涛, 谢云玲, 万远超, 焦威, 景巍然, 丁种炫, 张文易, 郭子豪, 汉诺克

1.2. 日常与事件：大型场馆周边的弹性使用，焦威。指导教师：王方戟，田唯佳，张婷。

1

2

山水实验——探讨将中国传统山水之法转化为真实空间体验的可能

工作要求：期望寻找到属于中国人自己的木土建筑学的诗意几何。它是由画意控制的，是一种以山水为言说方式的面向自然的叙事方式。这首先需要我们重拾并重建一种画意的观想方式，只有观想方式有了，其他才可以谈。这门课程有他的哲学基础，有大道在先。这个大道就是，重回一种自然的观想，重回师法自然的设计道路——《如画观法》。

工作内容：宁海县位于浙江省东部沿海，象山港和三门湾之间，天台山、四明山山脉交汇之处，境内山川秀丽，气候温和，旅游资源丰富——自然景观方面有浙东大峡谷、伍山石窟、东海云顶、野鹤漱、宁海温泉、大松溪等，人文景观方面有许家山石头村，前童古镇，龙宫村，十里红妆等，同时，宁海也是《徐霞客游记》的开篇地。深甽镇地处宁海西北部，东与梅林街道接壤，南与黄坛销毗邻，西与新昌县交界，北与奉化市相连，以森林温泉，徒步登山和传统民居著称。基地位置关键，是通向深甽镇的门户。该旅游综合体以展示深甽镇的旅游资源，集散旅游人群，提供有当地特点的旅游体验为主要目的，希望在其中能够让游客初步接触到当地山水文化的精髓。其主要功能包括交通换乘、停车、游客集散、旅游咨询、商品售卖、旅游展示推广、表演、餐饮、酒店等。

指导教师：董屹

参与学生：和亦宁，夏亦然，邓希帆，刘典傲，喻桥苹，白一江

1.“观·游”双路径的体验建筑设计——山水实验，邓希帆。指导教师：董屹。

場景路徑表現圖
山线节点
水线节点
云端人家
飞瀑凌空
水平如镜
高山流水
虹桥观瀑
别有洞天
壁挂空悬
剖面A-A 1:300
构造详图 1:40
剖面B-B 1:300
1

-A 1:150

公共建筑群剖面B-B 1:150

共生——基于社区修复的黔东南中闪村更新设计

平面图 1:200

停车场

稻田餐厅

平面图 1:200

工坊长廊

平面图 1:200

1. 共生——基于社区修复的黔东南中闪村更新设计，黄于青。指导教师：张建龙、于幸泽。

平面图 1:200

住宿组团剖面C-C 1:150
住宿组团剖面D
住宿组团一层平面图 1:200
住宿组团二层平面图 1:200
住宿组团三层平面图
山景小屋
台地工坊
山景小屋
水岸餐厅
水岸民居
台地居舍
古井广场
工艺品商店
台地广场
高台书苑
停车场
评图大厅与夹层展厅
1

同济大学图书馆室内外环境改造设计

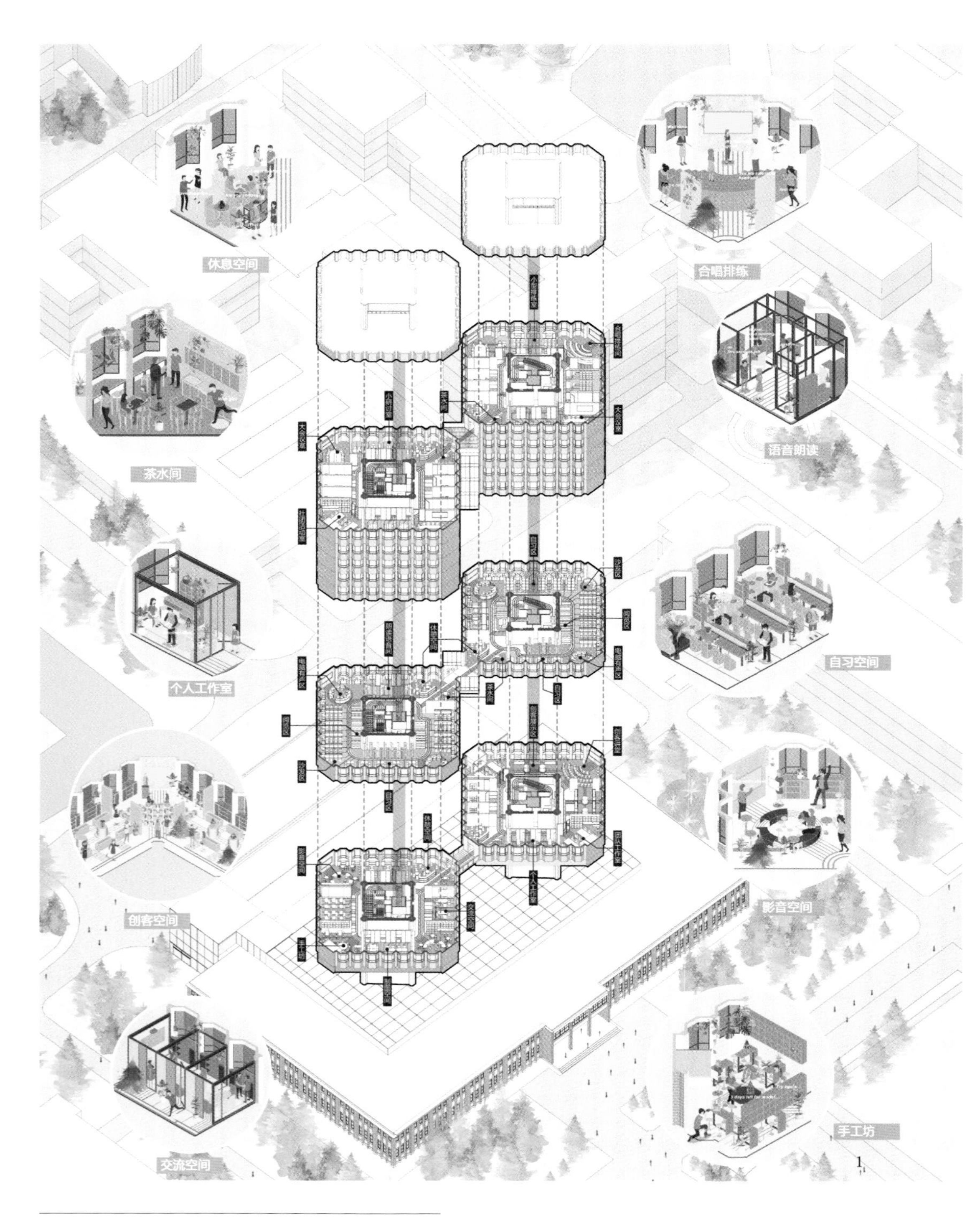

1. 同济大学图书馆室内外环境改造设计，许可。指导教师：左琰，林怡。

陆家嘴再实验

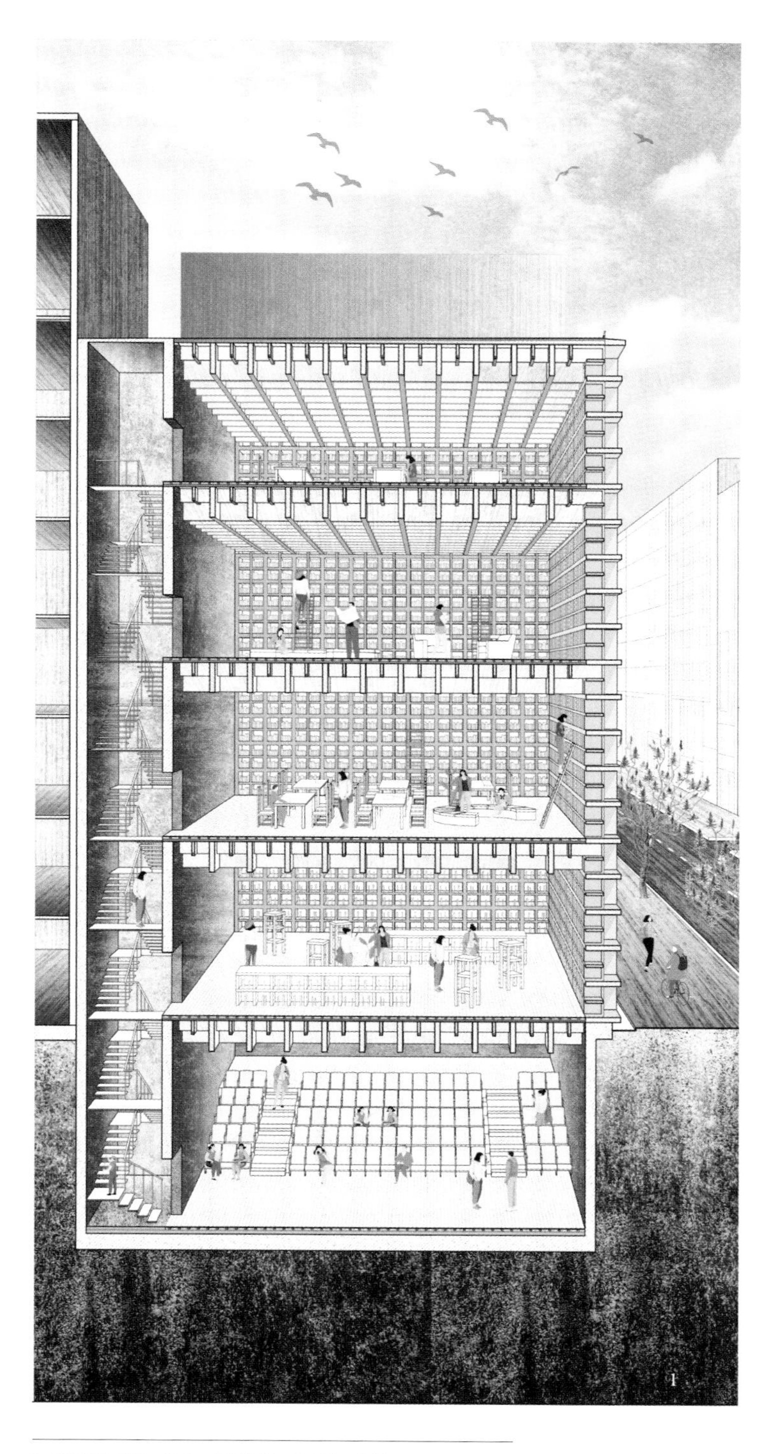

1. 陆家嘴再实验，张弛。指导教师：蔡永洁，许凯。

超级校园
——以社团为组织线索的超高容积率教育综合体设计

基地位于上海市浦东新区金桥开发区金鼎天地内，整个区域希望打造成未来城市样板，功能复合，开发强度高。该地块以国际高中为主体，拟建设一个包含学校、社区服务与对外培训的教育综合体。该住宿制高中以学生社团为主要特色，实行走班制，并希望能够与社区共建、共享、共荣。

同时根据整体城市设计框架，该地块将在各个层面与城市接驳。本课程希望以学生社团为组织线索，从社团文化的视角建立一种新的学习生活体系与校园运营方式。同时将校园本身作为参与城市活动的重要载体，在满足使用需求的前提下，充分激发校园功能与空间的潜力，探索超高容积率教育综合体的可能性。

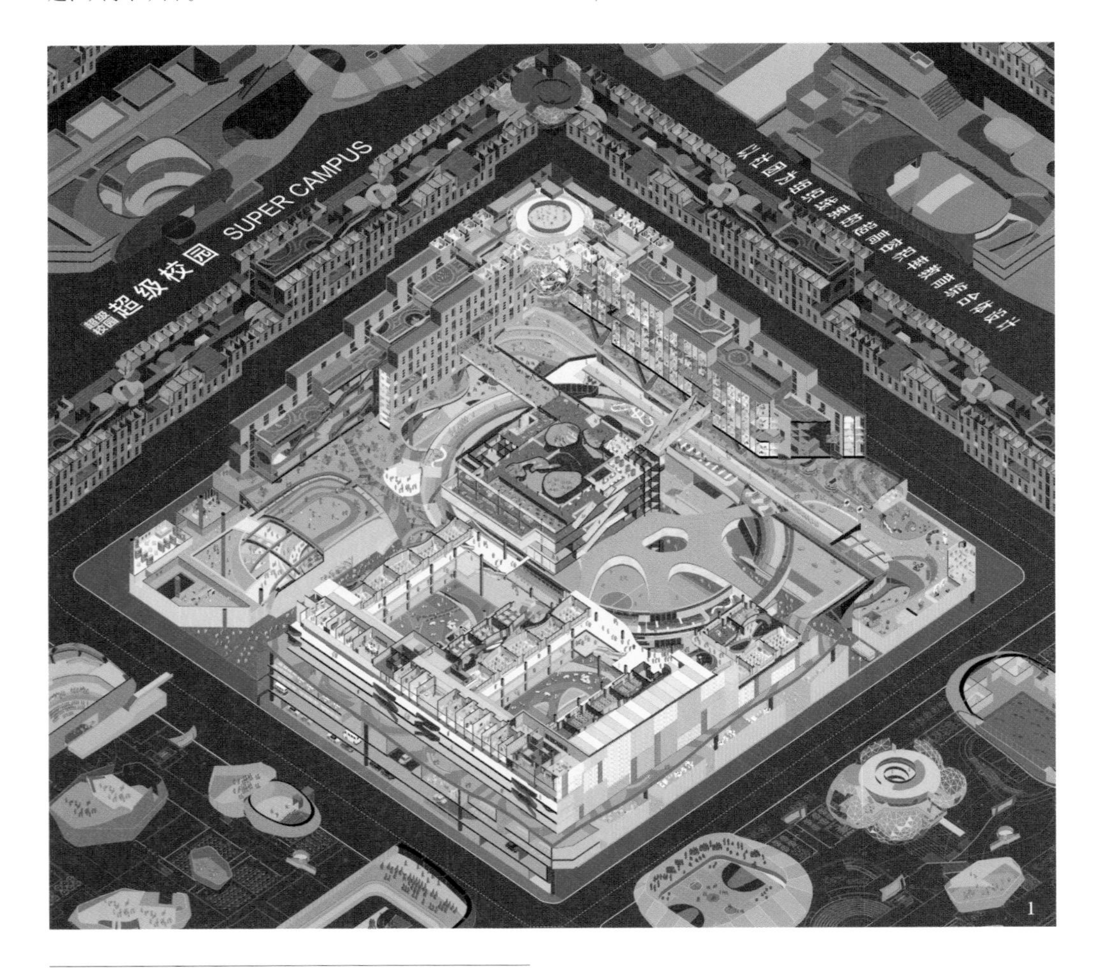

1.2. 超级校园——以社团为组织线索的超高容积率教育综合体设计，黄景溢，罗西若，薛钰瑾，华心宁，金青琳，佟帅，刘子瑜，杨学舟，胡立群，张梓烁，马晓然，蒋征玲，蒋好婷。指导教师：董屹，王桢栋。

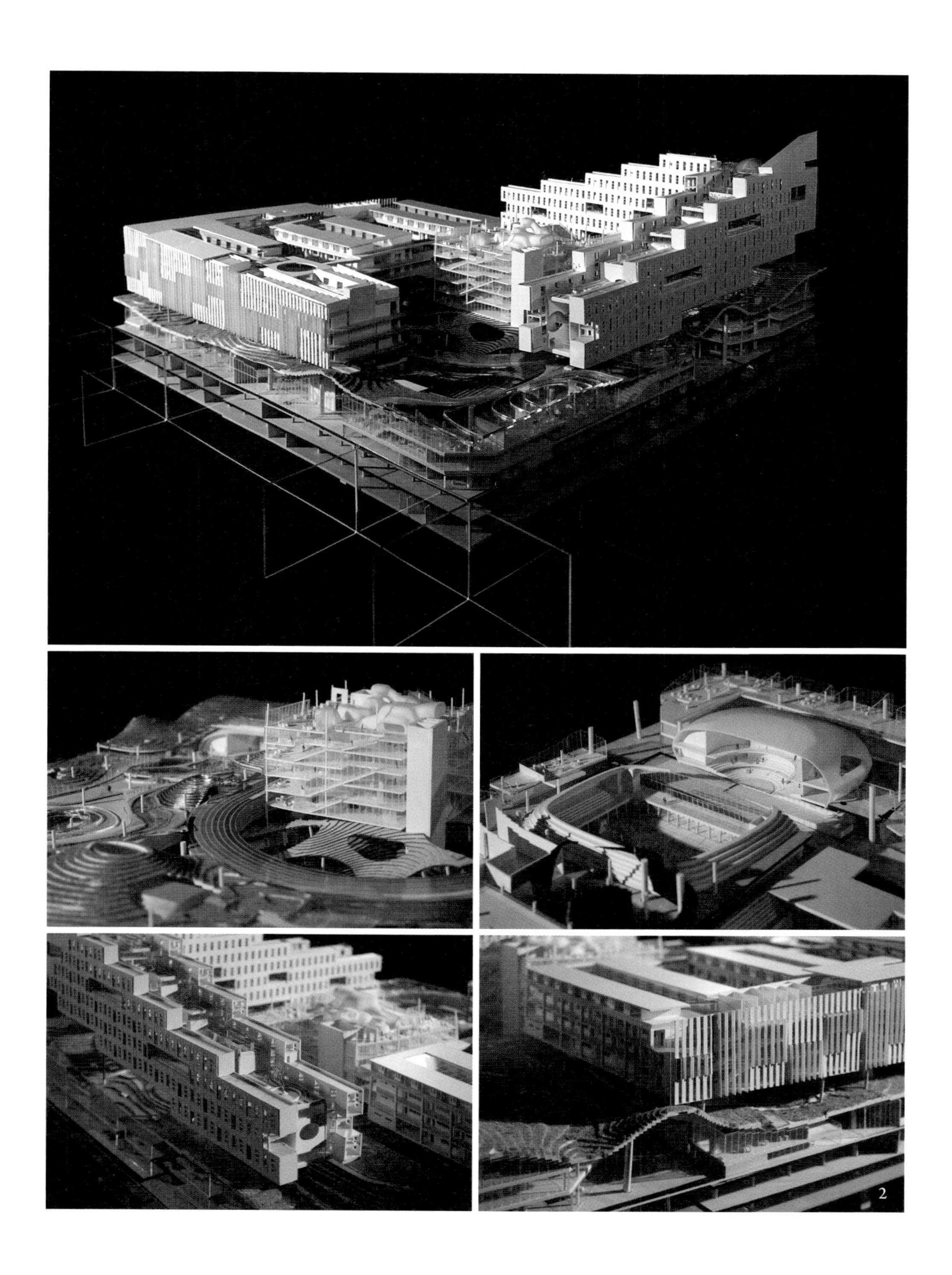
2

济南洪家楼天主堂保护设计研究

工作要求：在详细测绘和调研的基础上，判断建筑价值和特征要素，找到价值保存和满足当代使用两大目标的平衡与结合点。

工作背景：设计区域位于济南市东，历城区洪家楼1号，南靠山东省基督教修道院与历城区洪楼广场，东、北依山东大学老校区，西临洪楼路。由《辛丑条约》的庚子赔款筹建，1908年扩建完成，是华北地区最大的天主教堂。2006年被列为全国重点文物保护单位。设计者是意大利庞会襄修士，中国工人建造。主体是拉丁十字式平面，哥特风格，但装饰和施工等方面有很浓的中国传统特色。门、窗构件的尖券，支撑墙体的飞扶壁，以及教堂内部各式肋架拱顶都是典型的哥特建筑语言。教堂穹顶为青砖发券而成，屋架为西洋传统Pfettendach木结构。但岁月的侵蚀、文革时人为破坏及不恰当的修缮改造使教堂在构造、结构等方面出现了各类病害，亟待保护。

工作内容：在前期开展测绘记录，完成对文物建筑的现状测绘和病理记录，及对城市背景、建筑信息、保护级别、使用状况的调查，通过完成现状分析、修复与利用设计、技术设计三部分内容，完整地学习保护设计“信息采集—病理分析—保护与利用设计”三个完整阶段。

指导教师：张鹏，陆地

参与学生：倪禛，叶航明，刘璐茜，方姜鸿，李树人，张晶轩，周舟，方丞轩，李若旎，张劼

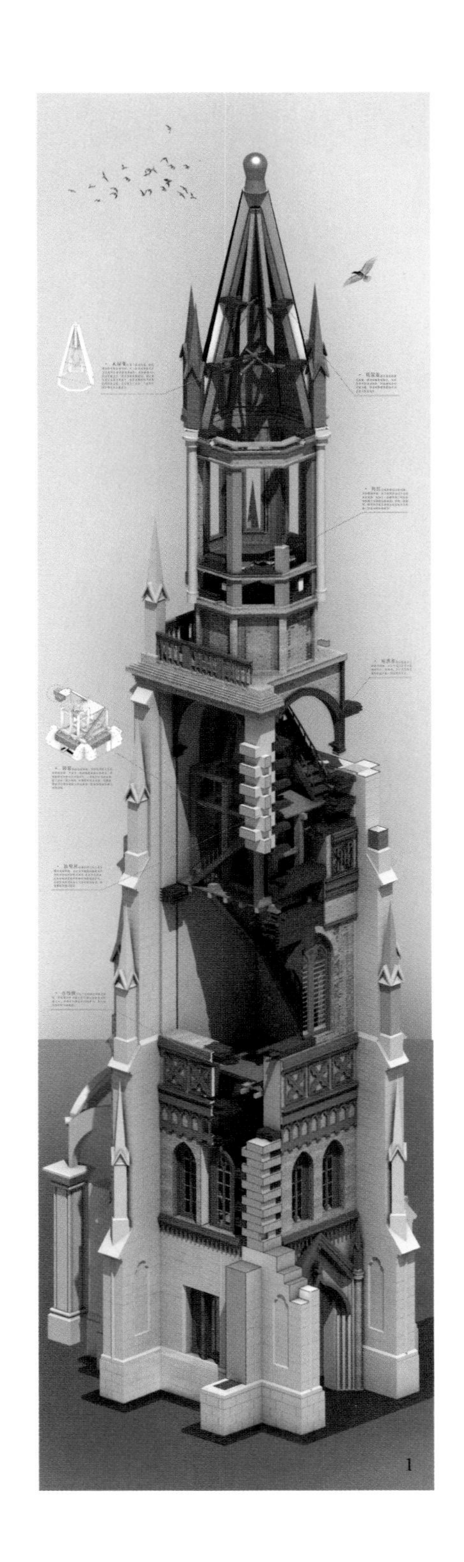

1

1.2. 钟楼的结构及其保护，方姜鸿。指导教师：张鹏。

塔尖结构体系
木架结构体系
扶壁柱结构体系
基础结构体系
结构分解轴侧
塔尖室内裂缝及破损
四层室内裂缝及破损
三层室内裂缝及破损
二层室内裂缝及破损
钢索交接节点1
钢索交接节点2
钢索交接节点3
扶壁—钢板交接节点
BRB结构节点
钢索Steel Cable
耗能梁段
Energy Dissipating Beam
钢板支撑Steel Plate
阻尼器 Damper
工字钢梁 I-Steel
修缮措施整体轴侧
2

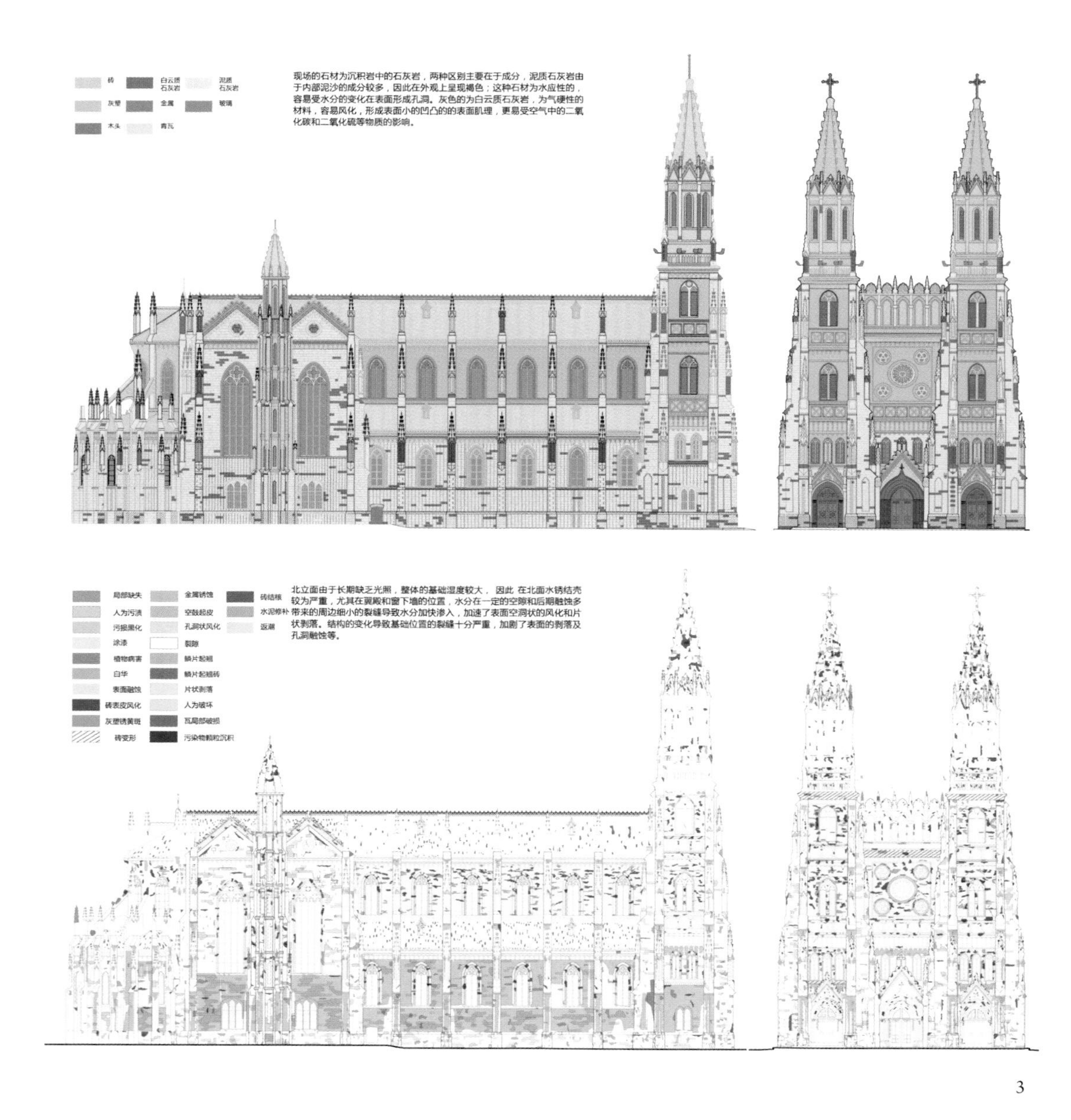

3.4. 立面材料及其保护，李树人。指导教师：张鹏。

仰瓦
灰背
八砖
楼条
椽子
屋架
砖拱
材料显微镜观察
墙身砌法
4

故宫西华门研究与保护设计

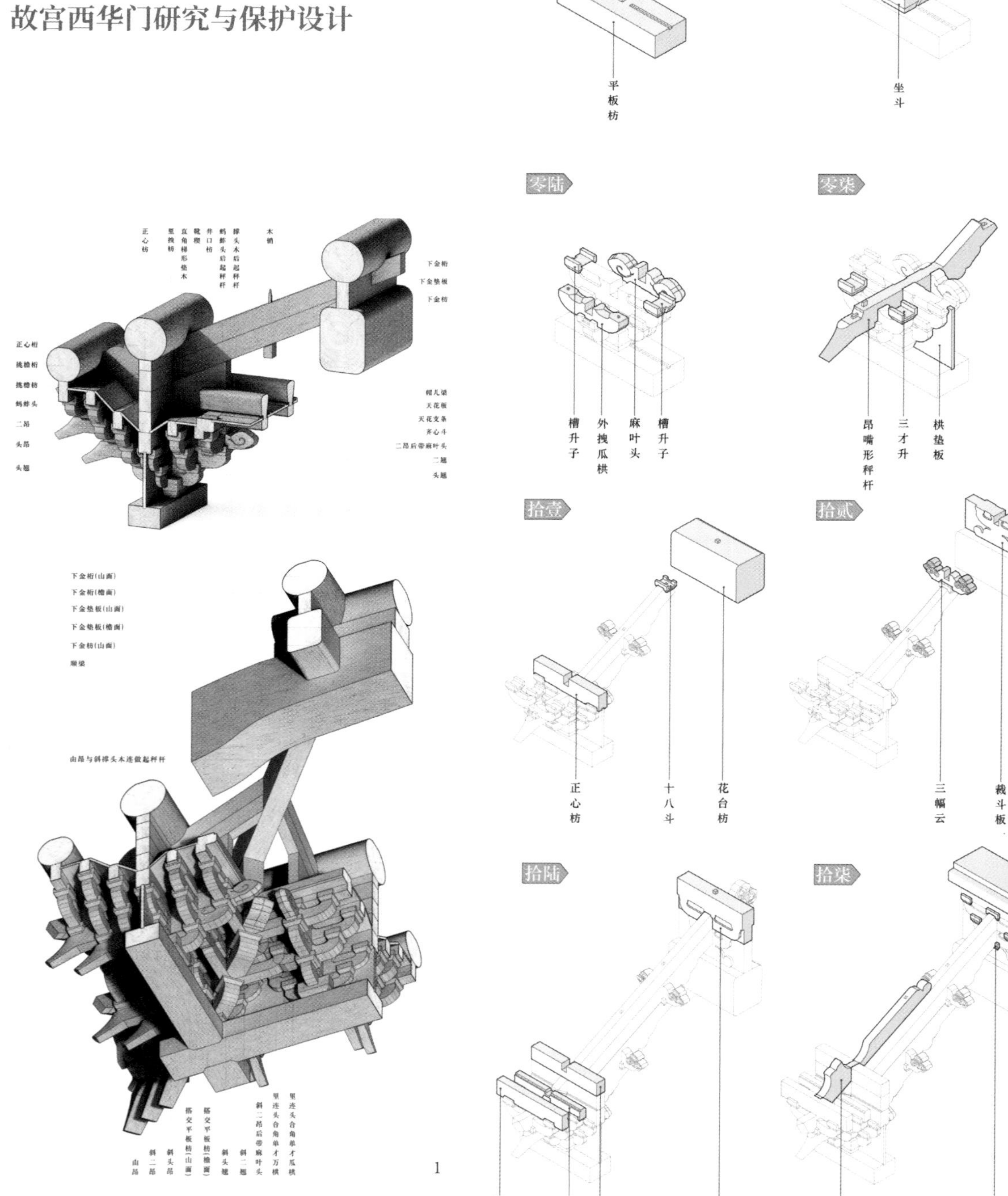

1.2. 故宫西华门研究与保护设计：历史维度下的斗栱研究与保护，王沿植。指导教师：刘涤宇，温静。

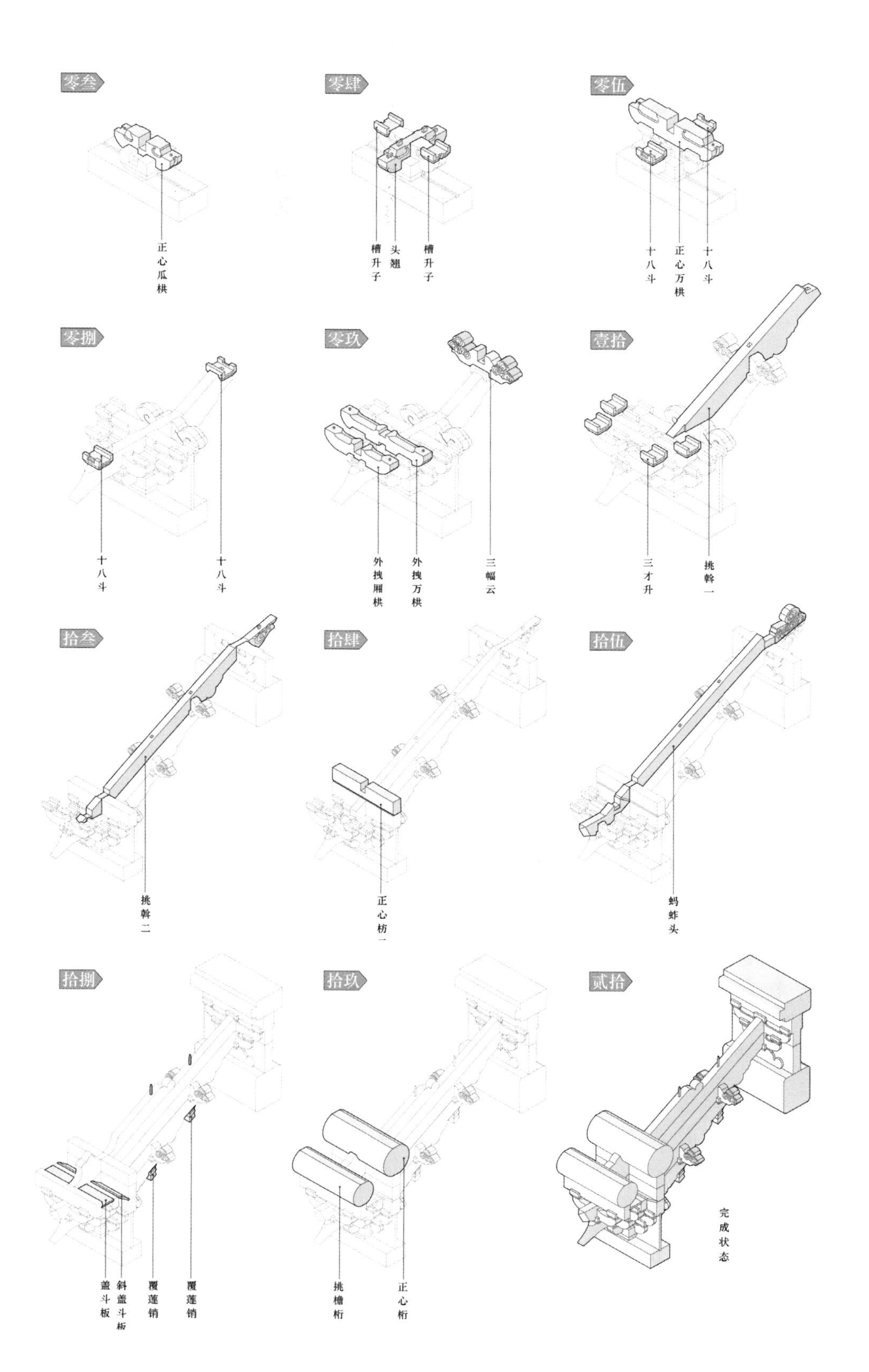
零叁
正心瓜栱
零肆
槽升子
头翘
槽升子
零伍
十八斗
正心万栱
十八斗
零捌
十八斗
十八斗
零玖
外拽厢栱
外拽万栱
三幅云
壹拾
三才升
挑斡一
拾叁
挑斡二
拾肆
正心枋一
拾伍
蚂蚱头
拾捌
盖斗板
斜盖斗板
覆莲销
覆莲销
拾玖
挑檐桁
正心桁
贰拾
完成状态
2

建筑历史、理论与评论类课程

Architectural History, Theory and Criticism Courses

建筑历史与理论课程系列属于“思考的建筑学”（Thinking Architecture）范畴，在整个建筑系教学体系中的作用主要有两个方面：一是培养学生的建筑价值观、历史意识和专业判断力；二是为建筑设计训练提供必要的知识背景和理论基础。其作用不是立竿见影的，而是潜移默化的，对建筑学人才培养意义深远。

建筑历史与理论课程内容的持续改革在同济已历二十载，从1996年起，将传统大三的单段式建筑史课教学，扩展成了两段式的建筑历史与理论课程教学系列，即低年级的“建筑通史”，高年级的“建筑理论与历史”和“建筑评论”。两段之间的小学期穿插“历史环境实录”实习课，在传统的样式测绘基础上增加了历史变迁和实存状态的信息采集训练。其中主干的“建筑理论与历史”课分为中、外两大部分，跨越两个学期，比以往的建筑史课拓展和更新了内容和方法，加强了理论与历史专题的广度和深度，对各个教学环节、关键点，课件形式，讲授、讨论和导读方式，课程论文要求，甚至每一道检验学习效果的考题样式等，都做了精心设计，在国内的建筑史教学领域也有重要影响。

以上这些课程建设和教改努力得到了建筑界的充分认可，“建筑评论”课和“建筑理论与历史”课先后被评为国家精品课程，以郑时龄教授为首的建筑历史与理论专业教师群体被评为国家级教学团队。

中外建筑史

李湞、钱锋（女）　主讲

本课程的教学目标是通过对中外各个历史时期建筑发展过程及其自然、社会背景的介绍，使学生对建筑发展的历史有一个初步的、总体的认识。课程分为中外两部分，中国建筑史部分简述中国各个历史时期的建筑活动状况及其社会文化背景，详说从古代到近代的建筑思想、理论与技术，详析各个历史时期的建筑型制、特征、风格、结构特点等以及演变过程；外国建筑史部分简述以西方为主体的各个历史时期的建筑状况、演变过程及其相关的历史文化背景，着重分析各个历史时期建筑的类型、形式、技术及艺术特征。

建筑评论

郑时龄、章明　主讲

本课程在学科建设上始终定位于三位一体的素质教育，在专业方向上的目标是培养学生的批评意识，拓宽视野，掌握基本的理论知识，并在实践中加以应用，注重能力培养。课堂讲授内容和课后作业都强调理论与实践相结合，在这个过程中提高学生的文献阅读能力、理论思考能力和设计实践中的价值判断能力，以及和建筑师沟通交流的能力等，特别是注重培养学生独立思考和批判性思考的能力，利用批评理论为工具，客观地、科学地、艺术地和全面地对建筑师及其作品作出评价。

研究生阶段建筑历史、理论与评论课程列表

课程名称	授课老师	课时	授课对象
中外建筑史	李湞、钱锋（女）	51	本科一年级
艺术史	胡炜、李颖春	34	本科一年级
History of Architecture	周鸣浩、李颖春	36	本科一年级
城市阅读	伍江、刘刚	51	本科二年级
历史环境实录	李湞等	3周	本科三年级
建筑理论与历史（一）	常青、刘涤宇	36	本科四年级
建筑理论与历史（二）	卢永毅	36	本科四年级
建筑评论	郑时龄、章明	36	本科四年级

建筑理论与历史（一）

常青、刘涤宇　主讲

本课程为建筑理论与历史专题系列。授课目的是通过史实和史观解析建筑进化，思考建筑本体及其相关领域，重点讲述中国传统建筑三大构成：官式古典建筑、民间风土建筑和西方影响下的近现代建筑及其相互关系。主要课程包括：中国建筑的演变历程、官式古典建筑营造原理、民间风土建筑地域特征、古今建筑的中外关联、中国建筑遗产的现状与未来等专题内容。

建筑理论与历史（二）

卢永毅　主讲

本课程是面向建筑系高年级学生的专业理论课程。目的使学生深入了解西方各个历史时期的建造活动、设计思想以及与社会文化、科学技术和思想进程的文脉关联，以认识西方建筑的知识体系、文化内涵和学科特征。课程包括：古代建筑历史与理论、近现代建筑历史与理论以及当代建筑思潮与作品三大部分。教学特色是：以史带论的课程定位，历史的整体与细节的丰富，思想与作品的同步解读，历史的批判性与理论的多元化。

城市阅读

伍江、刘刚　主讲

本课程为同济大学建筑与城市规划学院二年级全院各专业学生必修的专业基础核心课程，以聚焦城市发展和建成环境分析认知为核心环节，以培养学生的专业价值观和基本素养为教学目标，在原有的建筑史论、城乡建设史论、城市设计和城市规划原理等课程的交叉领域，进行了知识体系梳理。基于课程平台，进行了知识节点创新整合。初步建构了以“城市阅读”为中心的，覆盖从本科专业基础教学到研究生理论教学，从专业学生到社会公众的相对完整的关联性课程体系。本课程参照国际一流大学的类似课程建设标准，发挥同济城规学院在三个国内领先学科上的协同优势，在国内高校中率先创建。

建筑技术类课程

Building Technology Courses

建筑技术课程作为建筑学教育的重要组成部分，是学生掌握并利用现代技术进行建筑设计理性思考的理论基础和设计方法。技术类课程分布于建筑学教育的各个教学阶段，主要有：建筑环境控制学、建筑物理（声学、光学和热学）、建筑设备（水暖电）、建筑构造、建筑特种构造、构造技术应用、建筑结构类型、建筑防灾等。在绿色建筑设计与技术被普遍关注的今天，相关知识与原理的课程教学正在不断的更新与提高，在各技术类的课程教学中都增加了相关绿色建筑的教学内容，使学生在专业学习的各个阶段接受现代绿色建筑技术的知识，并与各阶段的建筑设计课程相结合。

本学院建筑技术教学体系由建筑声学专家王季卿教授、建筑构造课程创始人傅信祁教授、建筑热学专家翁致祥教授、建筑光学专家杨公侠教授创建，突出与建筑设计结合、充分体现科学技术、重实践应用等特点。在现代科技高速发展的时代背景下，新一代建筑技术教学骨干教师立足于绿色建筑设计与技术的教学与应用。绿色建筑与环境控制教学团队宋德萱责任教授、建筑建造技术教学团队颜宏亮责任教授，在学院组织体系下，正在积极有序地带领建筑技术类课程教师，开展各建筑技术类课程的教学工作。

建筑环境控制是现代建筑学教学的重要组成部分，是学习、研究绿色建筑和建筑可持续性问题的基础，是关于建筑环境技术及其实际应用的综合性学科，是建筑教学的专业必修课。

由于时代变迁和气候状况恶化，建成空间越来越依赖设备技术来维持舒适性，其后果是能源消耗、环境污染，并由此引发不可逆的人体生理和心理变化，最终有损于舒适和健康。如何在建筑设计中挖掘提供舒适条件的可能性？如何通过与建筑设计紧密结合的构配件重组来取代依赖设备才能达到的舒适性以及充分利用被动技术进行建筑环境设计与控制，成为建筑环境控制学的研究基础和出发点。

建筑环境控制学

宋德萱 主讲

注重科学技术在建筑实践中的应用，尤其关注建筑物理现象与自然、气候紧密相关的问题。主要包括以下几个方面：①区域性环境控制技术，主要研究城市环境控制技术，并通过案例分析进行必要的环境评价工作；②建筑环境控制应用技术，主要进行建筑声环境控制、热环境及舒适控制技术和采光学习；③建筑风环境控制技术，主要对与建筑风环境和相关的风的形成要素、诱导自然通风的设计方法等新技术进行系统的研究；④生态与节能控制技术，主要对“热—节能—生态”进行建筑设计原理和基本概念的分析，使人们掌握应用建筑设计方法达到建筑节能的目的，系统研究绿色建筑、节能建筑的技术措施；⑤生态观与环境控制历史的研究，主要通过大量的理论分析，使人们从中掌握应用建筑环境控制的原理和概念，通过理论学习，比较全面地掌握相关知识和技术方法。

课程教材有：宋德萱（同济大学）《建筑环境控制学》，东南大学出版社；柳孝图（东南大学）《建筑物理》第二版，中国建筑工业出版社；宋德萱（同济大学）《节能建筑设计与技术》，同济大学出版社。

建筑物理（热学）

宋德萱 主讲

通过课堂讲授及实验性教学环节，掌握建筑热环境设计的基础知识和基本方法，理解建筑传热、建筑围护结构绝热技术、热环境与舒适、节能建筑基本技术等，为后续专业设计提供技术层面的知识储备，并满足学生从业后对建筑热学内容的专业需求。热环境控制教学内容包括人体冷热感分析、热环境指标要素、传热基本方式、建筑热工基本计算、建筑热环境与热工标准、建筑保温设计、建筑隔热设计、建筑热环境设计基本技术等。实验部分主要要求学生通过一定的实验仪器、测试相关城市空间、建筑环境的热学指标，掌握建筑热学的基本实方法。主要有：建筑环境温湿度指标测试实验教学、城市风环境的测试分析，并结合一定的模拟进行实验教学工作。前修课程有：建筑概论、建筑初步设计。

建筑物理（光学）

郝洛西 主讲

通过课堂讲授及实验性教学环节，使学生掌握光环境设计的基础知识和基本方法，理解光与空间的作用关系，为后续专业设计提供技术层面的知识储备，并满足学生从业后对光与照明内容的专业需求。教学目的是使学生获得光、空间、视觉环境的基本概念，要求学生能够对各类建筑空间的光环境具有一定的设计能力，熟知专业照明设计软件，并具有一定的实验技能，具体包括光环境设计基础知识、光环境设计专题、光与照明实验操作。主要内容有：①光、颜色与视觉环境；②光源与灯具；③照明的数量与质量。光艺术装置实验要求学生了解各类光源的特性，如发光强度、色温、显色性、启动状态等；认识灯具技术，如配光曲线、截光角、眩光控制、滤片和透镜等多种技术。学生亲自动手，利用不同类型的材料及实验室照明设备、制作光艺术装置，探索光与空间的不同光照图式。

建筑物理（声学）

莫方朔 主讲

通过课堂讲授及课堂声频演示实验，使学生掌握建筑声学的基本原理，可以初步解决建筑设计中的噪声控制与音质设计问题，把声环境品质作为基本功能要求整合到建筑与室内设计方案中，拓宽学生的创作思路；熟悉吸声与隔声的基本原理及常用建筑吸声与隔声材料或构造的主要特性，了解声环境规划、噪声与振动控制和室内音质设计的基本原理和方法。课程主要包括：①声音的物理性质及人对声音的感受，这部分内容介绍了基本声学原理，是学习建筑声学必须掌握的基础；②建筑吸声扩散反射建筑隔声，这部分内容介绍了解决建筑声学问题的必要手段；③声环境规划和噪声控制，这部分内容从总平面布局、到建筑单体、再到建筑设备，介绍了解决噪声与振动问题的主要方法；④室内音质设计，这部分内容针对各种类型建筑中的音质特点，介绍了音质设计面临的问题以及解决问题的主要方法。

建筑构造

颜宏亮 孟刚 主讲

专业基础必修课。教学目的和任务是使学生了解在建筑设计中构造技术的重要作用，掌握建筑构造技术的基本原理、设计方法和应用技术。通过系统学习建筑材料的组合与建筑构造的连接，了解建筑物的组成，不同材料建筑构配件的特点，以及建筑的防潮、防水、防火、防腐蚀、保温、隔热、隔声等相关构造技术。熟悉建筑构造技术细部详图的正确表达方法。本课程的前修课程为：建筑设计基础。课程评价以作业与考试方式进行。课程教材有：颜宏亮编著《建筑构造》，同济大学出版社。

建筑特种构造

胡向磊 主讲

专业必修课。学生在熟悉建筑基本构造原理的基础上，进一步深入学习建筑特殊构造，了解国内外建筑新材料、新结构、新技术的发展动态，提高学生对现代建筑的细部构造设计及绘制详图的技能。教学目的在于使建筑学专业的学生能够掌握有关建筑特殊构造技术的基本理论和方法，并具有从事建筑（构造）技术设计的综合能力。前修课程有：建筑构造、构造技术应用。评价方式为考查。课程教材有：颜宏亮主编，《建筑特种构造》（第二版），同济大学出版社。

建筑设备（水暖电）

叶海 主讲

专业基础必修课。本课程主要讲授与建筑设计密切相关的建筑给排水（含消防）、暖通空调和建筑电气等内容。通过对课程的系统学习，使学生了解建筑水、暖、电等各专业的基本原理及设计流程，能够在建筑设计中与各设备专业相互配合，协调安排建筑设备的占用空间，具有综合考虑建筑设备与建筑主体关系的能力，做出适用、经济、绿色、美观的建筑设计。课程教材有：李祥平、闫增峰主编《建筑设备》（第二版），中国建筑工业出版社。陈妙芳主编《建筑设备》，同济大学出版社。

构造技术应用

陈镌 主讲

建筑学专业基础必修课。以建筑细部设计为切入点，通过系统学习各类常用建筑材料的相关构造技术，使建筑学专业的学生能够加强对构造设计在建筑设计过程中所起作用的认识，并且加深对实际应用过程以及设计方法的了解，从而巩固在建筑构造课上学习的相关知识，并了解如何评价建筑及其细部。内容主要包括细部的定义与意义、细部的产生部位、细部设计的原则与手法、国内外细部设计潮流；常用建筑材料如砖、抹灰、石材、木材、混凝土、金属、玻璃等的发展历史、具体规格和运用。本课程的前修课程为：建筑设计基础、建筑构造；课程评价以作业和考勤为主；课程教材有：陈镌，莫天伟著，《建筑细部设计》，同济大学出版社。

建筑遗产保护类课程

Heritage Preservation Courses

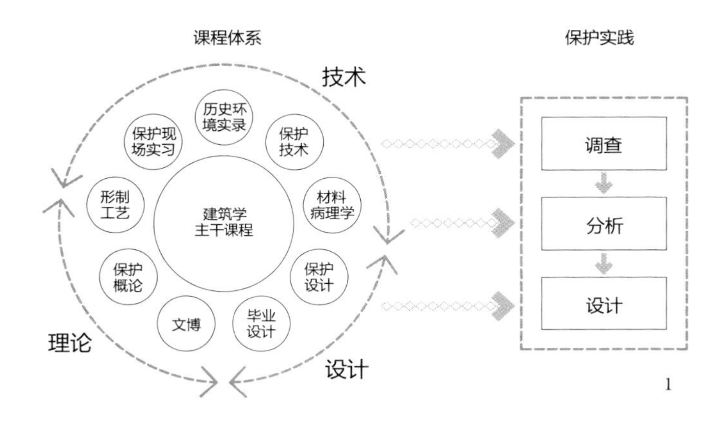

根据培养计划，历史建筑保护工程专业的培养目标是“既具备建筑学专业的基本知识和技能，又系统掌握历史建筑与历史环境保护与再生的理论、方法和技术，具备历史建筑保护从业者优秀的职业素养、突出的实践能力，具有国际视野，富于创新精神的新领域的开拓者以及本专业领域的专业领导者”。这一职业实践取向的专业定位也决定了课程体系是“建筑学”和“遗产保护”课程的“交响”。在四年学制中，学生既要掌握建筑学的基础理论与知识、建筑学通用技术体系和建筑设计能力，也要掌握建筑遗产保护与再生的基本理论与知识、历史建筑保护工程特殊技术体系以及建筑遗产保护与再生设计的一般程序与方法。前者与建筑学专业低年级课程设置基本一致。第二年起一方面续修建筑学部分主干课程，一方面加入保护类专业课程。“这种‘加餐’式的培养模式，是为了确保学生的建筑学基础训练功底，并循序掌握历史建筑保护的专业理论和操作技术”。课程体系可分为建筑学基础课程和专业核心课程两个部分；而专业核心课程又可分为理论、技术、设计和管理四类。

第一为历史理论类。这既包括了建筑学传统的历史理论课如“建筑史”“建筑理论与历史”“建筑评论”，还加入了保护类的历史理论课“保护概论”“文博专题”等。如果说后者是让学生具备遗产保护工作者必须的关于文化遗产体系、保护发展史、保护制度和保护理念演进等“保护”知识，前者则是能让学生从历史与地域双重维度学习判断建筑这类特殊类型保护对象年代、特征与价值的“建筑”知识。这对于建筑类遗产的研究与保护来说是缺一不可的。

第二为技术类。包括历史环境实录、历史建筑形制与工艺、保护技术和材料病理学等课程。建筑学传统课程中的建筑力学、建筑结构、建筑构造为学生构建了学习保护技术的必要知识储备。通过这些课程的学习，学生能够掌握历史建筑的历史研究和信息实录、建筑病害分析与保护、传统和近代建筑建造工艺等知识，具备初步的修缮技术选择、评估和设计能力。

第三为设计类。包括保护设计和毕业设计两个单元。保护设计课之前的建筑设计系列能为学生提供必要的设计能力基础。保护类设计由传统建筑保护、近现代建筑保护两个短题，和城市与建筑保护、毕业设计两个一学期的长题组成。前两个短题关注两种不同类型遗产本体的保护，第一个长题则会涵盖从城市、街区到单体建筑的保护利用的综合内容；毕业设计一般为真题，学生可根据兴趣选择不同类型的遗产保护课题。

第四为管理类。包括建筑遗产保护法规与管理等课程，让学生初步了解建成遗产保护的法规和管理体系，理解建成遗产法规和管理体系与管理者、专业人员和利益相关人群的关系，理解这一体系对于建成遗产保护与再生的影响。

1.“加餐式”的课程体系及其与保护实践的关系

保护概论

本课程是历史建筑保护工程专业的必修课，并向其他专业开放，目的是使学生系统了解并掌握建筑遗产的基本概念与类型、价值构成与分析、遗产干预的基本原则、保护、修复、康复性再生与重建的基本性质、做法与限度，以及建筑遗产干预简史，从而为以后的专业学习和建筑遗产干预实践打下坚实的理论基础，使学生具备广阔的视野，具备全景式、多层面综合思考建筑遗产干预相关问题的初步能力。本课程以课内讲授为主。

历史建筑形制与工艺

本课程是历史建筑保护工程专业的必修课。其目的是为了深入了解中外历史建筑的不同形制；了解历史建筑各作（工种）的工艺特征；了解古代建筑工艺与形制的相应关系。通过讲授古代建筑技术及其相关建筑工艺方面的知识，提高本科生对古代建筑的兴趣，扩充视野，增加知识面，从更深的侧面了解古代建筑发展的历史，了解古代的技术发展情况及相关工艺，了解古代的物质文化史，为进一步深入学习、研究中外建筑史、建筑技术史打下一定基础。同时为建筑遗产（文物建筑、历史建筑等）的保护，掌握相应的基础知识和基本原理。

建筑遗产保护法规与管理（英）

建筑遗产保护法规与管理是当代遗产保护的重要一环，本课旨在让学生初步了解建成遗产保护的法规和管理体系，理解建成遗产法规和管理体系与管理者、专业人员和利益相关人群的关系，理解这一体系对于建成遗产保护与再生的影响。

在本课程中，同学需要了解建成遗产保护相关法规的层级体系；理解遗产保护相关宪章和导则的作用；理解建成遗产保护管理的基本内容和运作机制。此外，同学还需要初步了解我国城乡历史环境现存状况、保护机制和再生策略，对城市历史景观、乡村遗产、工业遗产等重要内容有所掌握。

保护技术

本课程是历史建筑保护工程专业核心课程。目标是借鉴国外经验，整合相关学科知识，结合国内保护实践，教授学生“如何保护”。课程内容包括信息采集、结构病害及加固、材料病害及修复三个板块，实现了建筑、结构、测量、材料等专业的整合，形成了理论课、实践课与实验课结合的教学模式。十年来已构建了成熟的跨学科教学框架、内容和系列参考书目。本课程 2017 年被列入上海市教委本科重点课程。

材料病理学

遗产建筑材料病理学是研究遗产建筑的材料类型、现状与病象、病因与病理、结局和转归的建筑材料学基础科学。学习的目的是通过对上述内容的了解来认识、掌握遗产建筑的主要材料， 特别是具有价值的饰面材料的特点，建造工艺，在使用及环境作用下发生的变化及其规律，为建筑遗产的保护、修复、利用等打下专业基础。也为新建筑设计提供材料学基本知识。

保护现场实习

本课程是历史建筑保护工程专业必修的实践课程之一，教学时间是三年级第三学期（暑期），主要内容是通过历史建筑保护工程的现场考察和实践参与，掌握保护项目实际运行过程以及保护观念、设计策略和技术手段在遗产保护实践中的实施过程与具体措施。

本课程采用遗产保护研究、设计或施工单位实习的方式，实习期共计 8 周，学生需要和实习单位签订实习协议，并在实习期内每周提交实习报告。

历史建筑保护设计 I

中国传统建筑保护设计。以传统建筑为对象，深入理解中国传统建筑的形制与工艺特征，掌握采集传统建筑现状信息并对其进行记录、整理、分析的基本方法；基于调研明确传统建筑所承载的物质与文化双重价值，以保护与传承为核心目标，同时回应当下社会的发展需求提出适宜的保护方案，并运用恰当的技术手段完成传统建筑的保护设计。

历史建筑保护设计 II

近现代建筑保护设计。以近现代历史建筑为对象，深入理解其风格与形制、材料与工艺和结构、设备等特征，掌握采集近现代历史建筑现状信息并对其进行记录、整理、分析的基本方法；基于调研明确近现代建筑所承载的物质与文化双重价值，以保护与传承为核心目标，同时回应当下社会的发展需求提出适宜的保护方案，并运用恰当的技术手段完成保护设计。

历史建筑保护设计 III

历史环境保护与再生。是让学生深入认识城乡历史环境，对其物质本体及在当下环境中的价值体系进行调查分析；在历史建筑保护工程专业基本理论、技术课程基础上，综合运用保护与再生设计策略、方法，完成历史建筑保护和再生设计。

本课程要求学生掌握城市历史街区或传统乡土聚落的调查方法，可以对其历史环境的多层次信息进行初步研究。初步掌握对建成遗产的信息进行整理、归纳、分析的基本工作方法。完成建成遗产本体的结构、构造、材料、工艺、风格、空间等要素的分析。并通过分析研究，明确其价值和特征要素。

初步了解城市历史街区或传统乡土聚落的保护策略与方法，在一定空间范围内对城乡历史环境进行保护与再生设计。初步掌握从城市到街区、建筑等不同尺度遗产对象的保护、利用、加建和扩建设计方法和技术手段。

历史建筑实录（历建专业）

本课程是历史建筑保护工程专业三年级第二学期“保护设计 I”和“保护设计 II”的同步课程。充分获取保护对象的历史与现状信息，理解遗产对象的构成、特征与演化是准确判断遗产价值和进行保护干预的必备条件。历史建筑实录课程教授学生通过文献、档案、历史地图、图纸和其它媒介获取、分析历史环境的相关信息，以及基于传统工具和现代测量工具对历史环境进行测绘和记录的方法。

历史环境实录（历建专业）

本课程是历史建筑保护工程专业四年级第一学期“保护设计 III”的同步课程。充分获取城乡历史环境的历史与现状信息，理解城乡历史环境的构成、特征与演化是准确判断遗产价值和进行保护干预的必备条件。历史环境实录课程教授学生通过文献、档案、历史地图、图纸、社会学和口述史调查等媒介获取、分析从城市到街区、建筑等历史环境的相关信息，以及基于传统工具和地理信息系统等当代技术方法对历史环境进行记录和分析的方法。

专业实践

Professional Practice

实践环节是建筑学教育的重要组成部分。同济大学建筑学专业的培养计划中，实践环节包括了一年级暑期的建筑认知实习，三年级暑期的历史环境实录，五年级秋季学期的设计院实习（五年制）以及毕业设计。

《建筑设计院实习（见习）》课程是专业人才培养的深化教学阶段。学生通过在设计院的生产实习，深入学习、巩固、提高已有的专业基础知识与技能，了解与建筑师职业有关的业务知识，遵循国家相关法律、法规、设计规范，获得解决实际问题的能力，同时培养建筑师的职业道德观。参与全过程的建筑师职业训练，加强对建筑师设计业务的全面了解。实习的基本目的：拓宽并加深对建筑设计的理解，提高设计能力；学习施工图的作业的方法并独立完成部分施工图设计工作；掌握应用技能，运用于工程设计实践。

实践课程主要存在：环节多、学生散、管控难、评价多元等特点。针对以上特点，我系《建筑设计院实习（见习）》课程自 2016 年起逐步由线下过渡到线上管理，着眼“流程把控”，关注“过程评分”。该实践管理系统目前已经运用在本科《设计院见习》、《设计院实习》，研究生《设计院实习》课程，且逐年迭代升级。流程关键节点如下：学生登录实习网络平台后，网上提交实习单位确认函（《实习单位回执》），启动实习流程；每周上传该周的“实习小结”及“实习周记”，两者提交后获得过程分；16 周实习结束后企业导师针对该生实习期间表现填写《实习情况打分表》，打印、签字、加盖公章后上传系统；网上提交最终“实习总结”及“实习笔记”；任课老师根据学生提交的最终成果进行网上评分。系统自动计算总成绩并进行排序。

美术实习

2017 级历史建筑保护班在南浔古镇色彩写生之旅在八月末圆满结束，同学们经过九天在古镇宁静生活氛围下的熏陶，沉潜自我，用心观察古镇的一景一物，并在酷暑天气中一片树荫下，用丙烯和油画棒创作出数十幅色彩作品。

色彩实践之初，同学们容易局限于对现实世界的真实反映的思维桎梏中，绘画内容是常见的江南水乡古镇风景画，绘画色彩只是眼中所见，这在绘画创作中过于客观、过于被动。

但绘画不仅在于对客观世界的再现，写生的意义也不仅在于绘画技巧的提升，更重要的是主管情感的表达、主观色彩的选择搭配；取景、构图、用色必须完全体现个人强烈的创作欲望，才有可能呈现一幅佳作。

于是经过十天的意识重塑、概念强化和用心耐心的努力，同学们用手中和心中的画笔，将朴素的古镇，绘成一个个五彩斑斓的美妙的梦境，创作出了令人满意、自己也喜欢的作品。短短的写生中，大家收获颇丰！

1. 南浔古镇色彩实践，李楷然，施懿，杨尚璇，刘昱廷。指导教师：于幸泽。

海外艺术实践之旅——翡冷翠的某个夏天

佛罗伦萨城市建筑空间现象的影像阅读

连接抽象与具象的思考是建筑思维中重要的能力，经由抽象概念引导捕捉记录再现空间现象既是一种理论思维的训练，也是一种直觉能力的训练。以轻 / 重（重力感）、快 / 慢（时间性）、确切 / 混杂（精确性）、可见 / 不可见（身体性）、繁复 / 层积（透明性）这五组概念为主题，去佛罗伦萨老城的河边、街道、广场、院子、教堂、住宅空间中漫游，观察和寻找相应的建筑案例或空间场景片段，完成一系列影像作品。

指导教师：王凯，王红军

课程时间：上 海 | 2018.5.20—2018.6.10

佛罗伦萨 | 2018.7.15—2018.7.29

参与学生：

Lightness: 王微琦, 张榕珊, 高博林, 吴鼎闻, 杨楷雯

Quickness: 涂晗, 任晓涵, 高佳宁, 季文馨

Visibility: 林恬, 张梓烁, 刘行健

Exactitude: 葛子彦, 孙益赟, 袁蔚, 潘怡婷

Multiplicity: 张雅宁, 肖艾文, 徐鸣, 顾梦菲

1~3. 2018 海外艺术实践之旅——佛罗伦萨城市建筑空间现象的影像阅读，指导教师：王凯，王红军。

2

3

历史环境实录

“历史环境实录”实习，是让学生掌握历史建筑结构和装饰的时代与地域特征，把握历史环境特征，了解历史风俗与空间场景的重要教学环节，对增强学生对建筑遗产的理解和认识，提高空间感受，培养认识问题和分析、动手能力有重要意义。课程教学不仅包括传统建筑的测绘，还包括了以历史环境与建筑遗产为对象的调查访谈、演变分析、文献检索等多个紧密互动的组成部分，使正处于专业素质养成关键期的三年级学生得以初步学习从不同视角认识和发掘历史环境、强化建筑史观和历史意识，初尝探隐发微、举一反三的乐趣。

2018 年暑期，建筑系建筑学专业和历史建筑保护工程专业的 119 位同学对福建南平元坑、泉州石狮、浙江南浔等地的风土和近现代建筑遗产进行了实录。

1

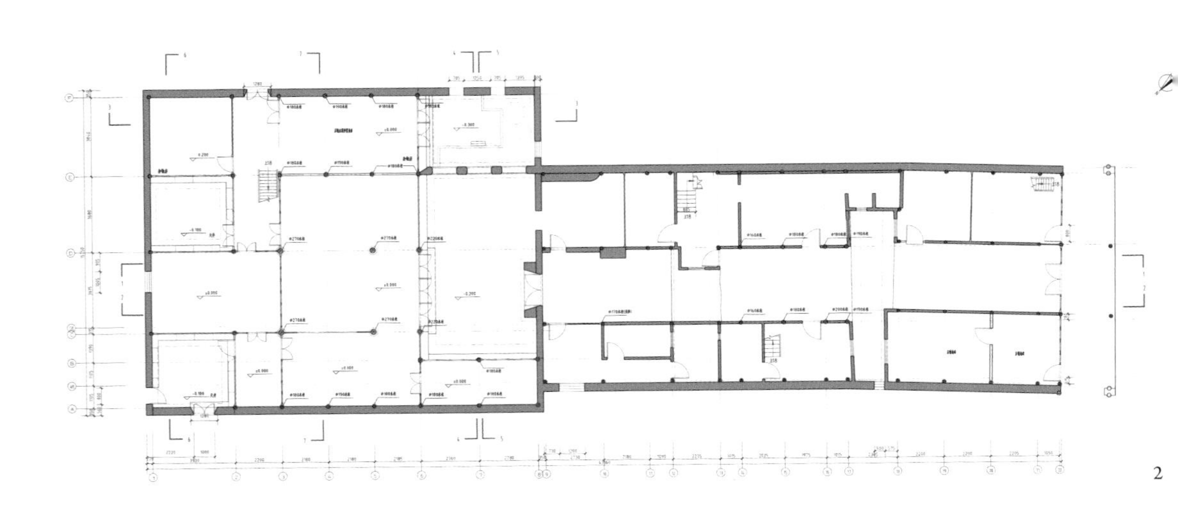

2

1~4. 湖州南浔古镇百间楼测绘，王萌，石廷煜，吴子静。指导教师：张鹏。

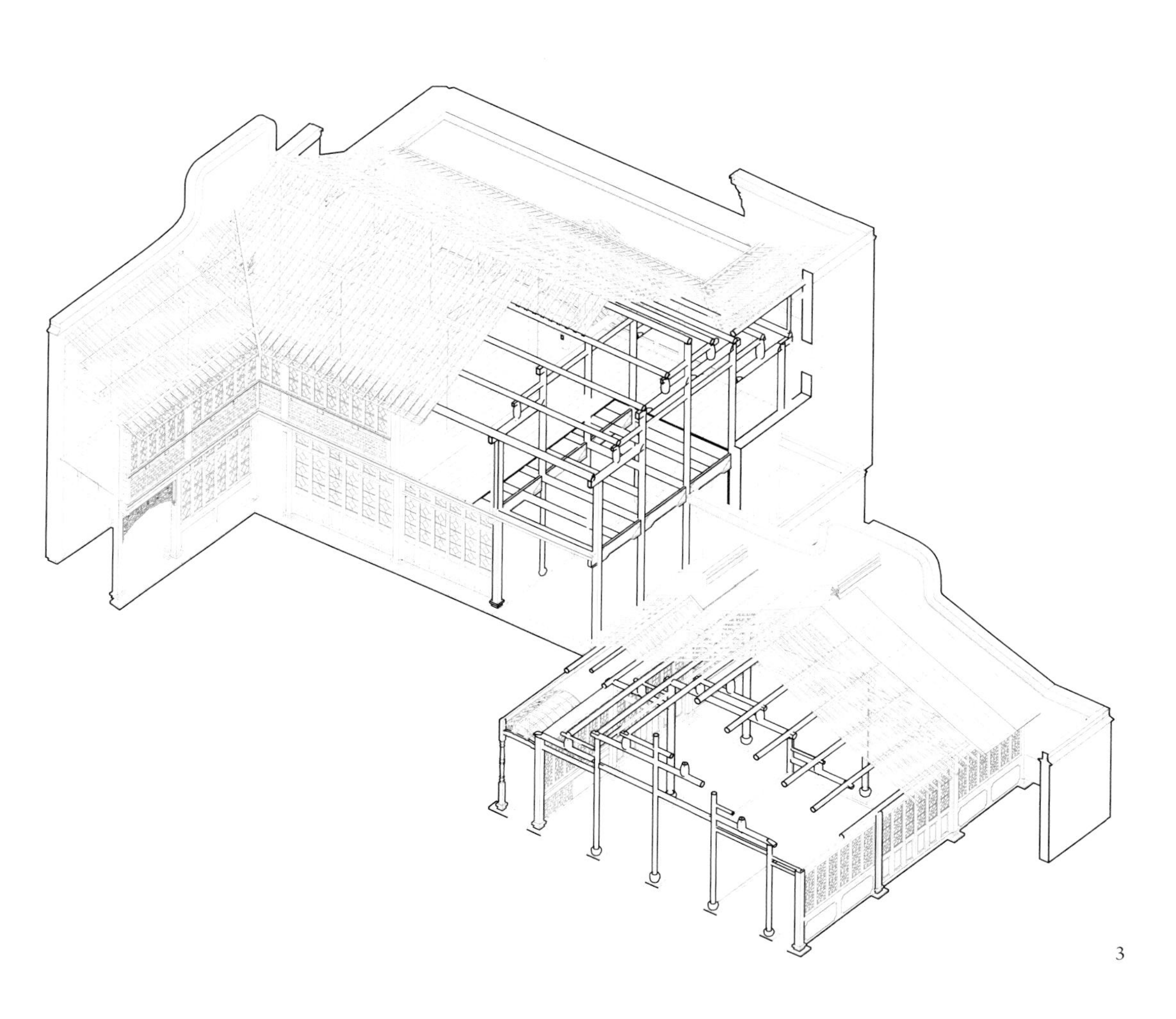

3

4

2018 同济大学国际建造节

2018 同济大学国际建造节暨“风语筑”塑料中空板建筑设计与建造竞赛于 6 月 9 日至 10 日在同济大学建筑与城市规划学院广场举行。自 2016 年开始，建造材料由瓦楞纸板改为塑料中空板，增加了耐候性的同时，也提供了新的材料表现潜力和结构受力特征。每组队员需要在规定的时间里，充分发挥团队精神，创造性地利用塑料中空板的材料特性，在基本结构单元与整体空间形态呈现清晰合理的逻辑关系基础上，塑造出丰富多彩的充满想象力的动人空间和形态。唐代诗人杜牧的《秋夕》是本届建造节的设计意向源泉。参赛作品呈现了作者对物质空间的建构，同时也体现了浓厚的人文情怀。

参赛队中同济大学共 7 组：建筑与城市规划学院 6 组、土木工程学院 1 组。国内建筑院校 17 组：东南大学、天津大学、华南理工大学、重庆大学、哈尔滨工业大学、西安建筑科技大学、湖南大学、中央美术学院、北京建筑大学、大连理工大学、沈阳建筑大学、深圳大学、昆明理工大学、合肥工业大学、上海交通大学、上海大学、台湾逢甲大学。国际建筑院校共组：佐治亚理工大学（美）、格拉兹工业大学（奥）、麦吉尔大学（加）、米兰理工大学（意）、加泰罗尼亚理工大学（西）、威尼斯建筑大学（意）、墨尔本大学（澳）、凡尔赛国立高等建筑学校（法）、邓迪大学（英）、国立釜山大学（韩）、九州大学（日）。

1. 华南理工大学学生作品
2. 中央美术学院学生作品

2

3

4

3. 国立釜山大学学生作品
4. 东南大学学生作品
5. 同济大学建筑与城市规划学院学生作品

2018 同济大学佛罗伦萨卢卡双年展
——纸板建筑设计与建造

开始于 2004 年意大利历史古镇卢卡的 Lucca Biennale 国际纸双年展是世界上最大的纸张艺术、设计和建构展览，致力于通过纸张来推广文化、传统、道德和可持续性。2018 年第九届 Lucca Biennale 双年展是中国元素年，旨在集中展示中国的艺术、设计和透过传统纸张阐述的古老文化。

按照“卢卡双年展”的主旨要求，师生们在组委会给定的场地内，利用卢卡特产的纸板材料，在妥善解决结构安全和耐候处理的基础上，利用专业知识和实践技能，充分发挥艺术创造力和专业想象力，建造一处可供展览的纸板艺术作品。文化策略、场地逻辑、材料特征、空间和形态关联，以及建造实务是其中最为关键的要点。最终，名为“灿 –VOLCANO”的作品历时 9 天搭建完成。这个约 30 m²的作品由三个相互关联的空间组成，在向罗马古建穹顶致敬的同时，隐喻了中国传统建筑“亭”的空间意向，拓展了人与空间关系的想象，促进了对人文、建造和环境的全新思考并为空间艺术带来了更多的可能。

项目负责人：徐甘

带队老师：徐甘，王志军

研究生助理：饶鉴

本科三年级学生：陈催蕾，戴晓宁，郭兴达，郝行，王小语，薛润粱，于昊天，曾文靖，张梓烁，朱鹏霖

1~3. 2018 同济大学佛罗伦萨卢卡双年展——纸板建筑设计与建造

3

精品课程

Awarded Courses

2017—2019 年建筑系精品课程

2017—2019 年建筑系精品课程

课程名称	负责人	适用专业	获奖类别
建筑评论	郑时龄	建筑学、历史建筑保护工程	国家精品在线开放课程
陶艺设计	阴佳	建筑学、历史建筑保护工程	上海市精品课程
建筑史	李浈	建筑学、历史建筑保护工程	上海市高校优质在线课程
建筑学专业设计课程思政教学链	王一	建筑学	上海高校课程思政教育教学改革试点
陶艺设计	阴佳	建筑学、历史建筑保护工程	上海市教委重点课程
环境控制学	宋德萱	建筑学、历史建筑保护工程	上海市教委重点课程
保护技术	张鹏	历史建筑保护工程	上海市教委重点课程
建筑史	周鸣浩	建筑学、历史建筑保护工程	上海高校外国留学生英语授课示范性课程
当代大型公共建筑综述	王桢栋	建筑学	上海高校外国留学生英语授课示范性课程
艺术史	胡炜	建筑学、历史建筑保护工程	上海高校示范性全英语课程
城市阅读	刘刚	建筑学、历史建筑保护工程	上海高校示范性全英语课程
建筑学	孙彤宇	建筑学	上海高校全英语规划专业（2017—2019）备案名单
设计概论	张建龙	建筑学、历史建筑保护工程	上海高校示范性全英语课程
建筑遗产保护法规与管理	王红军	历史建筑保护工程	上海高校示范性全英语课程
建筑概论	岑伟	建筑学、历史建筑保护工程	上海高校示范性全英语课程

POSTGRADUATE EDUCATION

专业教育·硕士教育

设计类课程

Design Courses

本硕贯通的设计课程体系

增设或强化长题设计教学。研究生阶段的“建筑设计 III”（统一命题），与本科阶段的“建筑设计 I”和“建筑设计 II”形成了体现设计深度训练课程体系。

同时，重设“专题设计 IV”与“自选设计”，与本科阶段“专题设计 I—III”共同组成旨在体现广度、自由度、自主性、国际交流的课程体系。

建筑学专业型硕士“研究性设计”学位论文

根据同济大学《建筑学专业学位硕士研究生培养方案》的相关要求，申请专业学位的学生其毕业论文应为研究性设计论文。论文选题导向应具有清晰的地域、文化、环境以及技术或理论背景，并具有学术内涵，有明确的研究问题；鼓励前瞻性和创新性。其工作内容应包括：

（1）文献研究与案例分析，凝练研究问题；

（2）对课题的区位、自然、历史与人文环境、技术条件等因素进行分析；

（3）提出设计理念、方法和策略，并对其进行论证和图解式分析；

（4）针对研究问题完成有深度的设计。

指标城市：详细规划法与城市形态批判

本课程属于“城市建筑学”系列，将指标视为可以调整的、决定城市建筑形态的参数，通过自变量（指标）与城市建筑形态（从变量）的关系的研究，重新审视指标体系的合理性与有效性。课程要求同学考察控制性详细规划中的各种指标与城市建筑形态之间的关系。需要指出的是，本研究务必要求严格的尊重真实的各种建成环境形态的可能性来论证指标的合理性与有效性，即所有的空间要素都必须是具备可实现性的。同学要求完成四个任务：

(1) 以《控制性详细规划》介绍的六种控制体系为基础，回顾现代城市史中的控制性指标演进的历史，学习菲利斯等人的图解方法，通过图解的方法对指标产生的建筑形态与城市形态进行推演。

(2) 同样，根据以上六种控制体系，在美国城市规划体系中寻找对应的控制体系，对单一的指标进行研究，通过单项指标的渐次变化发现生成的建筑与城市形态的规律，比如容积率渐次变化，退界的渐次变化，覆盖率渐次变化等等，街区大小渐次变化，不同功能组合的渐次变化等等，并进行跨语境的对比研究。

(3) 在单一指标体系的基础上，对指标体系进行叠加，分析在两个或两个以上的指标体系的影响下，不同的指标组合对城市形态与建筑形态的影响。必要时候通过参数化工具进行推演。

(4) 根据前面的三项研究环节，各组完成一份研究报告。报告应该包括特定指标体系的历史背景回顾，中美指标体系对比，指标作为自变量的形式生成导则研究，指标体系的合理性与有效性评估，以及最终的指标控制体系修正建议。

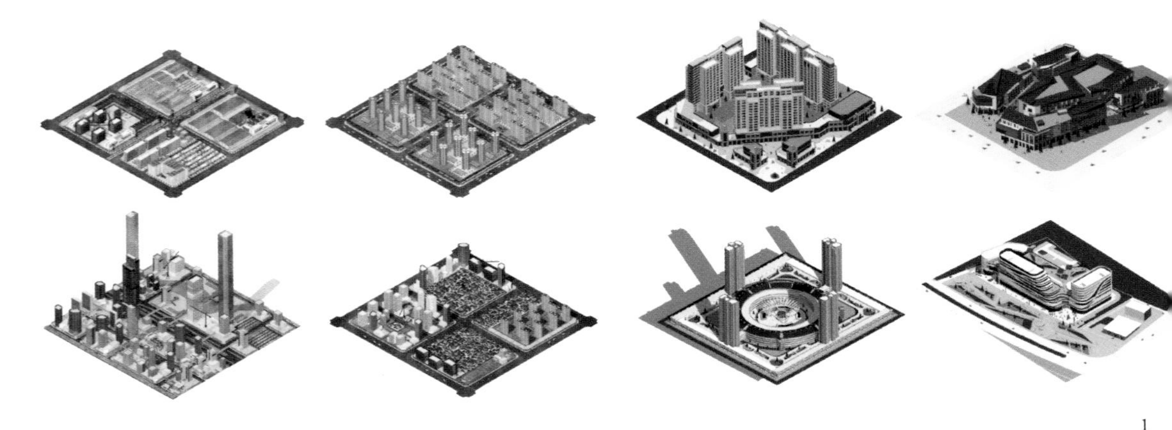

1

1~3. 指标城市——详细规划法与城市形态批判（研究型设计）。指导教师：张永和，谭峥。

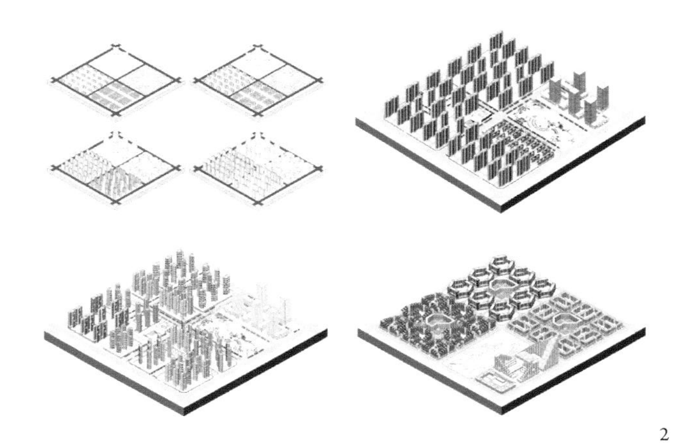

2

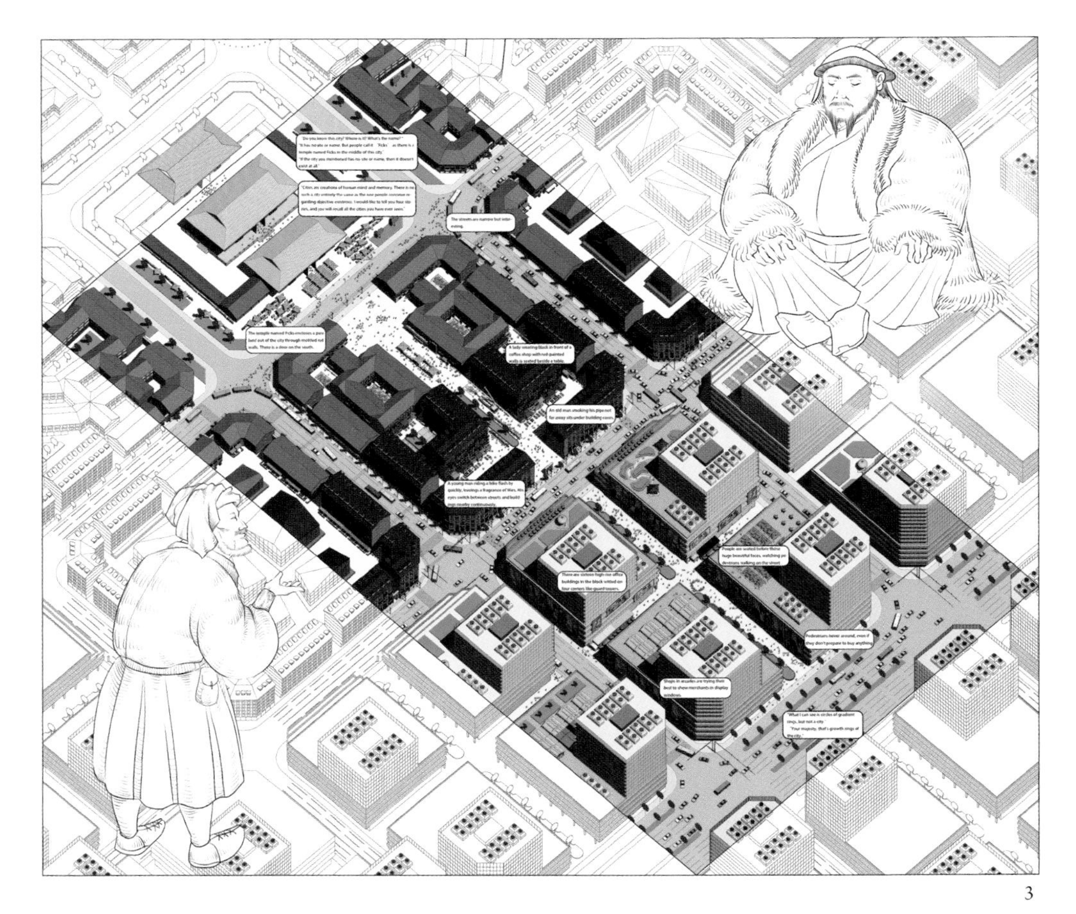

3

类型学视角下集合住宅设计

本次设计课程由李德华—罗小未设计教席教授、荷兰 MVRDV 设计事务所的创始人之一雅各布·范·里斯（Jacob van Rijs）领衔主持。两个月期间，参与本次课程的 18 位建筑系硕士一年级学生在 5 位中外老师的共同指导下，对于类型学视角下集合住宅设计的新可能进行了研究和探索。课程系统学习、运用了 MVRDV 设计生成的理念和手法，强调了多种居住形态与功能使用在集合住宅中的混合可能，并基于此来探索集体主义语境下的个体可能。课程通过一系列设计师讲座、讨论和实地观摩进一步推进了设计，最后一周在荷兰 MVRDV 事务所开展了密集授课及终期答辩。同学们的专业设计水平在评图终期和展示中得到了肯定。

1.2. 同济与 MVRDV 联合课程设计：类型学视角下集合住宅设计，孙少白，周锡晖，姚冠杰。

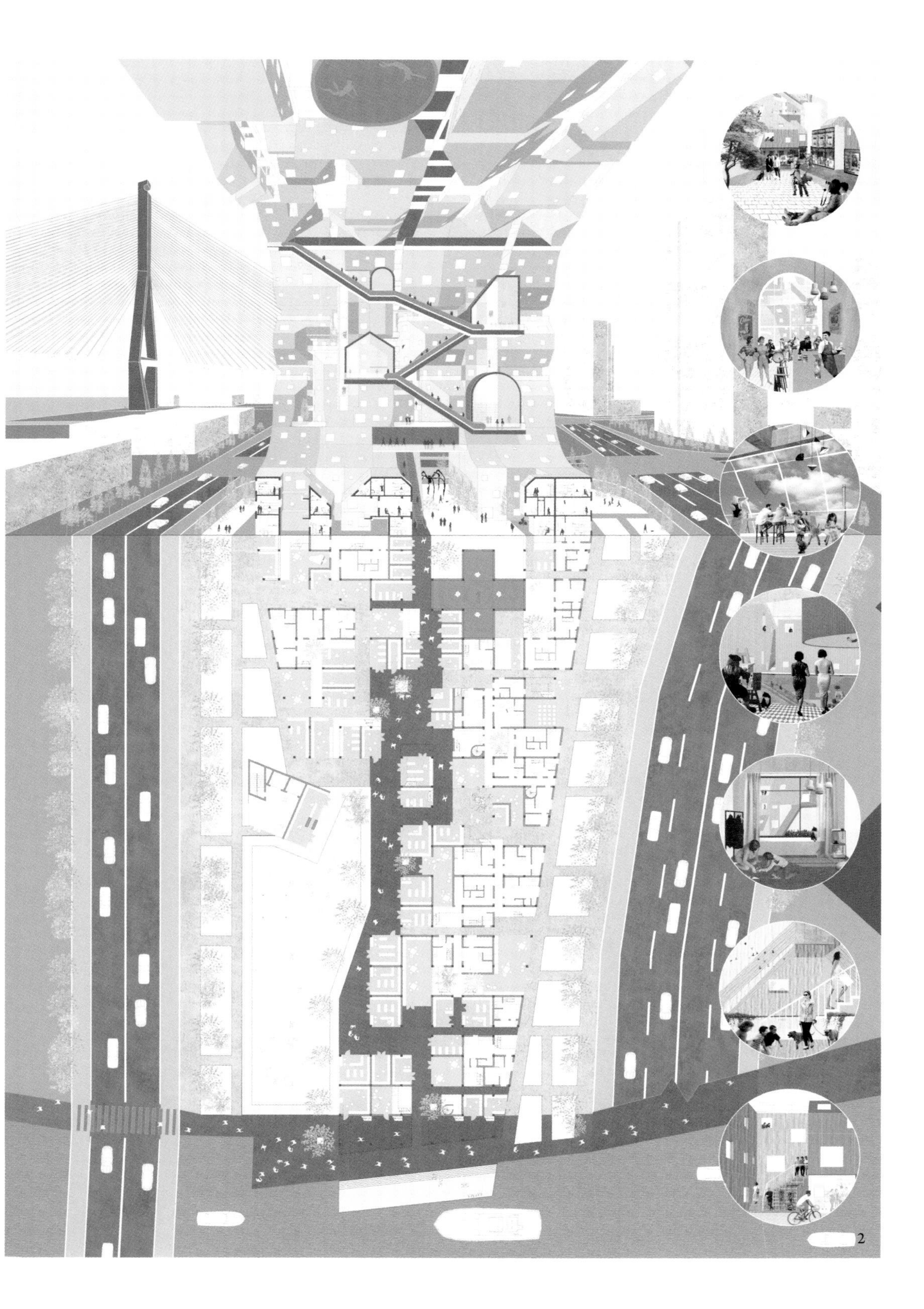
2

3. 同济与 MVRDV 联合课程设计：类型学视角下集合住宅设计，孙少白，周锡晖，姚冠杰。

3

建筑历史、理论与评论类课程

Architectural History, Theory and Criticism Courses

建筑历史、理论与评论课程系列与研究生阶段课程是密切关联的，在这个阶段设有“建筑历史与理论前沿”“西方现代建筑理论与历史”“传统营造法”“建筑人类学”“建筑设计的历史向度”“专题中外建筑史”“建筑评论”等深度课程及专题讲座。此外还为外国留学生开设了英语课程 Traditional Chinese Architecture（中国传统建筑）、Contemporary Architecture and Urbanism in China: Discourse and Practice(中国当代的建筑与城市）、Reviews on Contemporary Architects' Theories and Works - Case Studies（当代建筑师的理论与作品评述——案例分析）等。

西方建筑史专题

卢永毅主讲

该课程是关于西方建筑历史的深入学习，一方面引导学生展开广阔文脉中的建筑历史阅读，从中认识西方建筑传统及其学科发展的独特性；另一方面也通过多种历史文本的学习，使学生认识历史叙述的多样性及其背后的方法论。

课程选择了从文艺复兴到20世纪初现代运动的各个历史时期各种有关建筑师、建筑作品以及建筑理论研究的文献，展开若干专题学习，以进一步认识西方建筑如何从古典传统向现代发展的历史过程。具体分三个部分：第一部分是对文艺复兴时期建筑历史的阅读，关注其建筑师们的古典途径，在理论与设计实践上的成就，以认识西方古典传统的重要内涵；第二部分通过对17—19世纪建筑观念和设计思想演变的学习，认识社会、政治、文化及其科学思维变革下西方建筑的历史转折，并关注城市文脉中的历史建筑阅读；第三部分是对20世纪现代建筑起源与发展的学习，以多种历史文本的比较阅读认识现代建筑史的建构特征及多种叙述，认识史学编撰对于20世纪建筑学科发展的影响作用，以建筑师及其作品的多种阅读，建立基于多视角和多方法的批判性历史的学习。本课程以主持教师系列讲座为主，穿插特邀学者的专题讲座。

西方近现代建筑理论与历史

王骏阳主讲

该课程由一系列主题讲座构成。它努力以开放的视野和动态的方式为学生提供了解近现代以及当代建筑思潮和建筑理论发展状况的窗口，并力求在社会文化发展的背景中展现建筑学科历史的内涵和意义，启发学生的理论思维和批判精神。讲课内容每学期不尽相同。作为考核，学生必须提交与课程内容相关的读书报告。

建筑评论

郑时龄、章明主讲

罗小未教授率先在同济开设了建筑评论课，并建立了学科的提纲。建筑评论课开设的初衷是教会学生用理论武装自己，以批评意识去分析作品和建筑师，引进了文学批评和艺术批评理论，融建筑史、建筑理论、艺术史和艺术理论、文学批评理论、哲学、美学为一体。本课程的专业培养目标是培养学生的批评意识，拓宽视野，掌握基本的理论知识，并在实践中加以应用。目前郑时龄教授和章明教授的建筑评论课仍然是领域内全国范围开设最早，课件资料最丰富，师资力量最强的课程。

研究生阶段建筑历史、理论与评论课程

课程名称	授课教师	课时
中国营造法	李浈	36
中国建筑史专题	常青	36
建筑人类学	常青, 张晓春, 邵陆	36
建筑与城市空间研究文献	郑时龄, 华霞虹, 沙永杰	36
西方建筑历史理论经典文献阅读	王骏阳	36
An Introductory Course on Studies of Modern Chinese Architecture: Paradigms and Themes	华霞虹, 王凯	36
西方建筑史专题	卢永毅	36
Traditional Chinese Architecture	常青, 李颖春	36
东方园林及造园理论	鲁晨海	36
中国古代建筑文献	刘雨婷	36
建筑设计中的历史向度	卢永毅	36
古建筑鉴定与维修	鲁晨海	36
上海建筑史概论	钱宗灏	36
中国近现代城市建筑的历史与理论	梅青	36
建筑评论	郑时龄, 章明	36
Reviews on Contemporary Architects' Theories and Works – Case Studies	李翔宁	36
近现代建筑理论与历史	王骏阳	36

建筑技术类课程

Building Technology Courses

研究生的建筑技术课程立足于建筑环境控制、绿色建筑与现代建造技术展开。建筑技术科学研究方向为：建筑节能及绿色建筑、建筑建造和运行相关技术、建筑物理环境、建筑设备系统、智能建筑等综合性技术。

在早期著名建筑声学专家王季卿教授、建筑构造学科创始人傅信祁教授、建筑热学翁致祥教授、建筑光学杨公侠教授创建的建筑技术教学体系基础上，各建筑技术方向的教授结合自己的科研与设计实践进行研究生教学工作，主要开设有：绿色建筑与环境控制团队责任教授宋德萱的“节能建筑原理”课程、建筑建造技术团队责任教授颜宏亮的“建筑外围护结构与构造”课程、郝洛西“建筑与城市光环境”课程，以及可持续建筑的能源与环境、环境心理学、环境行为学、建筑安全消防技术、建筑的结构与材料、可持续建筑的能源与环境等课程；还有由建筑技术学科所有教师参与的合作讲授课程——建筑技术科学基础等。

现代建筑技术教学高度关注高密度城市与建筑的绿色与生态设计与技术、传统城镇绿色与节能技术留存研究、历史建筑保护更新的绿色与节能技术、城市高层建筑外围护体系的节能与环境控制技术、建筑建造技术的细部设计与技术、城市与建筑光环境设计与技术、建筑自然采光与节能技术研究、建筑环境与舒适性能技术、城市热岛效应与绿色节能技术研究等。目前研究生建筑技术教学课程体系将充分结合以上研究领域，进行教学课程设置、教学内容与大纲的更新与提高。

研究生阶段建筑技术课程列表

课程名称	授课教师	课时
建筑与城市光环境	郝洛西	36
节能建筑原理	宋德萱	36
建筑安全消防技术	周健	36
遗产保护材料修复方法	戴仕炳	36
Seminar on the Theory, History and Method of Digital Architecture	袁烽	36
建筑技术科学基础	颜宏亮	36
建筑外围护结构与构造	颜宏亮	36
建筑的结构与材料	曲翠松	36
Building Structures & Materials	胡滨	36
可持续建筑的能源与环境	谭洪卫	36
环境心理学	徐磊青	36
环境行为学	李斌	36

硕士论文

Postgraduate Thesis

2017—2019 年建筑系硕士学位论文

2017—2019 年建筑系硕士学位论文

姓名	导师	论文题目	学位授予日期
闫研	左琰	当代禅茶空间中的意境表达与体验设计研究	2017.03.31
于山	姚栋	城市既有多层住区养老服务潜力空间研究——以上海市三个街道为例	2017.03.31
侯亦南	陈镌	建筑技术对细部设计影响的研究——以上海市建筑为例	2017.03.31
崔宰豪	杨峰	太空建筑:3D 打印结构研究 Space Architecture: A Study of Additive Manufacturing Construction	2017.03.31
范泰勒	李彦伯	移动文化: 重塑并保留街边饮食文化的设计方法 Mobile Cultures: Design as a Means to Re-invent and Preserve Street food Culture	2017.03.31
施佳诺	叶海	人工湿地在海绵城市中的应用 Applications of Constructed Wetlands in Low Impact Development (LID)	2017.03.31
王懿珏	周静敏	关于中小户型既有住宅适老化改造的研究——以上海地区为例	2017.03.31
陈拉	钱锋	不可翻译的建筑语汇:语言和建筑 Lossless Architecture: Language and Architecture	2017.03.31
陈静雯	周静敏	基于中小户型的青年人理想居住空间的调查研究与类型分析	2017.03.31
钟山	李兴无	商业综合体中体验式中庭空间设计研究	2017.03.31
谢颂平	周静敏	上海城市近郊街区式社区商业建筑设计研究	2017.03.31
柴亦萍	刘敏	城市旧住宅更新改造策略研究——以上海为例	2017.06.30
陈亦凡	李振宇	当代中国极小住宅设计手法研究 ——以国内 5 个典型案例为对象	2017.06.30
史艺林	支文军	阿尔瓦罗 · 西扎在亚洲建筑设计的探索	2017.06.30
李方镇	俞泳	戏曲观演雅集与江南园林空间	2017.06.30
许健	王文胜	高密度城市环境下新建大学校园设计策略研究——以维也纳经济大学新校区为例	2017.06.30
祁晗雨	张洛先	大型综合医院立体交通组织设计研究	2017.06.30
陶成强	涂慧君	城市更新背景下的上海工人新村适老改造调研分析——基于建筑策划“群决策”方法	2017.06.30
潘国荣	杨丽	建筑水环境的绿色空间设计研究	2017.06.30
卢国军	陈易	夏热冬冷地区基于场地微气候的建筑总体布局对建筑空调能耗的影响研究	2017.06.30
李浩	阮忠	基于技术进化的建筑可变设计研究	2017.06.30
邵彬	杨春侠	滨水公共空间要素对驻留行为的影响研究	2017.06.30
李旭锟	胡滨	经济性视角下地域建筑中材料运用的策略研究	2017.06.30
吴杨杰	朱晓明	铜川王石凹煤矿——“156”项目中的苏联建筑规范与技术转移研究	2017.06.30
唐荣浩	王志军	构建共享街道的设计与研究——太仓市金仓湖某组团城市设计	2017.06.30
楼峰	赵颖	基于环境行为学的联合办公空间设计研究	2017.06.30

续表

姓名	导师	论文题目	学位授予日期
肖蕴峰	李立	特大型博物馆设计研究——以上海博物馆东馆为例	2017.06.30
陈长山	王方戟	被公共路径穿越的建筑空间研究——以“浮游”的路径为例	2017.06.30
王泽欣	陈剑秋	基于绿色理念的建筑表皮表现研究	2017.06.30
邬梦昊	王桢栋	TOD 视角下的城市综合体与城市步行及轨交系统的整合模式研究	2017.06.30
胡博君	沙永杰	潮州古城历史保护与更新研究	2017.06.30
高凌飞	宗轩	适应全民健身需求的体育馆建筑造型与风环境的协调机制及设计策略研究——以长江中下游地区体育馆建筑为例	2017.06.30
陆垚	章明	混凝土壳体的启示——菲利克斯·坎德拉作品研究	2017.06.30
吴博文	宗轩	优化室内热湿环境的体育馆开闭顶设计策略研究——以上海地区娱乐性游泳馆建筑为例	2017.06.30
魏超豪	吴长福	基于内外空间整合的公共建筑滨水界面设计研究	2017.06.30
徐晨鹏	曾群	建筑改扩建中界面设计的城市策略	2017.06.30
李琦	王文胜	医养综合型养老设施建筑设计策略研究	2017.06.30
赵孔	汤朔宁	结合气候的热力学设计方法初探	2017.06.30
陈伯良	董春方	基于高密度环境的建筑混合尺度研究	2017.06.30
杨笑天	陆地	柏林新博物馆的重建与修复:理念及技术研究	2017.06.30
李骜	李麟学	基于能量形式化视角的风驱动建筑塑形策略研究	2017.06.30
胡彪	陈剑秋	基于既有建筑改造的青年公寓空间集约设计	2017.06.30
奥利格	董春方	高密度发展中的建筑杂交性研究——基于高密度城市以及现代混合功能综合体的一种建筑新观念	2017.06.30
药乃奇	张晓春	西班牙建筑师阿贝拉多·拉夫恩特在近代上海的建筑实践	2017.06.30
徐钰彬	李斌	老年公寓的老年人生活行为研究——以巴塞罗那 F 社区综合体为例	2017.06.30
陈军	胡滨	旅游介入下传统村落的空间生产——以云南沙溪寺登村为例	2017.06.30
韦思博	李振宇	From critical reconstruction to post-residential urban renewal	2017.06.30
代宇龙	吴长福	公共建筑屋顶空间的复合化设计研究	2017.06.30
刘旭	冯仕达	陈周 · 里特建筑思想与作品分析	2017.06.30
赵音甸	王桢栋	基于使用者行为及其时空分布的城市综合体公共空间活力研究	2017.06.30
章程	佘寅	协同效应视角下的轨道交通换乘空间与植入商业互动关系研究	2017.06.30
刘志阳	朱宇晖	“海天”叠变——上海“张园”空间型变与城市演进关系研究	2017.06.30
刘竞泽	钱锋	体育设施与公共空间的整合设计研究——以巴塞罗那为例	2017.06.30
何啸东	王方戟	伊纳斯典型设计方法解析——寓于折板中的自由和参考	2017.06.30
罗腾杰	沙永杰	武康路及周边历史街区的建筑细节调查研究	2017.06.30
罗启明	孙澄宇	基于街坊类型的城市三维体量模型的生成方法研究	2017.06.30
刘晓伟	沐小虎	当代上海新文脉主义建筑研究	2017.06.30
汪宇宸	庄宇	城市高密度环境中大型体育街区更新的激活策略研究	2017.06.30
周阳	任力之	城市更新背景下景观化公共节点的设计研究	2017.06.30
陈杰	钱锋	体育场馆非线性形态的参数化设计研究	2017.06.30
施浩	颜宏亮	从“宅”到“家”——上海全装修住宅精细化设计研究	2017.06.30
李北森	吴长福	高层建筑观光空间设计研究	2017.06.30
傅艺博	胡滨	日本当代住宅中身体行为的微差引发的空间感知变化	2017.06.30
陈家豪	陈剑秋	篠原一男住宅作品的空间意义研究——以白之家、谷川住宅、上原住宅为例	2017.06.30
许可	徐磊青	上海社区街道步行活动研究	2017.06.30
张博涵	李麟学	班纳姆建筑环境控制理论与当代建筑设计方法	2017.06.30
岳元盛	王红军	产权视角下的里弄空间演变研究——以上海裕华新村为例	2017.06.30
屈晓军	蔡永洁	地域视角下的新建筑实践——贵州江口云舍古村游客服务中心设计	2017.06.30

续表

姓名	导师	论文题目	学位授予日期
黄施嘉	汤朔宁	美国体育建筑改造策略研究	2017.06.30
刘洪	朱晓明	游戏化数字媒介促进公众参与的设计研究——以宁夏工业遗产为例	2017.06.30
贺测珂	杨春侠	基于城市肌理层级解读的滨水步行可达性分析——以上海黄浦江沿岸的北外滩、外滩、南园滨江为例	2017.06.30
胡鸿远	李振宇	德国孔子学院建筑设计研究——关于跨文化特征的表达与解读	2017.06.30
柴华	袁烽	基于结构性能的建筑机器人木构建造方法研究	2017.06.30
杨宇	支文军	冲突与平衡——新媒体视角下的中国建筑设计微信公众号研究	2017.06.30
何一雄	董屹	建筑图解的"拿来主义"——非建筑学领域图解在建筑设计上的应用	2017.06.30
郑攀	谢振宇	高层建筑"空中街道"研究	2017.06.30
陈家骏	陈泳	街区路网的宜步行研究——基于形态组构视角	2017.06.30
周宝林	陈剑秋	从内容出发的自然历史博物馆展示空间设计研究——以上海自然博物馆为例	2017.06.30
田国华	朱晓明	遗产与沉陷——山西沁水县嘉峰地区小煤矿兴衰与古村落保护关联研究	2017.06.30
肖璐珩	陈泳	基于公共生活的乡村公共空间设计研究——云南沙溪镇北龙村文昌宫村民社区中心设计	2017.06.30
王玮颉	张建龙	基于社区公共生活的市场建筑空间研究——以上海市内环以内菜市场为例	2017.06.30
李才全	董春方	基于感知密度的室内天空视域因子研究	2017.06.30
段翔宇	孙彤宇	界面要素对城市机动干道步行环境影响的量化研究	2017.06.30
张赫群	戚广平	集群结构的算法生形研究	2017.06.30
吴寻	江立敏	教育建筑非正式学习空间设计研究	2017.06.30
刘聪	林怡	基于光谱非视觉生物效应的办公空间光照模式实验研究	2017.06.30
陈文博	卢永毅	德绍包豪斯校舍的历史研究	2017.06.30
彭智凯	王一	室外空间热舒适性与空间行为的关联性研究——以街区式商业综合体为例	2017.06.30
张宇轩	卢永毅	吉迪恩与《空间·时间·建筑》——对现代建筑历史编纂的研究	2017.06.30
曾智峰	陈泳	街区空间形态对老年人休闲购物步行的影响分析——以上海 21 个生活街区为例	2017.06.30
丁力伟	李兴无	隐匿的秩序——贵州云舍村传统村落公共空间研究	2017.06.30
刘启敏	岑伟	体验消费文化影响下的书店空间研究	2017.06.30
孙新飞	常青	隋代大兴城宫城形制来源与变迁研究	2017.06.30
潘黎波	杨春侠	高密度城市滨水公共空间可达性研究	2017.06.30
陆继杰	王骏阳	工艺与神性:瑞典建筑师西古德莱韦伦茨的墓园和教堂	2017.06.30
张栋	魏崴	集成化视角下城市综合换乘中心设计策略研究	2017.06.30
周兴睿	王骏阳	"中断的罗马"城市设计邀请展:后现代语境中一个关于城市建筑的思想性项目	2017.06.30
商培根	冯仕达	从场地策略到生活氛围：赵扬建筑工作室(2006-2016)	2017.06.30
孟若希	徐磊青	街道步行空间恢复潜能与街道界面、绿视率的关系研究——基于 VR 虚拟环境模拟实验的分析	2017.06.30
姜新璐	左琰	基于现代技术革新的罗马理性主义建筑设计及保护研究(1930—1950)	2017.06.30
刘晓宇	张斌	参与性旧住区更新中的适应性设计探索——以青浦航运新村为例	2017.06.30
吴晞	庄宇	城市更新背景下公共活动中心区空中步行系统可达性评估——以上海徐家汇地区为例	2017.06.30
刘嘉纬	华霞虹	时代语境中的"形式"变迁——华东电力大楼的 30 年争论	2017.06.30
辛静	常青	谷仓形制与文化——以都柳江流域南侗村落为例	2017.06.30
王尧田	李斌	社区环境中老年人的步行行为研究	2017.06.30
马英哲	陈泳	基于学龄儿童通学的步行环境调研与优化对策——以上海三所初中为例	2017.06.30
王雅熙	王一	从大型封闭式小区到居住街区——曲阳新村更新设计研究	2017.06.30
艾普斯	许凯	Adaptive reuse of de-industrialised sites as social hubs: A solution to strengthen urban communities	2017.06.30

续表

姓名	导师	论文题目	学位授予日期
马骁	徐磊青	新老社区建成环境形态特征与休闲步行活动关系探究——以上海市鞍山社区和联洋社区为例	2017.06.30
西斯卡	黄一如	Public Rental Housing in Shanghai: Architectural Requalification towards Sustainable Development	2017.06.30
刘海燕	戴仕炳	安徽宣城广教寺建筑遗址本体保护研究	2017.06.30
谢嶷	黄一如	上海市中心高架两侧住宅声环境研究	2017.06.30
崔梓祥	张鹏	上海近代工业建筑的结构技术演进——以杨树浦滨江工业带为例	2017.06.30
张丹	张晓春	欧洲城市公共剧院建筑发展过程中的三次重要转变(19 世纪中叶至今)	2017.06.30
王琳静	涂慧君	北欧地区养老建筑设计特征研究	2017.06.30
朴乃嘉	钱锋	意大利建筑师维多利欧格里高蒂的建筑思想及其作品分析	2017.06.30
王冰心	戴仕炳	长三角近代清水砖墙外立面修缮方法研究——以之江大学钟楼为例	2017.06.30
段正励	张凡	上海老城厢历史文化风貌区边界空间调查与更新策略研究	2017.06.30
卞雨晴	钱锋	结构建筑学的当代实践与设计策略初探	2017.06.30
胡迪	戚广平	基于复杂适应系统(CAS)的历史文化风貌保护区商业空间更新机制研究——以上海市嘉善路为例	2017.06.30
杨扬	郑时龄	1937—1945 日占时期的上海住宅建筑研究	2017.06.30
熊熙雯	赵巍岩	基于城市公共空间叙事方式研究的流动性餐饮空间叙事性研究	2017.06.30
陈艺丹	任力之	城市更新背景下高层建筑改造设计研究	2017.06.30
承晓宇	谢振宇	城市高密度背景下既有高层建筑更新设计策略研究	2017.06.30
邓珺文	张洛先	基于模块化的社区医院建筑设计研究	2017.06.30
郑婷方	章明	可调式建筑立面开口之参数模型——应用于遮阳之探讨	2017.06.30
张弛	庄宇	应对环境危机的二十一世纪欧美城市设计理论和实践——以景观都市主义、农业都市主义、弹性城市为例	2017.06.30
吕凝珏	李翔宁	建筑学视角下的米兰三年展研究	2017.06.30
张恂恂	钱锋	体育产业市场化背景下美国体育场馆发展趋势研究	2017.06.30
李哲	李振宇	从奥运到后奥运——兼容性视角下的 2022 冬奥会北京奥运村设计研究	2017.06.30
梁溪航	颜宏亮	舒适度视角下上海地区高层住宅围护结构构造技术探讨	2017.06.30
马悦	陈易	基于 SD 法的博物馆室内公共交往空间评价研究	2017.06.30
谭杨	汤朔宁	城市综合体与轨道交通站点的衔接空间设计探讨——以上海为例	2017.06.30
朱恒玉	郭安筑	环境及行为视角下的公共空间“动态活力”影响因素研究——以欧洲城市柏林的集市空间为研究对象	2017.06.30
顾逸雯	俞泳	博古鉴赏与园林空间	2017.06.30
张晓潇	沙永杰	上海武康路案例 2007—2016	2017.06.30
黄璐	李振宇	从工业遗产到居住建筑的改造设计研究——以武汉国棉一厂为例	2017.06.30
殷悦	庄宇	城市中心区铁路轨道区域空间整体利用的模式研究	2017.06.30
毕敬媛	王凯	产生氛围的细部——以卒姆托建筑中的细部设计为例	2017.06.30
琚安琪	张晓春	柏林博物馆集群公共空间的形成、再生与当代发展	2017.06.30
柯婕	刘敏	城市旧住区建成环境的改造策略研究——以鞍山新村为例	2017.06.30
沈悦	章明	旧建筑改造中新旧衔接处的材料与工艺研究	2017.06.30
毕若琛	王志军	PPP 模式下城市更新公共空间设计——以上海普陀区“中环百联”项目为例	2017.06.30
吕梦菡	王志军	旧建筑扩建中的轻型化设计研究——米兰 City Life 区域 Padiglione 3 扩建设计	2017.06.30
闫敏章	李丽	总部商务区建筑风貌调查与分析	2017.06.30
曹亦潇	郝洛西	产科空间光环境设计策略与应用	2017.06.30
莫唐筠	张凡	景观都市主义视角下上海山阴路历史文化风貌区边界空间更新研究	2017.06.30
武毅超	陈易	“在宅养老”模式下的日本住宅室内空间适老化改造策略及相关研究	2017.06.30
蒋若薇	钱锋	当代欧洲城市大众游泳设施的设计理念与设计策略对中国的启示	2017.06.30
文梦晗	赵巍岩	当代青年建筑师知识结构研究	2017.06.30

续表

姓名	导师	论文题目	学位授予日期
谷兰青	支文军	无界建筑——大设计视角下中国当代建筑师的“跨界”实践	2017.06.30
罗吉芳	陈易	木材与生态友好型建筑——小尺寸木料作为高效可持续材料在建筑设计中的应用	2017.06.30
李薇	岑伟	共生视角下山地城市立体公共步行空间研究——以福建省南平市延平区为例	2017.06.30
余少慧	李浈	钱塘江流域冬瓜梁研究——以婺州地区为例	2017.06.30
刘梦薇	常青	上海石库门里弄现状问题的观察与思考——建业里嬗变事件解析	2017.06.30
程思	徐风	当代演艺设施的文商复合策略研究	2017.06.30
李照	徐洁	基于文化视角的城市更新研究——以成都大慈寺片区太古里为例	2017.06.30
梁芊荟	蔡永洁	城市新区改造实验——以上海小陆家嘴商务区东侧地块为例	2017.06.30
陆伊昀	张斌	老旧住区自建空间的运作机制及其启示——以青浦航运新村为例	2017.06.30
许赟	黄一如	巴塞罗那扩展区围合式街区的发展与启示	2017.06.30
张向琳	李翔宁	城市公共生活中自发性空间实践研究——以上海与柏林为例	2017.06.30
牟娜莎	谢振宇	既有高层建筑形态与空间能耗分析与节能优化策略探讨——以同济大学教学科研综合楼为例	2017.06.30
杨之赟	李麟学	能量视角下富勒的设计科学	2017.06.30
潘思	章明	微更新中的弹性间层空间研究	2017.06.30
何妍萱	袁烽	基于 BIM 平台的自适应性建筑立面策略与原型研究	2017.06.30
李方芳	宋德萱	上海市高密度住宅适宜性立体绿化研究	2017.06.30
胡裕庆	李振宇	“四支柱模式”视角下维也纳新社会住宅可持续设计策略研究	2017.06.30
范子菁	蔡永洁	养老视角下的乡村改造设计研究——以崇明岛陈家镇鸿田村为例	2017.06.30
吴恩婷	王方戟	轻钢模块住宅集成设计与研究——以零能耗太阳能独立住宅、模块化联排住宅为例	2017.06.30
江玥树	钱锋	上海近代建筑建造技术研究——以四个建筑为案例	2017.06.30
张雪	李斌	社区复合养老设施内老年人生活行为研究——以上海 Y 社区长者照护之家为例	2017.06.30
杨丹	李翔宁	上海徐汇滨江地区工业建筑遗产保护与再利用研究	2017.06.30
于永平	陆地	历史与现代的平衡:佛罗伦萨维吉奥老桥周边历史区域的战后重建	2017.06.30
罗瑞华	李立	共享·介质·互动——六座青年公寓共有空间及其使用成效研究	2017.06.30
李祎喆	徐风	上海高密度城市环境下菜场空间研究	2017.06.30
张谱	徐风	绅士化背景下面向多样性的社区更新策略——以波士顿南端社区为例	2017.06.30
吴怡萱	张鹏	近代外来影响下的洗石子	2017.06.30
肖宁菲	余寅	适应夏热冬冷地区气候的高层建筑形体贯通洞口被动式设计策略	2017.06.30
刘溪	孙彤宇	基于节点与场所的城市型 TOD 核心区混合功能建筑设计研究	2017.06.30
刘春瑶	左琰	美国历史建筑保护与更新的财政激励政策与实践研究——以爱荷华州为例	2017.06.30
李姗蔚	董屹	格与绘——建筑学图解视野下的中国传统绘画构造观念及其影响下的当代建筑设计方法研究	2017.06.30
李丽莎	王一	基于热舒适性与行为耦合的公共空间设计策略——以上海中心城区三个街区式商业综合体为例	2017.06.30
王正丰	王凯	城市化过程中的巴塞罗那公共市场——历史演变与发展动因	2017.06.30
黄舒怡	袁烽	基于物理风洞与数字模拟的建筑室外风环境可视化设计方法研究	2017.06.30
韩叙	李翔宁	密斯·凡·德罗奖及其反映的当代欧洲建筑思潮研究	2017.06.30
吴欣阳	曾群	建筑边界空间的日常化解读及策略探究	2017.06.30
张月	蔡永洁	基于公众参与的城市更新——上海市安西路两侧区域改造设计研究	2017.06.30
赵正楠	宋德萱	绿色宜居养老设施设计的技术策略研究	2017.06.30
孙碧蔓	杨峰	高密度城市道路绿化对行人区域微气候影响——以上海和台北为例	2017.06.30
吴人洁	张凡	上海衡山路—复兴路历史文化风貌区边界的演变和分类管控研究	2017.06.30
王颖	曾群	试论商业综合体内部公共空间的“人性化”和“秩序化”设计	2017.06.30
张晖	邵甬	基于 GIS 的城市历史空间格局演变研究和历史文化遗产保护应用——以镇江为例	2017.06.30
方舟	庄宇	购物中心体验式消费空间策划与设计初探	2017.06.30
张之光	章明	上海近代历史建筑墙体保护修复技术研究	2017.06.30

续表

姓名	导师	论文题目	学位授予日期
俞波	陈易	高职院校《建筑初步》课程教学趋势初探——以上海济光职业技术学院为例	2017.06.30
高芳	徐风	上海大型商业建筑的消防设计与研究	2017.06.30
刘星	杨峰	装备式住宅设计及建造技术在绿色建筑应用领域的分析及研究	2018.06.30
周彦	颜宏亮	现代工业建筑设计探索——以汽车工业整车制造厂为例	2018.06.30
陈海龙	李麟学	基于城市空间形态整合的城市商业综合体设计要素研究	2017.09.30
肖申君	吴长福	滨水高层大平层住宅设计研究——以绿地海珀云玺项目为例	2017.09.30
程玉福	姚栋	养老设施公共部位的设计要素研究——针对舒适性的实证研究	2017.09.30
斯蒂法诺	李翔宁	Transplanted Architecture: The new trends of Western Architecture towards Chinese Identity	2017.09.30
科莫	李翔宁	The social factor in Shanghai' s public spaces: A study on public spaces and public life in China today	2017.09.30
斯文森	彭怒	五角场下沉式广场空间环境优化设计研究	2017.09.30
韦佛	庄宇	Public Space in High-Density Cities: A Shanghai Case Study 高密度城市中的公共空间:对城市公园的观察和思考	2017.09.30
雅各布	华霞虹	重构封闭社区上海，走向异质的大都市	2017.09.30
马蒂亚	郭安筑	关于未来:乌托邦式的 20 世纪家庭设计	2017.09.30
迪克	蔡永洁	封闭式小区的学习与借鉴——古美的修正宣言	2017.09.30
西罗	孙彤宇	Reconquest of Quiet: A Research of Pubic Intimacy	2017.12.31
科里	杨丽	中国上海在新旧更新中的历史保护体系分析研究 Interlacing New & Old: Confronting A Flawed Historical Preservation Systme in Shanghai, China	2017.12.31
格琳	王志军	Merging Cities: Typology of Biographies and Future Perspectives for Shanghai	2017.12.31
科米	孙彤宇	City in the Mind's Eye: Walkable Strategies for Transitional Spaces using Cognitive Mapping	2018.03.31
维多利亚	姚栋	A Survey of International Innovations in Intergenerational Housing for the Elderly	2018.03.31
伍正辉	王骏阳	龙美术馆(上海西岸馆)的设计和建造及作为当代美术馆的空间研究	2018.03.31
罗素	王志军	精神信仰场所在社会住宅中的设计研究	2018.03.31
艾彤	俞泳	追踪上海的城市过渡:城市转型期间的公共生活战略	2018.03.31
胡博纳	郭安筑	Multivariate optimization of residential building envelopes and massing: A model proposal to balance solar building performance with design criteria	2018.03.31
王庆添	周鸣浩	当代乡村建设空间变迁历程及研究——以江苏永联村为例	2018.06.30
刘智勤	孟刚	博览建筑的可变性设计研究	2018.06.30
孙文清	任力之	城市社区文化中心建筑更新设计研究——以上海市为例	2018.06.30
杨若泽	陈镌	防火与保温要求的演变对外墙表现的影响研究——以上海地区为例	2018.06.30
刘含	蔡永洁	巴塞罗那的街坊——基于类型学的功能研究	2018.06.30
彭书勉	蔡永洁	巴塞罗那的街坊——基于形态视角的类型学研究	2018.06.30
方兴	陈剑秋	当代文化建筑更新再利用中的复合空间设计研究	2018.06.30
王凯旋	岑伟	江南古典园林中的感官体验研究——观念诉求下的多重感知操作	2018.06.30
蔡宣皓	常青	历史人类学视野下的清中晚期闽东大厝平面形制——以永泰县爱荆庄与仁和宅为例	2018.06.30
林笑涵	常青	西南地区风土建筑初探——以移民背景下的四川盆地为例	2018.06.30
刘宇阳	陈剑秋	德国博物馆群的外部空间整合策略研究	2018.06.30
白铮	陈镌	当代木结构的技术逻辑——以芬兰为例	2018.06.30
王国远	陈镌	基于技术的黔北地区新农村设计	2018.06.30
李品	陈易	以低碳与健康为导向的上海既有住宅改造研究	2018.06.30
薛洁楠	陈易	基于循证设计理论的上海某医院老年科病区室内设计	2018.06.30
赵文佳	陈易	基于 WELL 标准的餐饮建筑内部空间健康设计评价体系和设计策略初探	2018.06.30
陶新宇	陈泳	基于包容性视角的适老化街区设计策略——以意大利三个街区为例	2018.06.30

续表

姓名	导师	论文题目	学位授予日期
魏天意	陈泳	住区生活街道适老化改造设计——以上海市老住区为例	2018.06.30
张昭希	陈泳	街道空间对老年人步行安全感知的影响分析——基于人行道区域	2018.06.30
孙伟	戴颂华	西南小城镇社区养老服务设施及设计研究——以四川李庄镇为例	2018.06.30
张沁	戴颂华	基于公众参与的老龄化社区公共空间微更新研究——以上海梅陇三村为例	2018.06.30
王曲	董春方	基于自主改造的石库门住宅更新再生研究——典型案例的再生设计	2018.06.30
张黎婷	董春方	高密度城市 CBD 区域风环境与其形态的相关性——以上海地区为例	2018.06.30
梁宇	董屹	文商旅协同视角下历史街区再开发的空间模式研究	2018.06.30
施文	郝洛西	基于节律效应的白光 LED 照明设计与优化——以病房空间为例	2018.06.30
韩铮	佘寅	当代文化建筑场所感的结构表达——以拱型结构为例	2018.06.30
王轶	胡滨	由"博物馆"而设计"家":阿尔多·罗西博物馆概念的当代思考及相关设计	2018.06.30
吴皎	华霞虹	新中国成立初期同济校园实践中本土现代建筑的多元探索(1952—1965)	2018.06.30
韩宇青	黄一如	以减排效应为视角的夏热冬冷地区夏季住宅室内自然通风设计研究	2018.06.30
李凌	黄一如	以减排效应为视角的夏热冬冷地区住宅采光设计研究——以上海市建成住宅为实证	2018.06.30
李思雨	黄一如	以减排效应为视角的夏热冬冷地区高层住宅空中庭院设计研究	2018.06.30
沈彬	黄一如	日本居住环境防灾体系的研究及启示——以名古屋市为例	2018.06.30
彭峥	江立敏	高密度下高校核心区集约化设计研究——以青岛理工大学黄岛校区核心区为例	2018.06.30
康可歌	李斌	上海市 S 街道老年人日间照料中心参与式行动研究	2018.06.30
吴世强	李斌	J 养老设施中一健一患家庭老年人的环境行为研究	2018.06.30
张冰曦	李斌	从生成和影响考察建筑物的社会性——以 W 村项目为例	2018.06.30
郝竞	李立	建筑设计中的材料表达研究——以二里头遗址博物馆为例	2018.06.30
孔维薇	李立	黄印武乡建实践研究	2018.06.30
刘庆	李立	连续的空间与现象的同时性——从多屏电影装置《第五夜》到几个空间案例	2018.06.30
唐韵	李立	工业遗产再利用的空间尺度变化策略研究	2018.06.30
方荣靖	李麟学	德国光伏太阳能公共建筑一体化设计研究	2018.06.30
姜丽芳	李麟学	能量视角下当代乡土建筑气候适应性设计策略研究	2018.06.30
李舒欣	李麟学	针对办公类高层建筑围护系统的基于环境的节能改造流程研究	2018.06.30
武晓宇	李麟学	"后自然"视阈下的建筑设计转向与方法	2018.06.30
陈迪佳	李翔宁	1907—1914 年的德意志制造联盟:早期现代建筑理论生产的语境复杂性和语汇模糊性	2018.06.30
高长军	李翔宁	1929 年巴塞罗那世界博览会德国馆的重建研究	2018.06.30
伍雨禾	李翔宁	水岸的复兴——巴塞罗那滨水区发展进程	2018.06.30
于炯	李翔宁	城市建筑展览作为城市更新的催化剂 ——以深圳·香港城市 \ 建筑双城双年展为例	2018.06.30
吴卉	李兴无	变迁与传承——以"墅家 " 为例的调研与评价	2018.06.30
曹慧蕾	李浈	"徽严衢婺"三地传统营造比较研究	2018.06.30
吕宇	李浈	淮尺考——兼论中国古代俗间尺的源流及变迁	2018.06.30
马文宗	李浈	晋中汾河流域传统民居类型学研究	2018.06.30
田慧琼	李浈	晋南晋东南地区古戏台调查与研究	2018.06.30
陈美伊	吴长福	基于视知觉的体验性餐饮空间设计研究	2018.06.30
李丽泽	李振宇	柏林工业遗产居住化更新设计研究——以克罗伊茨贝格区舒特海斯酒厂为例	2018.06.30
束逸天	李振宇	嘉兴市子城片区城市更新设计研究	2018.06.30
孙二奇	李振宇	嘉兴冶金厂地块更新设计研究——面向混合功能的开放社区	2018.06.30
韩旭	刘敏	门户型交通枢纽型商业综合体使用后评估研究——以虹桥天地为例	2018.06.30
何金枚	刘敏	街区型住区公共空间使用后评估及设计策略研究——以上海创智坊为例	2018.06.30
贡梦琼	卢永毅	上海市华德路监狱建筑研究(1897—1942)	2018.06.30
关志鹏	卢永毅	尼古拉斯·佩夫斯纳现代建筑历史编纂特征研究 ——基于《现代运动的先驱者——从威廉·莫里斯到瓦尔特·格罗皮乌斯》	2018.06.30

续表

姓名	导师	论文题目	学位授予日期
游钦钦	卢永毅	布鲁诺·泽维《如何看建筑:论建筑的空间解释》写作分析及理论思想初探	2018.06.30
张宇	鲁晨海	福建省漳平地区明清时期“一进式”宗祠建筑研究	2018.06.30
刘雨涵	陆地	基于《瓦莱塔原则》的历史建成环境织补研究	2018.06.30
张正秋	陆地	意大利建筑遗产保护法规的流变与实践——以罗马地区实践为例	2018.06.30
彭坤	孟刚	基于森佩尔四要素理论的工法逻辑呈现	2018.06.30
罗富缤	戚广平	基于“站城一体化开发”理念的站域空间性能化设计方法研究	2018.06.30
阳佳芳	戚广平	上海历史风貌区里弄商业空间类型的演化——以嘉善路新乐路为例	2018.06.30
于圣飞	戚广平	性能化设计在机场航站楼构型设计中的研究与应用	2018.06.30
沈君承	钱锋	勒·柯布西耶在机器时代背景下对机器建筑主题的探索	2018.06.30
时昀泽	钱锋	体育特色小镇体育设施策划与设计策略研究	2018.06.30
王建桥	钱锋	结构导向的中小型群众体育馆空间与形态设计研究	2018.06.30
张念山	钱锋	大型体育赛事与城市发展初探——以奥运会为例	2018.06.30
张倩仪	钱锋	中德高校体育馆综合利用比较研究	2018.06.30
丁蒙成	曲翠松	国际太阳能十项全能竞赛细则研究——以 2018 中国赛区为例	2018.06.30
陈奉林	任力之	消费文化视阈下购物物中心的主题化设计策略探究	2018.06.30
卢文斌	任力之	超高层建筑立体绿化设计策略研究——以昆明国际旅游大厦为例	2018.06.30
吴越	任力之	后坞村空间演变机理及对乡村建设的启示研究	2018.06.30
李震寰	沙永杰	纽约滨水工业区更新中的公共空间设计与启示——以布鲁克林大桥公园为例	2018.06.30
周妙明	佘寅	上海老年人日间照料中心功能复合化设计策略研究	2018.06.30
程旭	宋德萱	夏热冬冷地区高层居住建筑碳排放及减碳策略研究	2018.06.30
刘哲	宋德萱	基于通风性能提升的养老建筑绿色改造技术研究	2018.06.30
王浩	宋德萱	太阳能建筑光伏一体化运用潜力分析及评估方法研究——以上海高密度社区为例	2018.06.30
崔迪	孙澄宇	面向建筑信息的多人虚拟交互方式研究——以六主村无止桥公益项目情景为例	2018.06.30
许迪琼	孙澄宇	建筑类教育中虚拟技术应用的策略与成效评估——以面向对象认知与过程认知的课程为例	2018.06.30
陈彦彤	孙彤宇	基于步行可达性的宜步行城区路径节点分布特征研究	2018.06.30
程韵达	孙彤宇	基于社会网络分析的城市更新策略研究——以上海四川北路地区溧阳路街区为例	2018.06.30
刘泓汐	孙彤宇	基于社会影响评价的滨水历史街区城市更新策略研究	2018.06.30
马潇潇	孙彤宇	城市更新中轨道交通站点区域的多重混合节点建筑设计策略研究	2018.06.30
梅梦月	孙彤宇	以建筑为触媒的城市更新策略研究	2018.06.30
常琬悦	汤朔宁	城市集约型用地体育中心公共空间设计策略研究	2018.06.30
何薇	汤朔宁	现代大跨木结构在体育建筑中的应用及艺术表现研究	2018.06.30
徐筱铎	汤朔宁	悬索结构在大跨度建筑中的应用与表现	2018.06.30
赵岩	汤朔宁	以风环境为线索的体育馆比赛厅内界面优化设计研究	2018.06.30
冯艳玲	涂慧君	上海工人新村适老改造设计研究——以鞍山三村为例	2018.06.30
许逸敏	涂慧君	上海市传统社区嵌入式社区适老综合体的建筑策划研究	2018.06.30
林婧	王方戟	陶特胡夫艾森住宅区中的城市设计思想研究	2018.06.30
林哲涵	王方戟	城市更新中不规则街角上建筑的设计和城市界面关系研究	2018.06.30
游航	王方戟	先置与整合——纳瓦罗典型设计方法研究	2018.06.30
洪菲	王红军	侗族传统民居建造体系中典型节点的适应性更新研究	2018.06.30
张涛	王红军	“廊屋”与“堂屋”——黔东南侗族传统民居形制演变初探	2018.06.30
毕文慧	王凯	澄明与遮蔽——对瑞典林地墓园(Woodland Cemetery)的建筑现象学解读	2018.06.30
赵思嘉	王凯	形式与美——彼得 · 马克利(Peter Märkli)的建筑形式语言解读	2018.06.30
常家宝	王一	基于模拟的上海当代居住街区形态与能耗关系研究	2018.06.30
黄嘉萱	王一	亚特兰大环线城市再开发项目绩效研究——基于使用后评价与空间句法方法	2018.06.30

续表

姓名	导师	论文题目	学位授予日期
王雅馨	王一	围合式住宅街区形态类型与建筑能耗关系研究	2018.06.30
潘逸瀚	王桢栋	基于视域分析的立体空间可视性与活力的关联性研究——以上海正大广场为例	2018.06.30
杨旭	王桢栋	城市综合体的公共文化服务场所 PPP 开发运营模式研究	2018.06.30
姜晗笑	王志军	巴塞罗那阿巴瑟利亚市场——住宅综合体设计研究	2018.06.30
刘欣朋	王志军	广义无障碍设计——以芬兰为例	2018.06.30
张弛	王志军	封闭式居住小区开放化改造——上海东体小区城市更新设计	2018.06.30
龚运城	魏崴	交通基础设施与城市空间整合的矛盾与共生——以上海站东侧改造设计为例	2018.06.30
刘一敬	魏崴	街道开放空间声环境研究——以纽约百老汇大街空间改造实验为例	2018.06.30
李乐	吴长福	基于场所开放性的公共建筑露台空间设计研究	2018.06.30
谢金容	吴长福	地铁站点与商业建筑间连接空间设计研究——以上海为例	2018.06.30
邓可田	伍江	历史街区保护与更新的政策与实践——厦门中山路街区与维也纳玛利亚希尔夫街区比较研究	2018.06.30
程婧瑶	谢振宇	基于城市轨道交通的停车换乘(P+R)空间设计研究	2018.06.30
卢政阳	谢振宇	以传播与消费为导向的体验式文化空间设计研究——以上海“网红”书店为例	2018.06.30
汪晶晶	谢振宇	TOD 模式的垂直延伸对高层建筑空间布局和形态的影响	2018.06.30
严康妮	谢振宇	历史建筑转型 为当代博物馆的展陈空间和环境性能适应性研究	2018.06.30
张松岳	徐风	工业遗产改造为小型观演空间研究	2018.06.30
王璐	徐洁	旧工业建筑改造的公共空间设计研究——以上海黄浦江两岸五个旧工业建筑改造项目为例	2018.06.30
郇雨	徐磊青	上海城市有机更新评价研究——以三个社区微更新项目为例	2018.06.30
黄舒晴	徐磊青	起居空间疗愈潜能与室内设计、室外窗景的关系研究——基于 VR 虚拟环境模拟实验的分析	2018.06.30
江文津	徐磊青	城市街道空间视觉安全感知量化研究	2018.06.30
刘思思	徐磊青	社区规划师推进下的城市更新研究——以宁波鼓楼街道 15 分钟社区生活圈营造为例	2018.06.30
赖徐浩	颜宏亮	回应自然的建筑屋面设计及其构造研究——以上海地区为例	2018.06.30
蔡君烨	杨春侠	基于绿色空间指数的海绵城市技术与城市空间整合研究	2018.06.30
王睿	杨峰	居住建筑节能设计中围护结构气候缓冲空间的生态效益研究	2018.06.30
李凌枫	姚栋	社区交往空间的“代际融合”设计策略研究——基于中德实态对比	2018.06.30
石明雨	姚栋	社区邻里设施建筑更新设计研究——以上海 N 设施为例	2018.06.30
吴丽群	姚栋	社区嵌入式养老机构空间设计优化研究	2018.06.30
张海霞	阴佳	环境空间中的壁画创作研究	2018.06.30
梁曦	俞泳	文人茶事与江南园林空间的相关性研究	2018.06.30
邱楚懿	俞泳	书画活动与江南园林空间的相关性研究	2018.06.30
张路阳	俞泳	户外餐饮与城市公共空间活力的关系研究——以佛罗伦萨为例	2018.06.30
胡雨辰	袁烽	机器人砖构装备及建造工法研究	2018.06.30
王祥	袁烽	参数化地域主义的方法与实践探究——温州三垟湿地建筑设计为例	2018.06.30
尹昊	袁烽	基于 UWB 室内定位技术的行为数据分析与可视化方法研究	2018.06.30
郑静云	袁烽	基于物理风洞实验平台的建筑数字化动态找形设计方法研究	2018.06.30
李紫玥	曾群	城区中大学校园边界空间研究——柏林、上海三个校园为例	2018.06.30
马曼·哈山	曾群	文化导向下工业遗产的释读与活化——晨光 1865 创意产业园改造设计研究	2018.06.30
马忠	曾群	以特大型会展建筑为核心的城市片区的城市设计研究	2018.06.30
黄艺杰	张斌	回馈与连接——“城市民宿”驱动下里弄住区更新的适应性探索	2018.06.30
薛楚金	张斌	基于“差异空间”理论的商业综合体开放空间公共性研究——以新上海商业城为例	2018.06.30
郑星骅	张凡	基于价值评估的上海北外滩马厂路风貌保护街坊更新设计研究	2018.06.30
王唯渊	张建龙	基于社区公共生活视角的书店与街道空间活力研究——以上海中心城区为例	2018.06.30
王新蕊	张建龙	威尼斯滨水街区公共空间的模度研究	2018.06.30
孙天元	江立敏	校园更新的整体性空间策略研究	2018.06.30

续表

姓名	导师	论文题目	学位授予日期
江孟繁	张鹏	上海近代建筑结构控制及其影响研究——以公共租界建筑法规为例	2018.06.30
孙恒瑜	张鹏	远东都会的能源支撑——上海杨树浦发电厂工业遗产研究	2018.06.30
张雨慧	张鹏	海门卫城的近代之维——台州椒江海门天主教堂的历史及其价值研究	2018.06.30
赵波	张晓春	近代上海舞厅空间的发展与演变研究——以百乐门为切入点展开	2018.06.30
李野墨	张永和	叙事角度下的建筑展览设计研究——以张永和非常建筑展览设计实践为例	2018.06.30
范雅婷	章明	杨浦滨江工业空间从"生产岸线"到"生活岸线"的更新设计研究	2018.06.30
韩雪松	章明	上海历史建筑保护修缮与相关行业技术规范矛盾的探讨	2018.06.30
蒋竹翌	章明	杨树浦路及其周边地区历史及风貌保护研究	2018.06.30
夏孔深	章明	城市垂直墓园设计探索	2018.06.30
陈亚楠	赵巍岩	中国当代城市临时性集市空间研究:现状与特征	2018.06.30
韩佩颖	赵颖	以社区活力为导向的养老设施复合化设计研究	2018.06.30
杜超瑜	郑时龄	董大酉上海建筑作品评析	2018.06.30
蒲昊旻	支文军	基于空间分析工具的城市步行空间舒适性评价方法研究 ——以上海虹口 / 杨浦区轨道交通站域为例	2018.06.30
施梦婷	支文军	杭州良渚文化村住区的使用后评价(POE)研究	2018.06.30
何凌芳	周静敏	旅游产业影响下的威尼斯公共空间及居住空间状况的调研——以卡纳雷吉欧区为例	2018.06.30
石佳祺	周静敏	关于上海地区青年长租公寓的调查研究和分析	2018.06.30
张辰	周晓红	上海市青年租户居住习惯与套内现状的关系研究	2018.06.30
刘原原	朱晓明	人群聚集事故防范语境下的城市公共空间安全诊断	2018.06.30
陈杰	庄宇	城市视角下的城市形态 - 结构研究	2018.06.30
刘若琪	庄宇	退线(建筑退界)对城市形态的影响研究	2018.06.30
孟祥辉	庄宇	城市设计中的空间权调控制度研究	2018.06.30
沈丹	宗轩	与社区共赢的体育建筑更新策略研究——以上海、杭州中心城区为例	2018.06.30
刘涟	左琰	西风东渐下上海近代文人居住形态演变研究	2018.06.30
马思雨	左琰	上海近代建筑马赛克艺术研究	2018.06.30
张晨阳	戚广平	基于因子分析和 R 型聚类的站域空间性能化关联模型的建立	2018.06.30
范杰恩	李麟学	热力学生态建筑:融合室内与室外空间,振兴中国农村小学生的学习环境	2018.06.30
罗马克	梅青	Reinterpretation of Historical Yunnan Residential Typology in Contemporary Architecture Design	2018.06.30
赵榕娜	车学娅	绿色建筑场地布局设计策略	2018.09.30
索明丽	刘敏	蒙古国机构养老现状及发展趋势研究	2018.09.30
白琳	朱晓明	确立现代性——德国技术与上海近代建筑 1920s—1930s	2018.09.30
罗丹希	李麟学	公共建筑复合空间的生态设计研究——以"市民之家"类型建筑设计实践为例	2018.09.30
贾晨亮	李晴	立足于实施管理的控规编制方法探索——以沈阳市控规编制为例	2018.09.30
姜志凤	李兴无	长三角区域高科技产业园空间品质评价——以苏州纳米园项目为例	2018.09.30
牟杨	陆地	以"娱乐体验"为主导的特大型商业综合体设计规划策略研究 -- 以万达集团"万达茂"为例	2018.09.30
金钟	魏崴	城市综合交通枢纽配套广场设计研究——以虹桥交通枢纽配套西广场为例	2018.09.30
郭蓉春	徐磊青	微观尺度下社区街道活动的影响因素研究——以上海二个社区街道为例	2018.09.30
张鹏飞	曾群	超高层连体建筑设计研究——以腾讯滨海大厦为例	2018.09.30
安托内罗	岑伟	作为连接要素的墙——使用墙作为中国住宅小区中的交流空间	2018.12.31
阿列尔	郭安筑	配合人道主义和社会救援的紧急庇护所	2018.12.31
曾顺	黄一如	基于可持续发展视角的山地住宅规划设计研究	2018.12.31
里卡	周鸣浩	工业遗产的保护与再利用研究及设计探索——以上海浦东民生码头为例	2018.12.31
宋敏燕	戴颂华	合肥城市新区居住区配套设施相关问题调查研究——以力高共和城为例	2018.12.31

续表

姓名	导师	论文题目	学位授予日期
钱骏	佘寅	基于 BIM 平台整合超高层建筑绿色技术研究	2018.12.31
王争辉	庄宇	基于项目全过程服务的当代职业建筑师角色研究	2018.12.31
朱凯莱	陈易	办公空间室内设计——以上海高楼里的办公室为例	2019.03.31
万伟德	李彦伯	融入社区的共生体验:激发上海里弄活力的民宿模型研究	2019.03.31
邝远霄	李振宇	石拱结构建筑的数字化设计与建造研究	2019.03.31
陈冬冬	刘刚	旧工业区城市更新与其对周边的影响	2019.03.31
高卢	梅青	当代生活和历史遗产——分析和记录上海犹太人聚居地的更新	2019.03.31
陈马托	梅青	上海犹太人聚居地:区域有待探索,价值有待提升	2019.03.31
马非	谭峥	上海非正式聚居点再定义——基于公共空间棚户区的案例研究	2019.03.31
凡罗拉	王桢栋	吸引 强化 协同 面向混合使用开发的艺术设施	2019.03.31
帕蕾娜	张鹏	遗产保护与城市复兴——上海东外滩工业遗产带再生研究	2019.03.31
盛子沣	蔡永洁	未来城市模型:无人驾驶技术影响下的城市设计研究	2019.06.30
张冬	蔡永洁	基于活力提升的上海浦东世纪大道改造研究	2019.06.30
周金豆	蔡永洁	共享理念下的空间重构——上海松江大学城改造城市设计研究	2019.06.30
贾思捷	岑伟	古巴革命后社会住宅研究——以哈瓦那为例	2019.06.30
樊怡君	常青	晋东南聚落望楼形态及流变新探	2019.06.30
王卓浩	常青	从洛阳潞泽会馆建筑木雕看晋东南匠作技艺的影响——聚焦“月梁式插枋”的装饰特征及流变	2019.06.30
徐亮	常青	江淮圩堡的历史演变与风土因应特征初探	2019.06.30
李江宁	陈剑秋	大型综合医院与城市衔接空间设计研究	2019.06.30
罗愫	陈剑秋	城市中心区大型综合医院总体布局的更新策略研究	2019.06.30
吴晓航	陈剑秋	当代博物馆建筑展览空间的多义性研究	2019.06.30
张鹏翔	陈镌	信息的隐匿与表达——基于建筑转角的研究	2019.06.30
刘琳琳	陈易	综合性医院儿科门诊公共空间室内设计初探	2019.06.30
龙文广	陈易	基于《健康建筑评价标准》的高层办公建筑内部空间健康设计策略研究	2019.06.30
朱傲雪	陈易	海绵城市理论在建筑及其环境设计中的应用初探——以长三角地区为例	2019.06.30
胡晓蔚	陈泳	生活住区步行友好环境的设计策略分析——以瑞典三个案例为例	2019.06.30
李霁欣	陈泳	大学校园的步行化设计策略研究——以同济大学四平路校区为例	2019.06.30
全梦琪	陈泳	老城区步行化与有轨电车交通的整合研究:以法国为例	2019.06.30
蔡文静	戴奇	基于眼部照度的节律健康光环境设计研究	2019.06.30
段琳娜	戴颂华	上海里弄社区防灾空间及其更新策略研究——以西成社区为例	2019.06.30
李颖劼	董春方	基于模块化体系的建筑空间操作要素与机制研究	2019.06.30
徐泽炜	董春方	建筑现象学视角下蒙太奇手法在民宿建筑中的运用	2019.06.30
杜金良	董春方	毛里求斯度假酒店设计——基于本土化高私密性海景休闲度假酒店研究	2019.06.30
王姚洁	董屹	北欧传统木构建筑在当代语境下的延续与发展	2019.06.30
邹天格	董屹	从文人画到文人园到文人建筑 ——“经营位置”在建筑设计上的应用	2019.06.30
李玥	范蕊	高海拔地区蓄能型太阳能供暖节能房屋研究	2019.06.30
葛文静	郝洛西	医养空间色彩循证设计与应用	2019.06.30
彭凯	郝洛西	机构养老设施健康光环境设计研究与应用	2019.06.30
陈页	贺永	生活性街道与沿街商铺的融合——以巴塞罗那拓展区为例	2019.06.30
谢志浩	贺永	上海市大型居住社区老年人日常休闲行为与空间调查研究——以周浦基地为例	2019.06.30
姜鸿博	华霞虹	都市日常生活导向的轻轨覆盖下多类型空间更新设计研究 ——以上海 3 号线宝山路虬江路地块为例	2019.06.30
明磊	黄一如	住宅竞赛与实践的关联性研究	2019.06.30
赵曜	黄一如	上海住区开放空间的热舒适研究	2019.06.30
朱旭栋	黄一如	米兰街区型开放住区公共空间设计要素研究	2019.06.30

续表

姓名	导师	论文题目	学位授予日期
左碧莹	黄一如	日本住区与住宅设计防灾控制方法及其对设计的影响研究	2019.06.30
陶曼丽	李斌	参与式社区更新机制研究——以三个公共空间更新为例	2019.06.30
王韵然	李斌	上海市社区综合为老服务中心环境行为研究——以L设施为例	2019.06.30
梁阳	李立	侗族伸臂木梁桥跨越能力及与其他木结构桥梁的比较研究	2019.06.30
刘畅	李立	茶马贸易中的驿运聚落空间研究——以大理段茶马古道为例	2019.06.30
张琬舒	李立	博物馆空间几何学分析与演变研究——以柏林博物馆岛为例	2019.06.30
吴嵩	李丽	BIM技术在非线性建筑设计中的应用研究	2019.06.30
葛康宁	李麟学	能量与建构协同的建筑外界面设计研究	2019.06.30
贺艺雯	李麟学	最小的消耗——全生命周期能量视角下弗雷·奥托的设计科学	2019.06.30
洪烽桓	李麟学	基于能耗模拟的建筑设计初期整合方法研究——以EPC能耗模拟工具为例	2019.06.30
吕悠	李麟学	微气候介入街区形态设计策略研究	2019.06.30
程尘悦	李翔宁	城市微更新的设计表达与社会介入——以标准营造事务所的实践研究为例	2019.06.30
段晓天	李翔宁	城市展览对城市发展的作用——以西岸双年展及上海城市空间艺术季为例	2019.06.30
罗茂文	李翔宁	开放住区外部空间及其界面设计策略研究——以维也纳社会住宅为例	2019.06.30
钟易岑	李翔宁	卡斯特罗扩张计划对马德里核心区域的城市空间塑造	2019.06.30
陈世豪	李兴无	建筑师介入的当代乡村公共建筑评价体系研究——以浙江松阳县三个案例为例	2019.06.30
唐俊晟	李兴无	广西贺州地区乡村改造模式的调研与再研究	2019.06.30
张薇	李兴无	一次设计前期与建筑设计的互动研究——以宁波保国寺地块为例	2019.06.30
陈珝怡	李彦伯	利益相关者语境下的社区公共空间更新研究——以四明和江宁社区为例	2019.06.30
王之玮	李浈	天人兴诗——乡土营造仪式的组织与营造赞咒文的创编	2019.06.30
闫启华	李浈	仪礼先瞻——闽北传统民居前导空间营造意匠探析	2019.06.30
赵明书	李浈	古县遗制——明清南方县治城市格局及主要建筑规制研究(以浙江为例)	2019.06.30
顾闻	李振宇	维也纳国际青年学者社区共享住宅设计研究	2019.06.30
姚严奇	李振宇	共享水岸:滨水工业区居住化更新设计研究——以"柏林水城"为例	2019.06.30
杜怡婷	林怡	基于节律健康需求的办公建筑采光设计研究——以上海地区高层办公建筑为例	2019.06.30
郝志伟	刘敏	基于建筑策划和使用后评估理论的历史文化街区活力提升的策略研究	2019.06.30
张克	刘敏	基于使用后评估的地下城市链接空间设计策略研究——以上海五角场为例	2019.06.30
朱佳桦	刘敏	基于使用后评估理论的嘉兴新社区水乡风貌特色研究	2019.06.30
胡楠	卢永毅	解读斯德哥尔摩公共图书馆——试论阿斯普隆德的现代建筑之路	2019.06.30
王雨林	卢永毅	拉兹洛·莫霍利-纳吉包豪斯预备课程教学的理论与实践	2019.06.30
冯诗韵	鲁晨海	乡土聚落遗产保护与适应性社会实践模式——以贵州屯堡工作营保护实践为例	2019.06.30
肖子颖	陆地	中国历史文化名楼重建的观念演变研究和价值分析	2019.06.30
王茜	梅青	山东沿海村落民居防御性空间形态研究——威海宁津镇的六个例证	2019.06.30
杰米	梅青	伊斯兰建筑艺术对泉州建筑的影响——以涂门街清真寺建筑为例	2019.06.30
曹晓真	彭怒	上海高层建筑技术发展与本地化(1980s)	2019.06.30
姜倩	彭怒	中国现代建筑遗产价值研究初探——以上海现代建筑遗产普查、遴选和名录推荐为例	2019.06.30
卢圣力	彭怒	20世纪50年代上海高校建筑设计实践研究	2019.06.30
陆冠宇	戚广平	基于站城协同的大型铁路站域空间耦合模式研究	2019.06.30
刘译泽	钱锋	西班牙专业足球场更新研究	2019.06.30
倪佳仪	钱锋	巴黎美术学院影响下美国宾夕法尼亚大学建筑设计教育研究	2019.06.30
程泽西	钱锋	基于多维度融合的体育特色小镇的设计研究	2019.06.30
韦媛圆	钱宗灏	现代主义的滥觞——近代上海租界公立菜市场建筑研究	2019.06.30
陈焕新	任力之	知识创新区的空间规划设计策略	2019.06.30
李昊	任力之	基于共生理论的铁路旅客车站站前广场更新策略研究	2019.06.30

续表

姓名	导师	论文题目	学位授予日期
王林	任力之	非正规性街道空间更新策略研究——以上海老城厢西南片区为例	2019.06.30
衡苛	阮忠	电影美学视野下空间情境研究——以莫干山客堂间精品酒店设计为例	2019.06.30
李月光	佘寅	基于效率与体验平衡原则的医院建筑医疗街模式研究	2019.06.30
卜梅梅	宋德萱	上海既有住区外部环境生态修复目标体系及策略初探	2019.06.30
李晓华	宋德萱	黔东地区土家族传统民居气候适应性策略研究——以贵州省江口县云舍村为例	2019.06.30
饶鉴	孙澄宇	基于多性能目标的街坊模型自动生成与优化方法研究——以南方地区城镇为例	2019.06.30
王宇泽	孙澄宇	人机混合建造——多人协同建造方法与工具初探	2019.06.30
郑兆华	孙澄宇	人机混合设计——基于机器人辅助的形态设计方法与工具	2019.06.30
陈梦梦	孙彤宇	南方地区城镇居住建筑夏季外围护结构降温措施研究	2019.06.30
杜叶铖	孙彤宇	高密度城市居住社区街道网络重塑策略研究	2019.06.30
李曼竹	孙彤宇	基于自组织理论的非正式城市街道再生策略研究	2019.06.30
王登恒	孙彤宇	当代城市中碎片化城市空间整合策略研究——以上海陆家嘴中心区为例	2019.06.30
张家洋	孙彤宇	南方地区居住区地面降温措施研究	2019.06.30
刘鹤	汤朔宁	城市中心区大中型体育场馆与周边商业街区综合开发设计研究	2019.06.30
杨明	汤朔宁	高密度城市环境下体育建筑更新改造策略研究——以上海地区为例	2019.06.30
赵艺佳	汤朔宁	基于 DEA 评价模型的大型公共体育设施设计策略研究	2019.06.30
郭瑞升	涂慧君	基于建筑策划"群决策"方法的闵行区工人新村适老性更新策划研究	2019.06.30
赵伊娜	涂慧君	基于建筑策划"群决策"方法的上海虹口区工人新村更新设计导则研究	2019.06.30
孙桢	王方戟	路易吉·卡恰·多米尼奥尼建筑立面设计及作品研究	2019.06.30
王梓童	王方戟	坡地居住集合体场地与空间关联设计方法研究	2019.06.30
杨剑飞	王方戟	两对秩序的互动——杰弗里·巴瓦设计方法研究	2019.06.30
李晗玥	王红军	藏族民居建筑围护构造的文化延续性研究——以拉萨地区民居建筑为例	2019.06.30
周莛汉	王骏阳	20 世纪中期中国建筑技术的个案研究——以同济大学大礼堂为例	2019.06.30
王子潇	王凯	因地制宜：基于地形性解读的上海方塔园设计研究	2019.06.30
姜培培	王一	上海市既有居住区太阳能光伏改造潜力研究	2019.06.30
王锦璇	王一	夏热冬冷地区高密度居住小区形态类型与建筑能耗关系研究——以上海市为例	2019.06.30
程锦	王桢栋	空间绩效视角下的城市综合体公共文化服务能力研究——以上海地区为例	2019.06.30
于越	王桢栋	基于市民需求分析的城市综合体公共文化服务开发运营模式研究	2019.06.30
原青哲	王桢栋	基于 SP 法的城市综合体立体绿化空间使用偏好及经济效益研究	2019.06.30
马慧慧	王志军	巴塞罗那老城墙区的空间缝合研究	2019.06.30
谭炜骏	王志军	应对地表沉降的城市滨水空间设计策略研究	2019.06.30
杨鹏程	王志军	建筑批评价值论视角下的当代中国集群设计研究	2019.06.30
李博涵	魏崴	现代大型高速铁路车站空间设计研究	2019.06.30
李定坤	吴长福	文化建筑综合体中商业设施设计研究	2019.06.30
李香	吴长福	商业综合体中的餐饮空间设计研究	2019.06.30
夏馨	吴长福	商业综合体中亲子业态配置及设计研究	2019.06.30
姜睿涵	谢振宇	城市更新中工业筒仓的再利用研究	2019.06.30
李社宸	谢振宇	既有高层办公建筑表皮生态性能更新策略研究	2019.06.30
孙逸群	谢振宇	高校教学空间共享价值与设计研究——以建筑系馆为例	2019.06.30
迪栋	谢振宇	校园旧建筑绿色改造设计策略研究——以同济校园旧建筑改造为例(2000 年以后)	2019.06.30
谭嘉琪	徐风	观演建筑的多元化设计研究	2019.06.30
官诗菡	徐磊青	宁波市 15 分钟社区生活圈研究——以主城区五个典型街道为例	2019.06.30
郭志滨	徐磊青	商业地块基面层室内外公共空间与活动效能研究——以上海轨交站七个综合体为例	2019.06.30
刘江德	徐磊青	街道更新模式与评估研究——以上海三条街道更新项目为例	2019.06.30

续表

姓名	导师	论文题目	学位授予日期
吴夏安	徐磊青	生活圈视角下高密度住区形态与极限密度研究——以III建筑气候分区的模型为例	2019.06.30
赵畅	许凯	创意社区的自发性建造及其对城市空间的影响研究——以沙坡尾西区改造为例	2019.06.30
赵月僮	许凯	城市创意产业聚集区交往空间设计——以国康路改造为例	2019.06.30
梁亚田	颜宏亮	上海地区高层住宅建筑外墙节能技术应用探讨	2019.06.30
丁瑶	杨春侠	城市设计视角下的城市要素有机整合研究	2019.06.30
梁瑜	杨春侠	基于驻留偏好的城市滨水公共空间要素分析及环境优化研究	2019.06.30
吕承哲	杨春侠	城市滨水区建成环境的慢行可达性影响因子研究——以上海市黄浦江沿岸典型滨水区为例	2019.06.30
郭思彤	杨峰	夏热冬冷地区开放街区气候适应性设计研究	2019.06.30
李瑜	杨丽	绿色建筑空间环境节能技术研究——以夏热冬冷地区住宅风环境研究为例	2019.06.30
李媛	杨丽	上海地区办公建筑窗口遮阳对室内环境及能耗影响研究	2019.06.30
桑铖卓	姚栋	基于实证观察的社区商业综合体空间活力研究	2019.06.30
袁正	姚栋	“老幼结合”模式下的社区复合养老设施空间设计策略研究	2019.06.30
罗淼	叶海	基于热－声环境性能综合优化的绿色建筑布局与形体设计策略研究 ——以夏热冬冷地区公共建筑为例	2019.06.30
徐婧	叶海	基于风—光环境性能综合优化的绿色建筑布局与形体设计策略研究 ——以夏热冬冷地区多层公共建筑为例	2019.06.30
杜伊卓	俞泳	日本地方美术馆的自然表达——以十个地方美术馆为例	2019.06.30
黄翊宁	俞泳	社区互助活动与空间研究——以南京翠竹园社区为例	2019.06.30
朱方舟	俞泳	北欧六座医院公共空间的疗愈环境设计	2019.06.30
赵耀	袁烽	从声学数据感知到可视化设计的方法论研究	2019.06.30
陈哲文	袁烽	基于拓扑优化算法的机器人改性塑料空间打印方法研究	2019.06.30
刘成威	曾群	我国高校校外学生街空间现状与发展研究——以上海、南京、重庆六所高校校外学生街为例	2019.06.30
刘章悦	曾群	公共生活视角下集群式文化中心外部公共空间调查与研究——以上海、广州为例	2019.06.30
王博伦	曾群	柏林围合式街廓开放性研究	2019.06.30
唐文琪	张斌	以多元协作为导向的老公房社区更新策略探讨——以陆家嘴上港小区为例	2019.06.30
杨竞	张斌	社群混居下老公房社区空间运作机制研究	2019.06.30
朱丹迪	张凡	基于新旧共生价值取向的风貌保护街坊更新设计研究 ——以上海虹口 HK-073 风貌保护街坊为例	2019.06.30
朱君燕	张凡	巴塞罗那历史街区更新中的类型学方法研究——以波布雷诺地区为例	2019.06.30
李黼文	张建龙	古巴 Guanabacoa 历史中心的城市公共空间研究	2019.06.30
刘瀛泽	张鹏	特征退化历史街区的复兴模式研究——以台州南新椒街为例	2019.06.30
曾鹏程	张鹏	权益视角下国有近现代文物建筑开放利用模式研究	2019.06.30
张羽	张鹏	“茶马古道”沿线驿村研究——以云南驿村为例	2019.06.30
普安	张晓春	折叠胶囊：关于适用性纸板结构的研究和小尺度建筑设计试验	2019.06.30
于洋	张晓春	近代上海巡捕房建筑的源起与发展	2019.06.30
卢品	张永和	从“非常”到“日常”——在建筑空间中重新想象潮州游神时的城市生活	2019.06.30
王晴雨	章明	工业遗产的生态性改造与再利用策略研究——以杨浦滨江烟草仓库改造为例	2019.06.30
吴依秋	章明	从工业码头到城市公共空间：城市滨水岸线再生后评价研究	2019.06.30
应亚	章明	现代木构在建筑改扩建设计中的应用研究	2019.06.30
何璇	赵巍岩	产业转型背景下的中小型民营科技产业园设计研究——以上海交通大学周边为例	2019.06.30
杨晅冰	支文军	理性的超现实主义诗学 ——通过“诗意的物体”的媒介文本解读探讨柯布西耶的建筑艺术理念及其当代价值	2019.06.30
马诗琪	周建峰	中心城火车站周边“非地”再生——以上海天目路立交地段为例	2019.06.30
卫泽华	周静敏	关于既有住宅居住实态与居民改造意愿的调查与分析 ——以上海地区为例	2019.06.30

续表

姓名	导师	论文题目	学位授予日期
伍曼琳	周静敏	关于既有住宅工业化内装改造的调查与评估——以上海某实验改造单元为例	2019.06.30
楼庄杰	庄宇	夏热冬冷区高密度住宅街坊总体布局与室外舒适度、能耗的关系	2019.06.30
裴晏昵	庄宇	夏热冬冷地区高密度住宅街坊布局形态与土地效用、外部微气候和建筑群能耗的关联性研究——以上海为例	2019.06.30
杨菡	庄宇	夏热冬冷地区高密度城市住宅单体设计与节能的关联性研究——以上海地区为例	2019.06.30
杨宇	庄宇	夏热冬冷地区住居行为对住宅能耗及舒适度的影响研究	2019.06.30
关典为	宗轩	大型体育场形态柔化设计研究	2019.06.30
张飞武	左琰	上海近代花园洋房楼梯艺术及其保护研究	2019.06.30
程城	左琰	中国核工业遗产保护与再生研究初探	2019.06.30
薛慧	车学娅	校园既有建筑绿色改造的技术适用性研究——以同济大学运筹楼改造工程为例	2019.06.30
李哲	董屹	城市高密度环境下的商业综合体外部空间视知觉研究——基于沪甬三个案例的分析	2019.06.30
刘乃宜	李兴无	商业综合体建筑内部空间评价量化分析与设计研究	2019.06.30
王庆华	梅青	日本养老设施的设计案例分析及启示	2019.06.30
梁斌	沐小虎	城市商业综合体中下沉广场的设计研究——以华润万象城为例	2019.06.30
王玲巧	宋德萱	节能外窗材质对居住建筑能耗的影响研究	2019.06.30
程林	宋德萱	装配式夹心保温墙体技术在新建住宅中的应用——以“静安府”为例	2019.06.30
蒋亚娜	王一	开放式住区设计的提升策略研究——以临港限价房项目为例	2019.06.30
刘俊山	魏崴	高铁型综合客运枢纽换乘设计研究	2019.06.30
江晓波	周静敏	街区制理念下住区开放策略探析——以南通高新区为例	2019.06.30

FEATURED PROGRAMS

专业教育·特色教育

复合型创新人才实验班

Cross-discipline Program

复合型创新人才实验班成立于2011年，是同济大学建筑与城市规划学院为本科跨专业培养而进行的教学模式探索。实验班项目由张永和教授领衔，由王方戟教授等负责课程组织协调。

实验班的学生来自建筑学、城市规划、风景园林、历史建筑保护工程四个不同专业，经过自愿报名和公开选拔组成，有复合的专业背景。从第四学期开始，学生在实验班进行2个学年的学习，结束后回到各专业，完成其他课程内容。在师资方面，实验班也组织了包括实践建筑师和院内教师的复合教学团队。9年来，先后有张斌、庄慎、柳亦春、祝晓峰、刘宇扬、王彦、水雁飞、范蓓蕾、孔锐、王飞、甘昊等实践建筑师加入。学院还特邀首位“李德华—罗小未设计教席教授”西安建筑科技大学刘克成教授进行设计课程教学。他们与王方戟、章明、王凯、王红军、钮心毅、董楠楠、李立等全职教师一起，进行了一系列卓有成效的教学探索。一些教案如“小菜场上的家”在国内专业教学领域已经有广泛影响。此外，建筑系的胡滨、岑伟、张婷，规划系的田宝江、杨辰、肖扬、谢俊民、邵甬、庞磊、高晓昱、杨贵庆、王骏，景观系的周宏俊、汪洁琼、杨晨等诸多教师也先后参与到了实验班的教学之中。

两年的实验班设计教学，使学生在多样性的社会环境和历史文脉关系中，展开对建筑本体问题的讨论，并通过从概念到建造层面的反复推进，达到一定设计深度。几个课题涉及了建筑和城市的不同尺度，方法上各有侧重，也保持了内在的延续性，形成了高质量的教学成果。王方戟、章明等教学组老师们精心组织，共举办了20余次课程作业展，出版了3本关于实验班教学著作，发表了多篇相关教研论文。

实验班是一个深度完整的教学探索，也是教学管理上的积极创新，多专业复合模式带来了学生跨专业培养的新问题。学院为实验班设置了单独的培养计划，并每年进行调整优化。教学团队之外，学院多个部门的教师和管理人员都为实验班完成了大量工作。

乡村环境下的小型公共建筑设计

作为基础教学向高年级教学的过渡阶段，本课题旨在训练二年级下学期的学生在真实的场地环境下完成一个功能相对简单的小型公共建筑设计的能力，综合处理场地历史、社会性和建筑空间与适宜性建造等基本问题。

课程选题以“记忆”为线索，串起了从“记忆触发器”（假期作业）、“个体记忆展示馆”（4 周短题）到主要课题“杭州长河古镇村落公共建筑设计”（10 周长题）的系列练习，涉及从个体记忆、共有记忆到集体记忆的一系列话题，以及作为记忆载体的“物品 / 空间 / 建筑”的综合设计问题。

在最终的建筑设计作业中，设计者可在村落地形图的 A、B、C 三个典型地块中选择一块作为建设用地；功能分别设定为乡村社区生活中心（含来氏宗祠）、乡村教会综合体以及作为新的村口的老年活动中心。具体功能可根据设计者的村落调研形成的对项目的理解，自行布置相关内容，建筑面积控制在 1 000 ㎡左右。同时要求学生完成相应的现场调研报告、案例分析以及自我对建筑设计的反思等文字作业。

设计教师：王凯，王红军

参与教师：王凯，王红军，王方戟（评图），胡滨（评图），孔锐（外请评图），刘可南（外请评图），甘昊（外请评图）

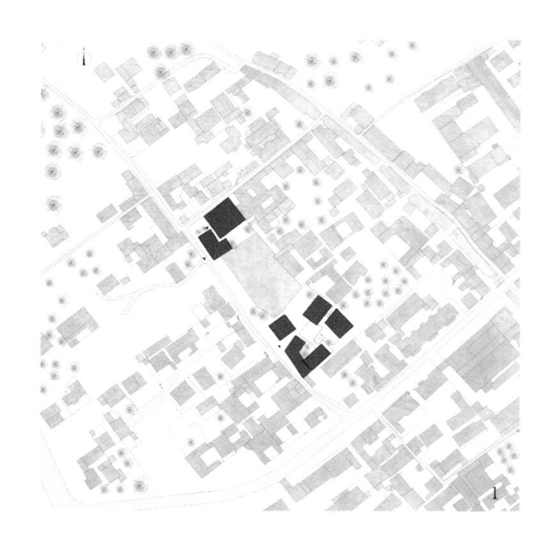

1

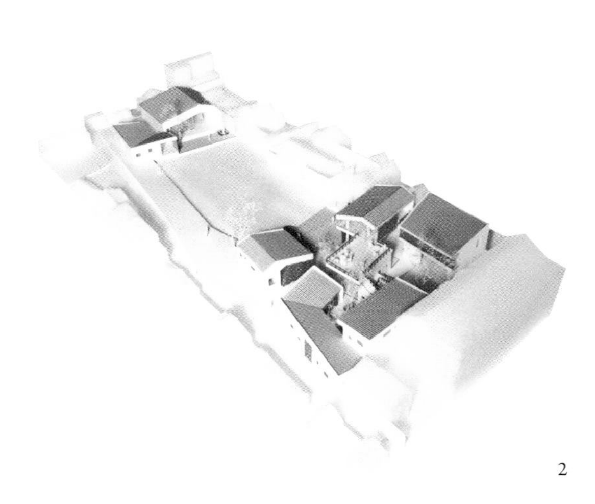

2

1~3. 长河社区活动中心，孟凡清。指导教师：王凯、王红军。

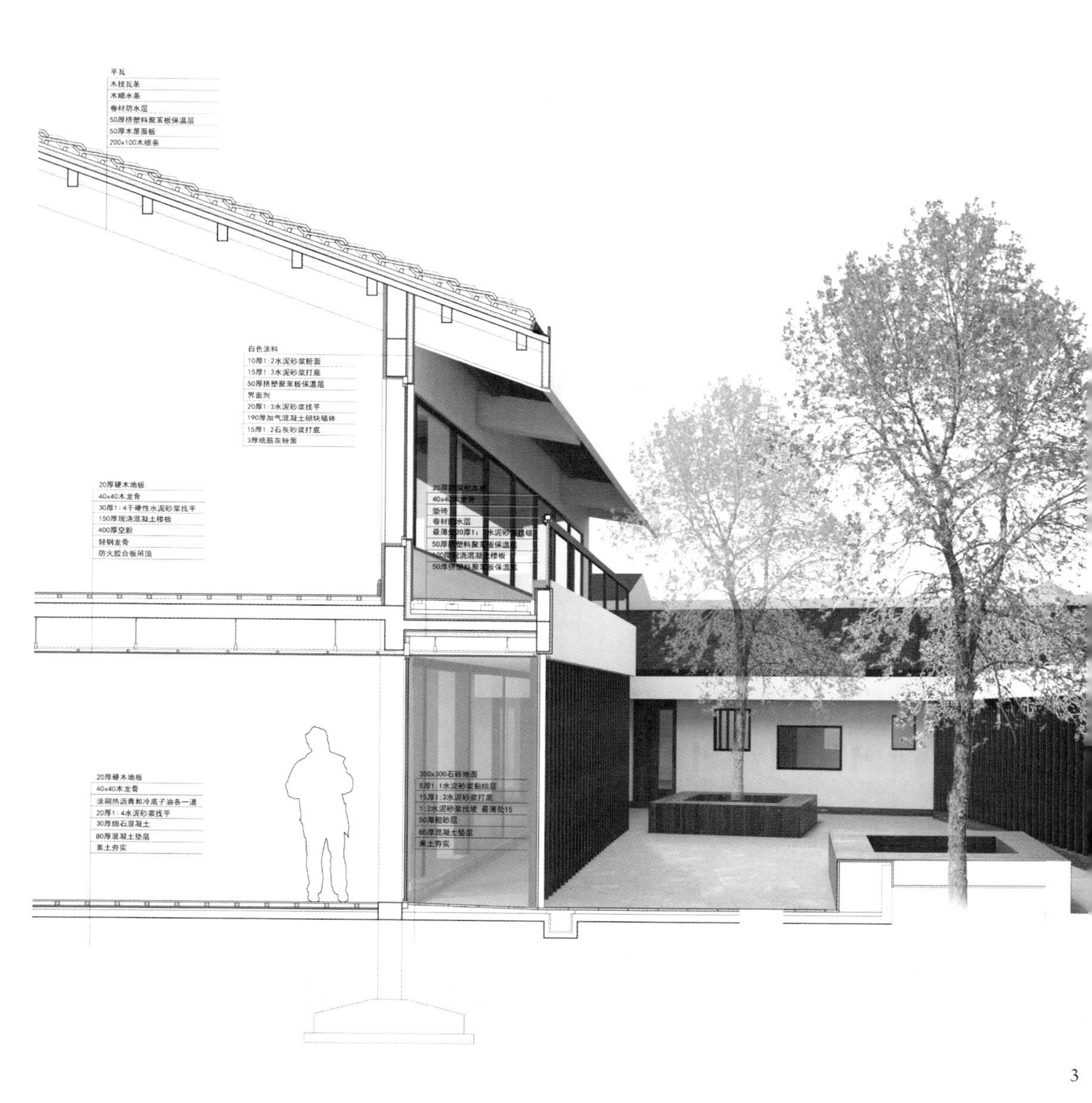
平瓦
木挂瓦条
木顺水条
卷材防水层
50厚挤塑料聚苯板保温层
50厚木屋面板
200x100木檩条
白色涂料
10厚1:2水泥砂浆粉面
15厚1:3水泥砂浆打底
50厚挤塑聚苯板保温层
界面剂
20厚1:3水泥砂浆找平
190厚加气混凝土砌块墙体
15厚1:2石灰砂浆打底
3厚纸筋灰粉面
20厚硬木地板
40x40木龙骨
30厚1:4干硬性水泥砂浆找平
150厚现浇混凝土楼板
400厚空腔
轻钢龙骨
防火胶合板吊顶
垫砖
20厚硬木地板
40x40木龙骨
涂刷热沥青和冷底子油各一道
20厚1:4水泥砂浆找平
30厚细石混凝土
80厚混凝土垫层
素土夯实
300x300石砖地面
5厚1:1水泥砂浆黏结层
15厚1:3水泥砂浆打底
1:2水泥砂浆找坡 最薄处15
50厚粗砂层
80厚混凝土垫层
素土夯实

3

小菜场上的家

“小菜场上的家”教案从 2012 年开始至今已完成 7 届，本次课程在前 6 次课程基础上，尝试在上海周边城市边缘，有景观河道及城中村环境的基地进行设计，交通条件也有一定自由度。在这样的前提下，促使学生更多地理解建筑设计对于城市的塑造及引导的可能性。课程分为 3 个课题。

课题一“中国居住状况、菜场状况调研”为假期作业。为了帮助学生对建筑与社会条件之间关联进行辨识，对使用之于空间的意义充分理解，并具备以这样的意识去处理建筑问题的能力。这部分作业希望以观察、纪录的方法获得以上认知，通过体验以及专业图纸描绘来找到其中精确的线索。

课题二“昆山朝阳社区东北地块调研与社区更新设计”是为期 4.5 周的集体调研及小设计。21 位同学分 5 组，对⑴场地规划信息、⑵区域内的居住模式及人口组成、⑶从城市到社区的交通系统、⑷城市公共建筑及空间系统、⑸城市产业及城市商业系统 5 个方面进行调研，最后分组完成一个区块的微更新设计。

课题主体是为期 10.5 周的“社区菜场及住宅综合体设计”，任务要求在 6 180 m²的基地内建设 7 000 m²建筑面积，其中社区菜场 2 000 m²、出租公寓 5 000 m²（其中 35 m²公寓 60 间，55 m²公寓 15 间），底层建筑面积不得大于 2 500 m²。

指导教师：王方戟，刘可南，范蓓蕾

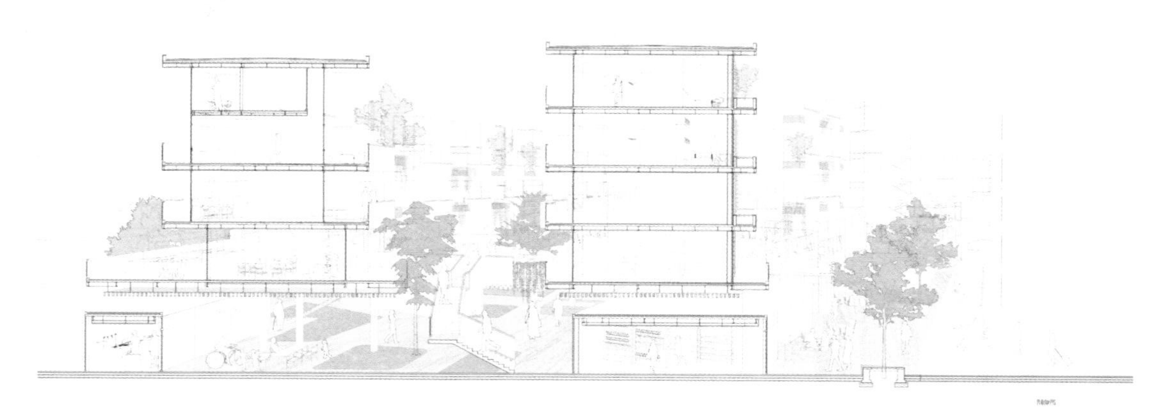

1

1~3. 曲水——昆山市朝阳社区小菜场上的家设计，孟凡清。指导教师：范蓓蕾，王方戟，刘可南。

2

3

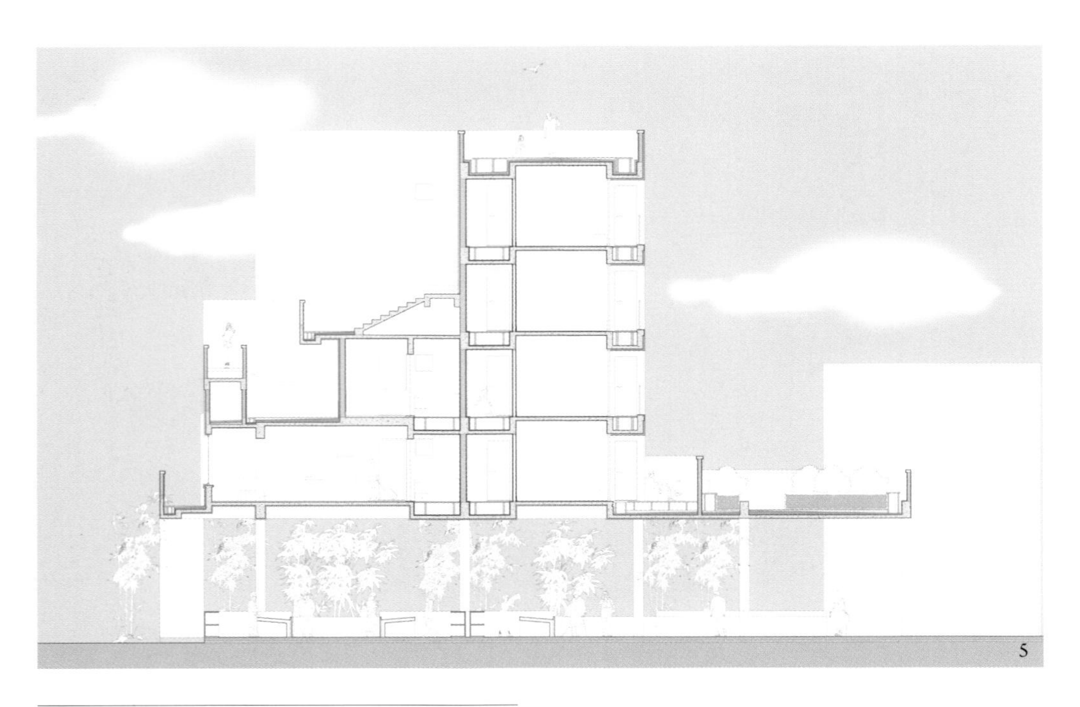

4.5. 漫步社区——昆山市朝阳社区小菜场上的家设计，梁曼。指导教师：王方戟，范蓓蕾，刘可南。

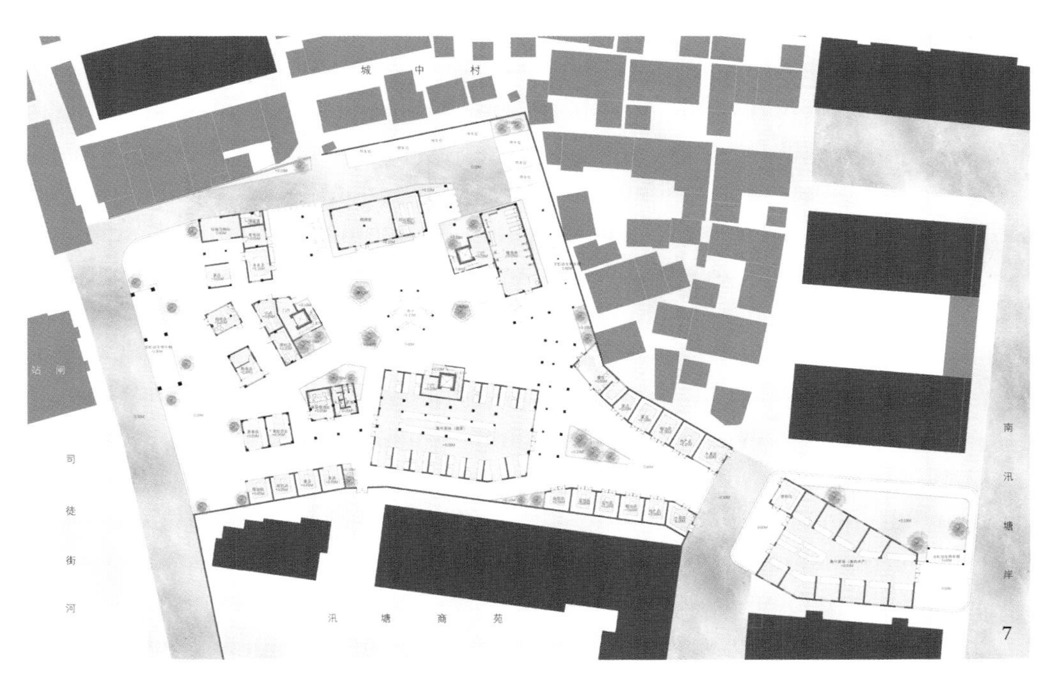

6.7. 街市院宅——昆山市朝阳社区小菜场上的家设计，叶子。指导教师：刘可南，王方戟，范蓓蕾。

社区图书馆设计

通过前置的城市设计课程，深入了解这块历史街区。通过调研和分析，找到对城市的理解以及街区与建筑的关联。在这块区域，自主选择一块基地设计社区图书馆，理解社区图书馆在城市生活中的功能，并自行制定任务书内容，确定功能和容量。建筑面积不超过 3 000 m²。基地内既有建筑的保留与拆除根据设计者的设计策略决定，要求充分考虑建筑的结构和建构。

指导教师：章明，刘宇扬，杨明

1. 弄里·檐下，张雅宁。指导教师：章明，刘宇扬，杨明。

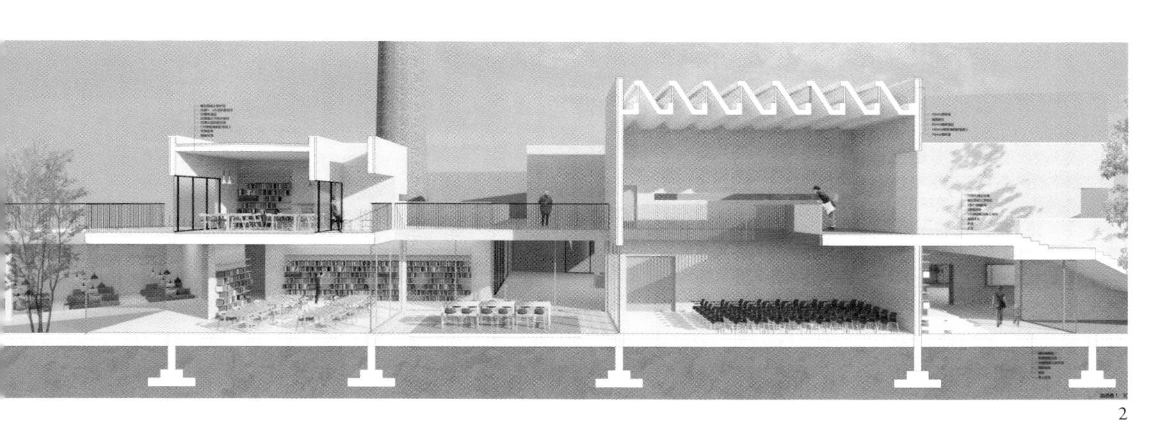

2

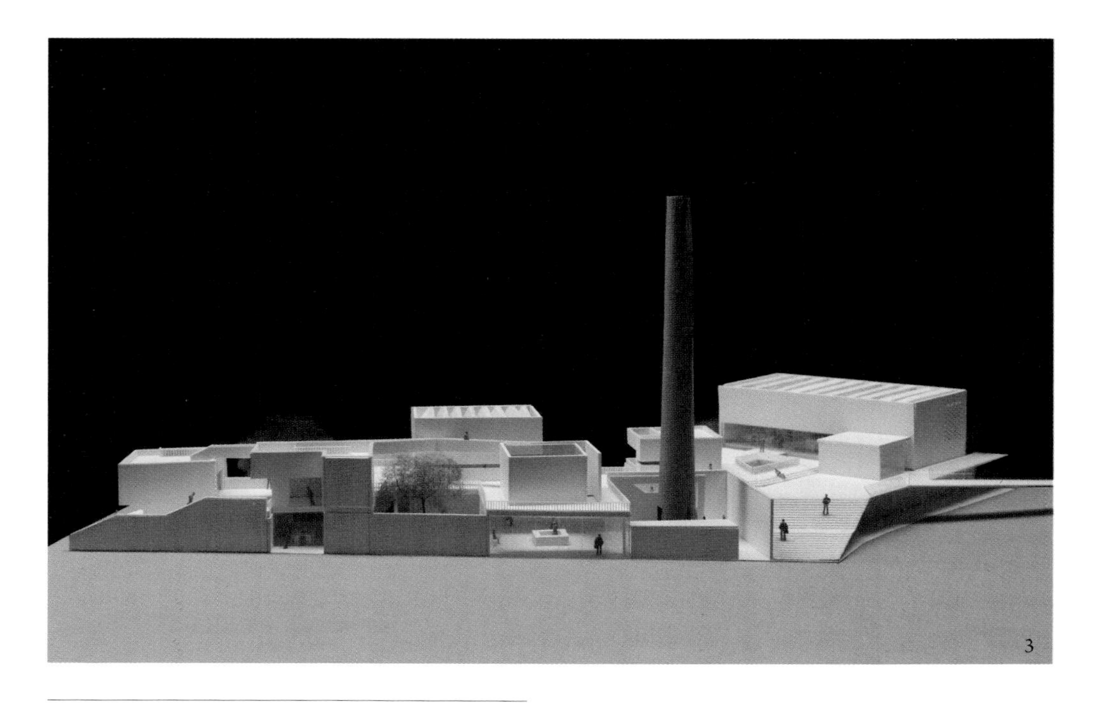

3

2.3. 立体的院落——溧阳路社区图书馆设计，吴鼎闻。指导教师：章明，刘宇扬，杨明。

国际班

International Program

2017 级建筑学国际班同济—新南威尔士项目共招收学生 6 名，其中 2 名来自澳大利亚，新西兰 1 名，美国 1 名，泰国 1 名和日本 1 名。目前，以上 6 名学生均已完成了在同济大学的 1.5 年课程，已于 2019 年 2 月赴澳大利亚新南威尔士大学开始第二阶段的学习。

2018 级建筑学国际班同济—新南威尔士项目共招收国际生 6 名，其中马来西亚 2 名，印度尼西亚 1 名，阿塞拜疆 1 名，美国 1 名和澳大利亚 1 名。

暑期学校

Summer School

2018 同济大学 CAUP 国际设计夏令营主题为“城市转型中的建成遗产再生”，以湖州市南浔古镇和练市镇两个典型江南古镇为设计基地，探讨当前城市发展模式转型背景下的建成遗产保护与再生问题。来自中、美、澳、意、捷克 5 国 22 所高校的近 40 名学生参加。

夏令营师生于 8 月 6 日至 10 日在浙江湖州南浔古镇、练市镇开展现场调研，8 月 11 日至 15 日在上海完成方案设计，期间举办讲座 6 场，阶段评图 3 次。

作为“环太湖文物建筑活化利用案例应用和方案设计大赛”组成部分，夏令营提交的 10 份作品斩获了设计大赛的全部一、二、三等奖项。

指导教师：

常青（同济大学建筑与城市规划学院）

Benjamin Mouton（法国夏约学院）

戴仕炳（同济大学建筑与城市规划学院）

Joseph Aranha（美国德克萨斯理工大学）

Yolanda Navarro（西班牙瓦伦西亚理工大学）

Lidia Soriana（西班牙瓦伦西亚理工大学）

Placido Gonzalez（同济大学建筑与城市规划学院）

张鹏（同济大学建筑与城市规划学院）

王红军（同济大学建筑与城市规划学院）

1. 2018 年同济大学 CAUP 国际设计夏令营师生合影

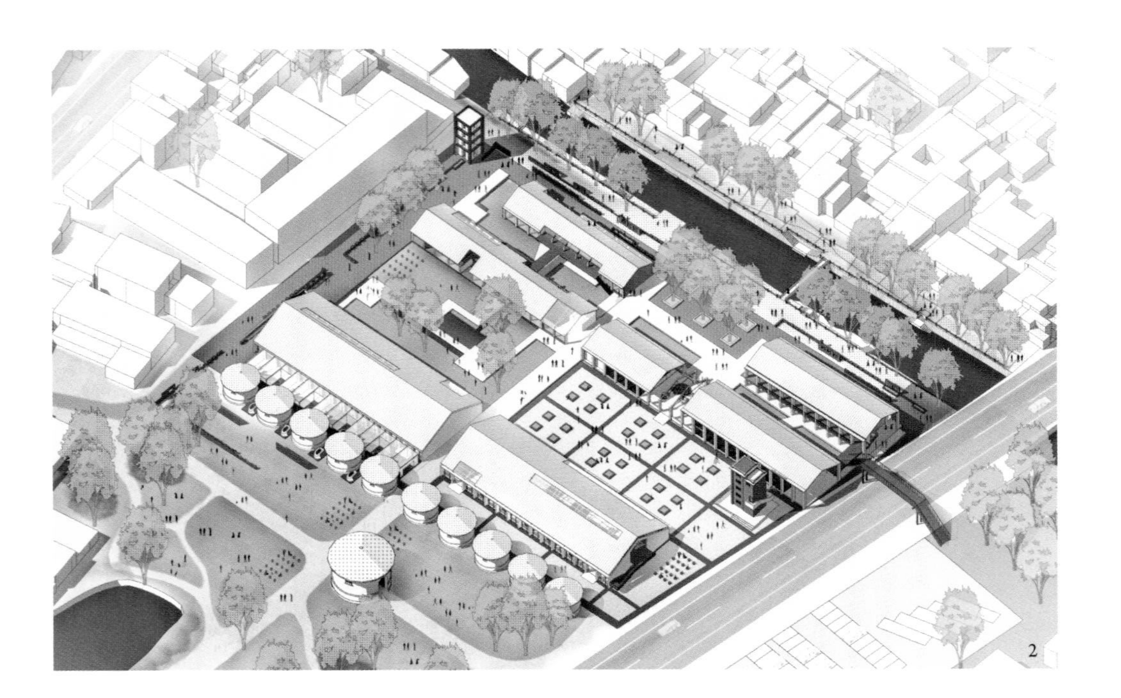

2

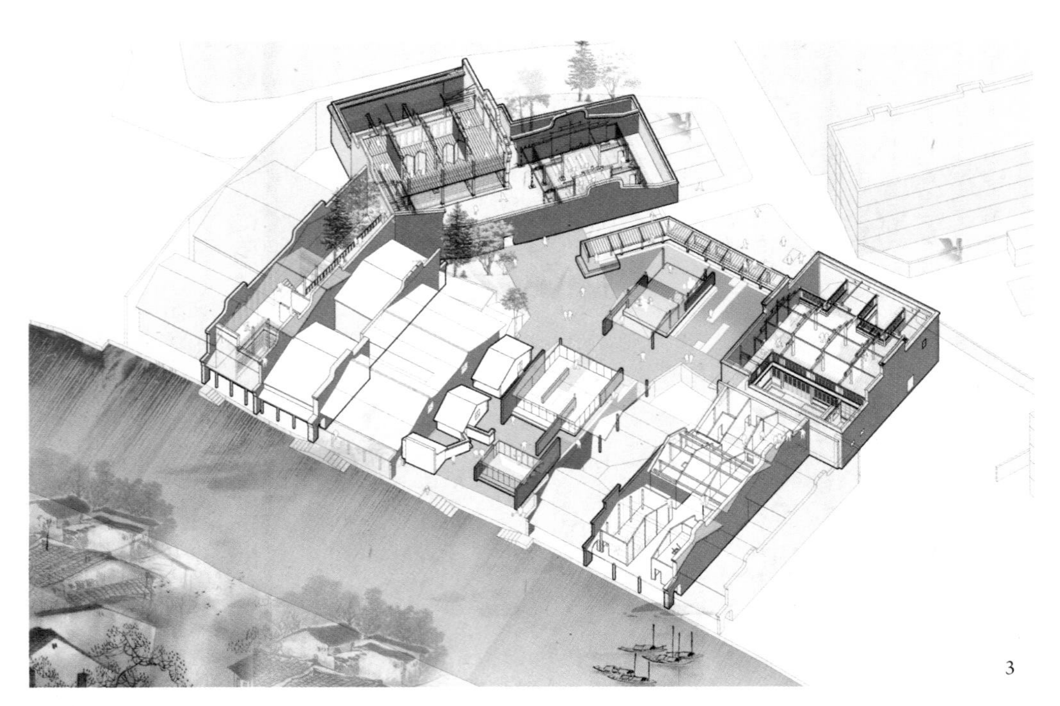

3

2. 练市容器，Radek Toman，周瑶逸，曹伯桢，王亿桐；
3. 墨源——百间楼书法社设计，张亦然，张博涵，Paula Yanez；
4. 新练溪八景，林恬，胡睿，顾金怡，邢晔，Marie Petey。

2018CAUP 国际设计夏令营“环太湖文物建筑活化利用方案设计大赛”获奖作品

奖项	作品名称	团队成员(大学)
一等奖	新练溪八景	林恬(同济大学),胡睿(同济大学),顾金怡(同济大学),邢晔(哈尔滨工业大学),Marie Petey (夏约学院)
二等奖	练市容器	Radek Toman(捷克布尔诺科技大学),周瑶逸(华南理工大学),曹伯桢(同济大学),王亿桐(武汉大学)
	墨源——百间楼书法社设计	张亦然(同济大学),张博涵(东南大学),Paula Yanez(墨尔本大学)
三等奖	社区聚合器——练市镇粮仓群空间再生设计	江攀(同济大学),Caterina Pietra(帕维亚大学),石褒曼(沈阳建筑大学),Seth Healy(波特兰州立大学)
	故堂新译——金氏承德堂利用方案	魏婉晴(大连理工大学),吕颖琦(同济大学),Gloryrose DY(墨尔本大学)
优秀奖	百间楼生态博物馆——因共享而持续	戴方睿(同济大学),张轩溥(湖南大学),Kevin Warau(夏约学院)
	破茧重生——百间楼文物建筑群再生设计	杭天易(雪城大学),汤子馨(南京大学),周怡静(同济大学)
	金宅历史记忆馆计划	雷冬雪(南京大学),严一凯(吉林建筑大学),曹熙武(北京建筑大学),徐逢夏(山东建筑大学)
	一带一路——湖丝文化广场及万古庵利用设计	杨叶秋(米兰理工大学),张娟(苏州大学),施翊(同济大学)
	唤醒——重建建筑的历史使命	谭平平(北京建筑大学),张智乾(中央美术学院),Yam Mingho(香港大学)

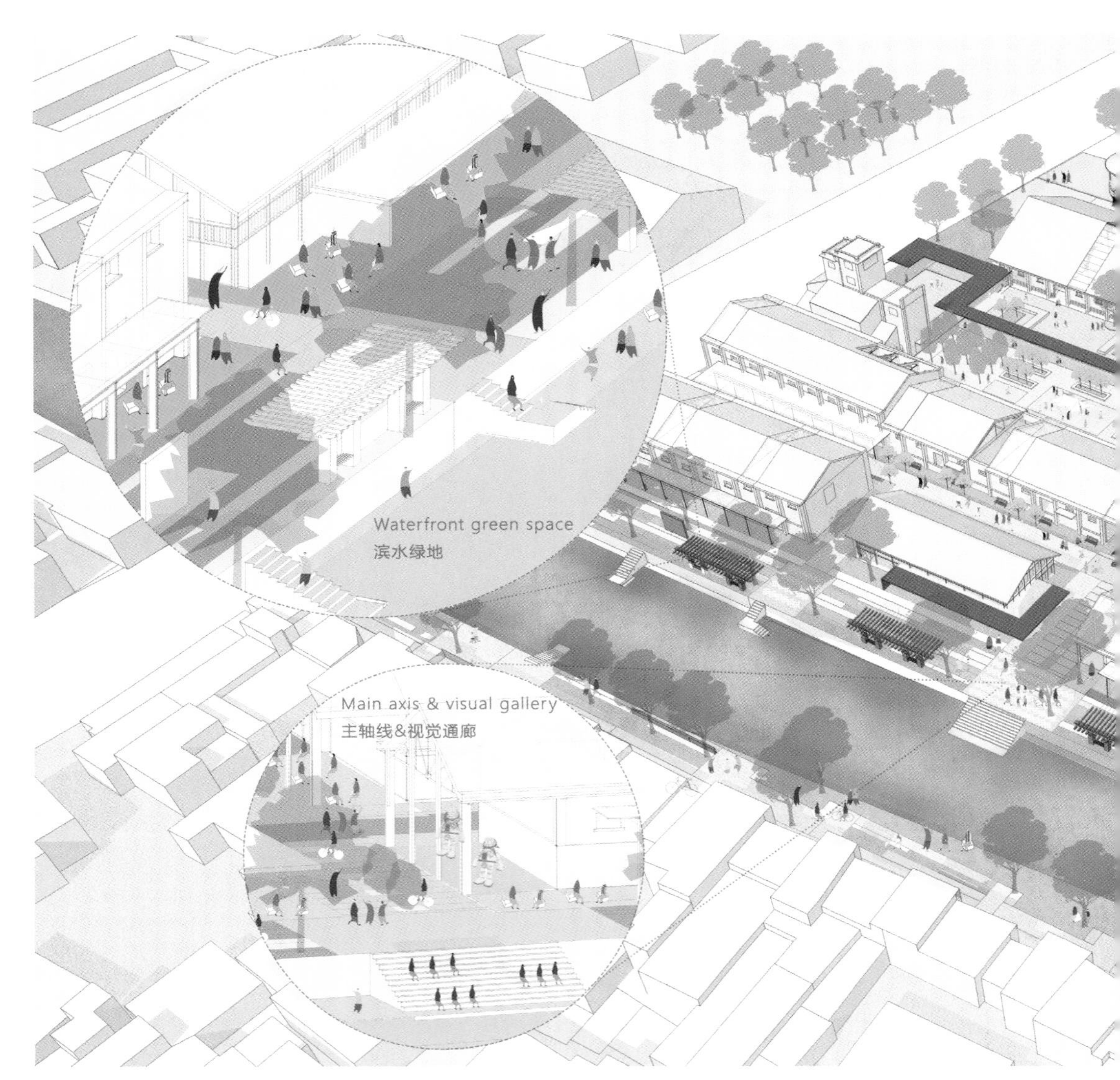

5. 社区聚合器——练市镇粮仓群空间再生设计，江攀，Caterina Pietra，石褒曼，Seth Healy。
6. 基地鸟瞰

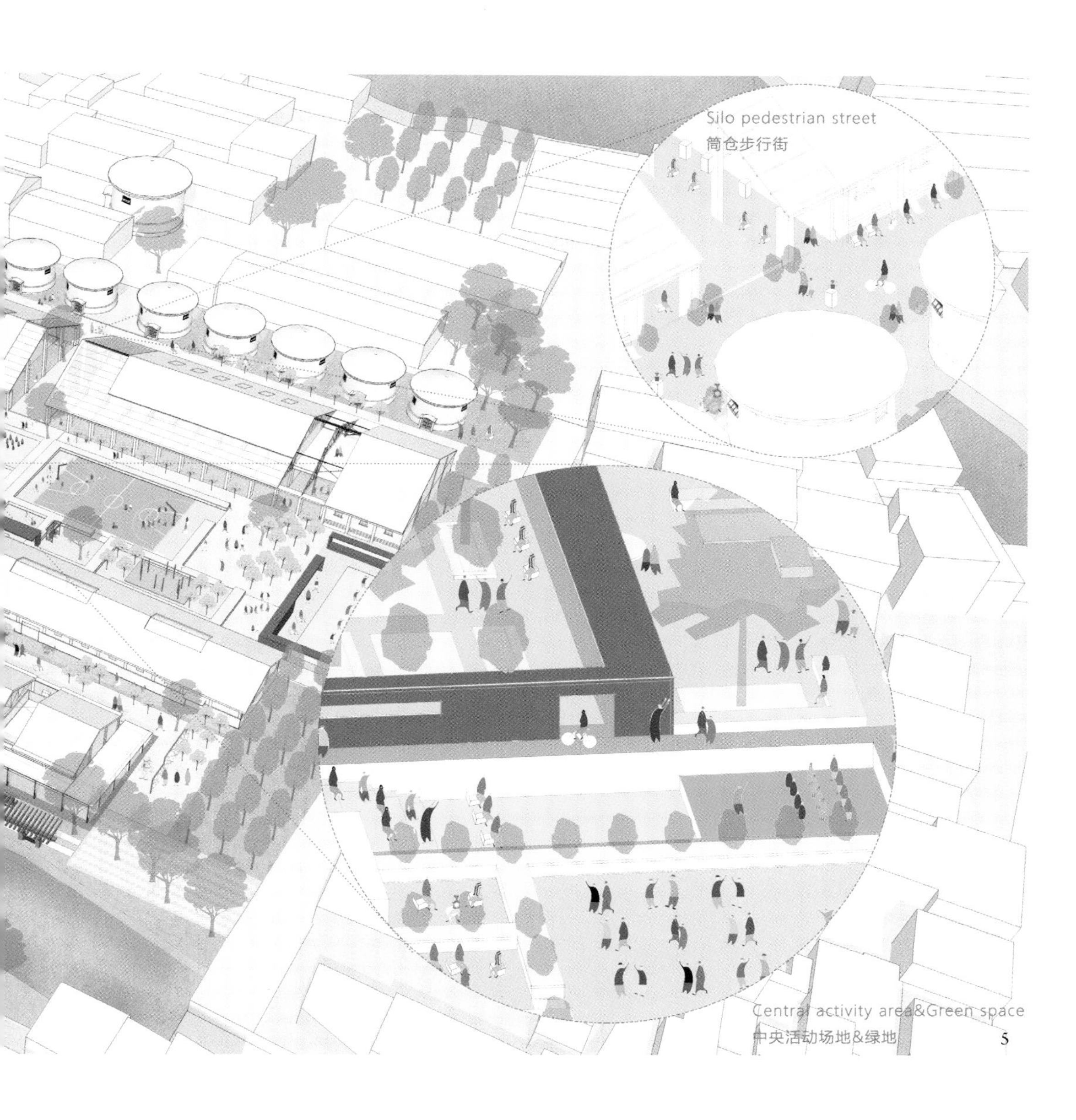
Silo pedestrian street
筒仓步行街
Central activity area&Green space
中央活动场地&绿地
5

夏令营
Summer Camp

“全筑”DigitalFUTURE Shanghai 2018 国际暑期工作营由上海市学位委员会、同济大学建筑与城市规划学院主办联合主办；由上海数字数字建造工程技术中心、同济大学建筑设计研究院（集团）有限公司、中国数字建筑设计专业委员会（DADA）、Fab-Union 和中国高等学校建筑学科专业指导委员会—建筑数字技术教学工作委员会协办；由全筑股份特别赞助。

工作营邀请到来自全球高校的 21 位优秀导师，并有 14 台机器人、2 台 CNC 计算机数字控制机床、5 台无人机、UWB 室内定位设备、热成像仪和多台 3D 打印机的设备支持。暑期工作营共有来自全球 21 个国家和地区的超过 600 名学员报名，他们分别来自 125 所国内外高校（87 所海外院校和 38 所国内院校）。其中国际学员包括来自哈佛大学（Harvard University）、麻省理工学院（MIT）、康奈尔大学（Cornell University）、哥伦比亚大学（Columbia University）、南加州建筑学院（SCI-ARC）、建筑联盟学院（AA）、卡耐基梅隆大学（Carnegie Mellon University）、伦敦大学学院（UCL）、剑桥大学（University of Cambridge）、多伦多大学（University of Toronto）、爱丁堡大学、利物浦大学、纽约大学等海外先锋院校及来自同济大学、清华大学、东南大学、华南理工大学、天津大学、浙江大学、哈尔滨工业大学、中央美术学院、重庆大学、湖南大学、西安建筑科技大学等在内的国内高校的教师、硕博研究生及本科生。组委会与各组指导教师一起对学员进行严格的筛选，从众多的报名者中挑选出 195 名学员参与夏令营，总录取率为 32%。

工作营重点探讨数字时代下人与机器的交互与联系，进行从机器人建造到人工智能等一系列领域人机融合的实践，以“人机共生”为主题，开展包括数字设计与建造工作营、“DigitalFUTURES YOUNG”青年学者研讨会、数字设计与智能建造国际论坛、工作营成果展、开放日参观交流以及系列讲座等活动，共同探讨数字时代下“赛博格观念”的全新的解读方式与实践路径。成果展览于 2018 年 7 月 7 日在同济大学建筑与城市规划学院开幕。

1. 2017 上海“数字未来”暑期工作营：机器人木构，Dario Marino，张瀛心，江旭莹，周博，吴宛霖，金晋磎，刘琳琳。
指导教师：袁烽，孟刚，柴华。

DigitalFUTURE Shanghai 2017

机器人 3D 打印桥

机器人平台为三维打印技术的发展与实现提供了新的可能性，无论是尺度上还是复杂系统打印上，机器人大大拓展了三维打印技术应用于建筑领域的可行性。工作营基于传统三维打印的原理，结合结构性能化设计来探索建筑尺度三维打印的可能性与可行性。利用机器人三维打印实现定制单元的批量化生产，通过定制三维打印模块砌筑的方式完成两件三维打印桥梁，跨度分别为 4 m 和 11 m，验证三维打印建筑产品的结构稳定性与可靠性。

指导教师：袁烽，孟刚，张立名

学生：陈哲文，方志浩，郑少凡，吴雨，林辰彻，Frank

2

DigitalFUTURE Shanghai 2018

机器人金属空间打印桥

在“数字未来上海 2018 国际暑期工作营”中，基于传统三维打印原理，结合机器人的多维运动和金属三维打印技术，使用更坚固、耐久的金属材料，并且结合结构生形设计方法与特殊的建造工艺技术，完成了一件大尺度金属三维打印桥。

设计使用了结构生形设计方法，使用 BESO 减材优化，优化桥的结构和造型。建造方式使用机器人金属空间打印。将桥分为七个大块，通过给机器人编程，利用机器人空间整体打印每个大块，最后连接起来。

指导教师：袁烽

助教：张立名，陈哲文，王祥，周轶凡

学生：洪正彦，刘志善，姚奕婕

3

2. 2017 上海“数字未来”暑期工作营：机器人 3D 打印桥，陈哲文，方志浩，郑少凡，吴雨，林辰彻，Frank。指导教师：袁烽，孟刚，张立名；
3. 2018 上海“数字未来”暑期工作营：机器人金属空间打印桥，洪正彦，刘志善，姚奕婕。指导教师：袁烽。

DigitalFUTURE Shanghai 2018

机器人木匠

中国传统木构建筑在数千年的发展演变过程中积累了丰富的木构加工工艺。本工作营将传统木构工艺置于先进设计建造技术的背景下，探索木构建筑设计与建造的新可能性。项目基于对传统木构节点的分析，设计与建造了高达 9m 的木塔。该展亭采用全榫卯连接，所有木构节点采用两台机器人与一台五轴加工中心加工完成，并在 3 天时间内完成现场组装，重新诠释了充满神性的中国传统木塔形象。

指导教师：袁烽，柴华

学生：朱承哲，金青琳，Dario Marino，李延煜，徐纯，黄桢翔，苏骏邦，胡海宁，王达仁，金沛沛

技术支持：朱赟 同济大学建筑与城市规划学院数字设计研究中心

4.5. 2018 上海"数字未来"暑期工作营：机器人木匠。朱承哲，金青琳，Dario Marino，李延煜，徐纯，黄桢翔，苏骏邦，胡海宁，王达仁，金沛沛。指导教师：袁烽，柴华。

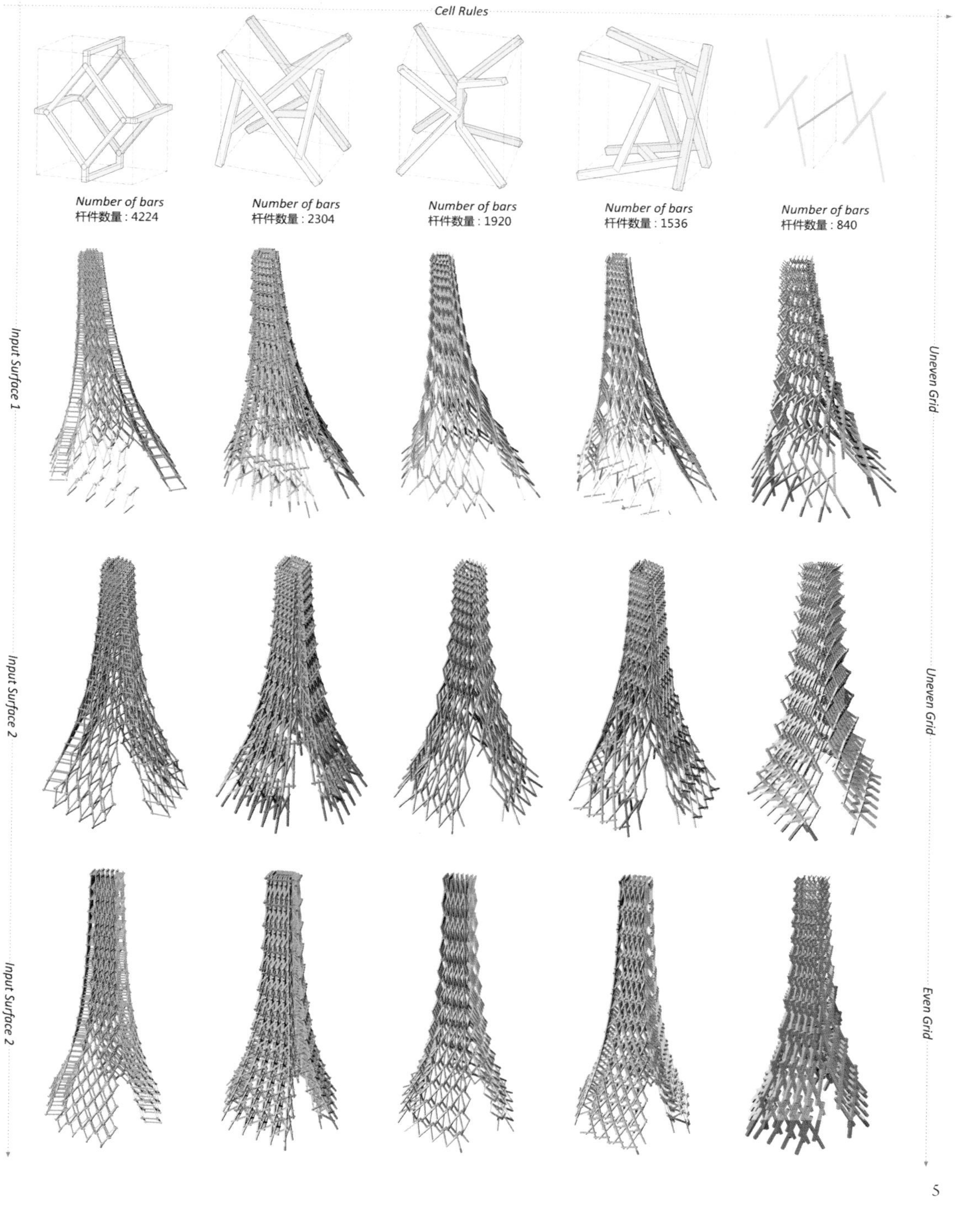

Cell Rules

Number of bars
杆件数量 : 4224

Number of bars
杆件数量 : 2304

Number of bars
杆件数量 : 1920

Number of bars
杆件数量 : 1536

Number of bars
杆件数量 : 840

Input Surface 1

Uneven Grid

Input Surface 2

Uneven Grid

Input Surface 2

Even Grid

5

RESEARCH

学术研究

博士生培养

PHD Program

建筑学是关于建筑本体及其环境的构成原理、实现方式和演进脉络的学科，跨越自然科学和人文、社会科学领域，借助工程技术和造型艺术手段，以使用功能和实体空间的设计研究为主干，形成了多个相关专业研究方向的学科整体。同济大学建筑系具有博士生指导教师资格者 50 名，其中兼职博导 9 名。

培养目标

博士生的目标是培养具有深厚的理论素养、开阔的国际视野和出众的综合能力、能够独立进行创造性研究与实践的建筑学高端人才，以及引领未来的专业精英及新领域的开拓者。首先要具有良好的学术素养和学术道德。其次在学术创新能力方面要具有发现新的建筑学现象、新的影响因素及其相互关联的观察能力；具有获取有价值的支撑材料和掌握获取数据的新方法的能力以及提出新的针对建筑学问题的研究模式或对已有模式进行改进的能力；具备应用建筑学理论和研究方法解决社会问题和作出创新性贡献的能力。最后要具有国际视野：熟悉和掌握本学科的国际一流知识结构和国际惯例，具有国际化意识和视野，具备在国内外学术交流场合熟练地进行学术交流、表达学术思想、展示学术成果以及较强的参与国际合作与国际竞争的能力。

研究方向

目前共有 6 个研究方向，分别是：建筑设计及其理论，城市设计及其理论，室内设计及其理论，建筑历史与理论，建筑遗产保护及其理论，建筑技术科学。

建筑设计及其理论方向主要研究建筑设计的基本原理和理论、客观规律和创造性构思，建筑设计的技能、手法和表达，建筑节能及绿色建筑、建筑设备系统、智能建筑等综合性技术以及建筑构造等。城市设计及其理论方向主要研究城市形态的发展规律和特点，通过公共空间和建筑群体的安排使城市各组成部分在使用和形式上相互协调，展现城市公共环境的品质、特色和价值，从而激发城市活力、满足文化传承和经济发展等方面的社会需求。室内设计及其理论方向主要根据建筑物的使用性质、所处环境和相应标准，运用物质技术手段和建筑美学原理，创造生态环保、高效舒适、优美独特、满足人们物质和精神生活需要的内部环境。建筑历史与理论方向主要研究中外建筑演变的历史、理论和发展动向，中国传统建筑的地域特征及其与建筑本土化的关系，以及影响建筑学的外缘学科思想、理论和方法等的交叉运用。建筑遗产保护及其理论方向主要研究反映人类文明成就、技术进步和历史发展的重要建筑遗产的保存、修复和再生利用等，涉及艺术史、科技史、考古学 、哲学、美学等一般人文科学理论，也涉及建筑历史、建筑技术、建筑材料科学、环境学等学科理论和知识。建筑技术科学方向主要研究与建筑的建造和运行相关的建筑技术、建筑物理环境、建筑节能及绿色建筑、建筑设备系统、智能建筑等综合性技术以及建筑构造等。

博士研究生学制为 3 年，修读年限最长不超过 7 年。建筑与城市规划学院“2014 级博士生学术素养及科研能力提升培训班”于 2014 年 9 月 11 日至 19 日举行。这是学院首次为博士生新生开设的入学培训班，邀请到来自院内外的知名学者开设近 40 场讲座，内容涉及目标与素养、战略与发展、经验与方法、管理与服务四个方面。

博士论文

PHD Thesis

2017—2019 年建筑系博士学位论文

2017—2019 年建筑系博士学位论文

姓名	导师	论文题目	学位授予日期
邓琳爽	伍江	近代上海城市公共娱乐空间研究(1848—1949)	2017.06.30
惠丝思	周静敏	基于紧凑城市理念的我国小街坊住区设计策略研究——以上海中心城区 1980 年以来的小街坊住区为例	2017.09.30
王跃强	陈保胜	基于 BIM 的建筑防火性能化研究	2017.09.30
李论	吴长福	跨文化视角下的上海高层建筑发展研究(1912—2016)	2017.09.30
周洁	吴长福	集约型商业中心规划设计策略研究	2017.09.30
程昊淼	王伯伟	贫富差距扩大背景下中国大都市城市形态演变与评估——以上海市为例	2017.09.30
黄正骊	伍江	贫民窟建筑学:内罗毕非正规聚落介入性改造研究	2017.09.30
格桑	戴仕炳	生土建筑装饰面层原位保护的灰土注浆技术	2017.09.30
李雪	李斌	基于服务需求的社区综合养老设施类型划分与布局选址研究	2017.09.30
孙博文	李浈	江南营造的“词”与“物”——乡土工匠口传遗产的调查与乡土营造问题研究	2017.09.30
曾堃	郝洛西	健康照明研究中的光与情绪实验方法——以心血管内科 CICU 空间为例	2017.12.31
叶露	黄一如	当代乡村营建的演化脉络及设计介入机制研究	2017.12.31
姚冬晖	卢永毅	现代建筑思想与实践的乡土渊源	2017.12.31
刘韩昕	蔡永洁	城市家具与公共生活——公共空间中私密品质的价值研究	2017.12.31
陈尧东	郝洛西	建筑光环境对阿尔茨海默病患者视觉及节律调节作用的实验研究——以老年养护空间为例	2017.12.31
周伊利	宋德萱	南方村镇住宅致凉体系研究	2017.12.31
徐震	卢永毅	本土化与西方化的交织:安庆、芜湖近代建筑研究(1861—1949)	2017.12.31
李彬	孙彤宇	中国传统城市空间自组织特征研究	2018.02.02
王鹏	常青	周邦与王家:西周金文中的“周制”都邑空间研究	2018.06.21
唐琦	陈易	滇缅铁路遗产及其价值评价研究	2018.08.24
钟燕	戴仕炳	基于建筑遗产材料本体的牺牲性保护理念与实践研究	2018.08.26
曾巧巧	李翔宁	20 世纪 80 年代中国建筑话语研究——基于建筑专业期刊的文本分析	2018.09.19

续表

姓名	导师	论文题目	学位授予日期
刘存钢	钱宗灏	20 世纪前期上海城市建筑的现代性研究	2018.09.21
赵秀玲	宋德萱	湿热气候高密度住区室外环境热舒适性测度与评价研究	2018.09.26
张顺尧	陈易	低碳节能目标下基于场地微气候测析的建筑群外部空间形态研究——以上海地区为例	2018.09.26
黄丹	颜宏亮	城镇化语境下西南地区现代建筑地域适应性研究	2018.09.28
宋晓宇	庄宇	轨道交通车站地区空间形态与人流活动的关联性研究——以上海中心城区为例	2018.09.28
杜鹏	支文军	新城市主义中国实践的反思与自主治理路径的选择	2018.09.30
洁琳娜	周静敏	关于塞尔维亚青年人住房需求与解决策略研究——基于上海公共租赁住房的经验	2018.10.10
王衍	伍江	深圳模式：基于边缘城市理论的城市发展模式研究	2018.11.17
刘刊	郑时龄	文化迁移与建筑：境外建筑设计在上海建筑文化中的移植与转化研究（1949—2016）	2018.03.31
段文婷	魏敦山	BIM 技术下的体育建筑全生命周期发展研究	2018.03.31
高圆	王伯伟	身体与城市——身体视角下的城市空间反思与展望	2018.03.31
侯实	常青	西南近代建筑风格演变研究——外来影响下的本土化特征及其过程	2018.03.31
苗青	周静敏	基于 SAR 理论的内装工业化体系研究	2018.03.31
常琦	李振宇	当代中国住宅面积增长类型特征与动力机制——以上海为例	2018.03.31
李玲	卢永毅	近代上海外侨俱乐部建筑历史研究	2018.03.31
庄浩然	吴长福	超高层建筑生态位研究	2018.03.31
卢斌	李振宇	上海围合式住宅建筑研究——以中心城区既有围合式住宅为例	2018.03.31
程剑	钱锋	以可持续为导向的体育建筑策划	2018.06.30
扈龑喆	吴长福	以行为活动为导向的城市综合体公共空间绩效评价及其设计优化策略研究	2018.06.30
余中奇	钱锋	零能耗太阳能住宅设计研究——以欧洲太阳能十项全能竞赛作品为例	2018.06.30
徐文力	王骏阳	冯纪忠建筑思想比较研究	2018.06.30
喻汝青	钱锋	中国近现代体育建筑的发展演变研究（1840—1990）	2018.06.30
马杰明	卢永毅	上海石库门里弄民居的社会—空间嬗变——拆迁之外的公用空间占有方式研究	2018.06.30
尹舜	李斌	里院街区的价值、困境与复兴——以青岛大鲍岛街区为例的城市空间与更新机制研究	2018.06.30
李丹锋	伍江	计划的宣言——陆家嘴作为一个当代中国新城模型	2018.06.30
周艺南	吴长福	高能效城市设计研究	2018.06.30
梁智尧	常青	赣语方言区风土建筑谱系认知与基质构成解析	2019.01.10
丁凡	伍江	全球化与在地化——城市更新语境下上海水岸再生的价值冲突与文化重建	2019.01.12

续表

姓名	导师	论文题目	学位授予日期
魏瑞涵	宋德萱	基于城市形态因子的微气候与舒适度预测模型及温度图谱研究	2019.01.21
张晓波	魏敦山	建筑学视角下的当代中国乡土营建研究（2008—2018）	2019.01.21
刘思捷	宋德萱	基于立面色彩组合的建筑群体氛围评估与预测模型研究	2019.01.21
马明	蔡镇钰	体力活动导向下提升使用者健康的绿色开放空间设计研究	2019.02.24
巨凯夫	常青	南侗风土建筑谱系研究——关于族群、信仰、匠作的建筑类型学分析	2019.03.19
高小宇	章明	上海创意型城市更新的 CPS 模式研究	2019.03.20
李甜	黄一如	供需视角下中心城区保障性住房规划设计更新策略研究——基于纽约与上海的比较	2019.03.22
查君	郑时龄	高密度中心城区的城市更新策略研究——以上海市为例	2019.04.18
朱丹	宋德萱	高密度住区形态与太阳能利用潜力关联性研究及形态优化设计策略	2019.05.10
江嘉玮	张永和	现代建筑的造物美学研究（1907—1925）	2019.05.30
鞠培泉	黄一如	白居易与中唐园林	2019.06.19

科研课题

Research Projects

2017—2019 年科研课题

2017—2019 年科研课题

项目名称	一级类别	二级类别	年份	负责人
南方地区城镇居住建筑绿色设计新方法与技术协同优化	国家重点研发计划	课题	2016	孙彤宇
高效节能环保的施工装备及系统改造技术与创新研究	国家重点研发计划	课题	2016	袁烽
健康照明产品的循证设计与示范应用	国家重点研发计划	课题	2017	郝洛西
长三角地区建筑外环境与建筑节能协同设计关键技术	国家重点研发计划	课题	2017	钱锋
既有城市工业区功能提升与改造诊断评估技术与策划方法研究	国家重点研发计划	课题	2019	章明
工业化建筑一体化标准化集成设计规则研究	国家重点研发计划	二级课题	2016	张永和
基于文化与技术一体化的建筑构件研究	国家重点研发计划	二级课题	2019	王红军
基于藏文化传统的绿色建筑营建模式研究	国家重点研发计划	二级课题	2019	胡滨
基于自然适应性的青藏高原传统建筑营造研究	国家重点研发计划	二级课题	2019	赵群
我国地域营造谱系的传承方式及其在当代风土建筑进化中的再生途径	国家自然科学基金	重点	2018	常青
基于 BIM 系统的绿色体育建筑设计策略研究	国家自然科学基金	面上	2014	汤朔宁
尺系·手风·匠派·形制——泛江南地域乡土建筑营造技艺的整体性研究	国家自然科学基金	面上	2014	李浈
水环境对建筑空间环境影响的数字化关键技术研究	国家自然科学基金	面上	2014	杨丽
适合住宅工业化的公共租赁住房建筑设计指标体系研究 ——以长三角地区为例	国家自然科学基金	面上	2014	周静敏
我国砖石建筑遗产的古锈(patina)保护研究	国家自然科学基金	面上	2014	陆地
基于循证设计理论的类型建筑设计方法研究 ——以城市养老机构为例	国家自然科学基金	面上	2014	姚栋
传统乡镇空间与地景的互动机制及其生长策略研究 ——以徽州地区为例	国家自然科学基金	面上	2014	胡滨
轨道交通综合体效能优化的关键性导控元素及关联效应研究 ——以上海为例	国家自然科学基金	面上	2014	徐磊青
西方现代建筑史的中国叙述研究及其建筑史教学新探	国家自然科学基金	面上	2015	卢永毅
转型期我国近代煤矿工业遗产的历史研究与保护	国家自然科学基金	面上	2015	朱晓明
基于网格聚类分析的小微产业城区产、城关联空间模式研究	国家自然科学基金	面上	2015	许凯
上海近代历史建筑与风貌区保护研究	国家自然科学基金	面上	2015	郑时龄

续表

项目名称	一级类别	二级类别	年份	负责人
心血管内科 CICU 空间光照情感效应研究	国家自然科学基金	面上	2015	郝洛西
住宅体形系数的碳敏感性研究——以长三角地区建成住宅为实证	国家自然科学基金	面上	2015	黄一如
多模式绿色交通导向的城市空间布局优化与调控研究	国家自然科学基金	面上	2015	潘海啸
基于自组织理论的城市大街区步行模式空间拓扑模型研究	国家自然科学基金	面上	2016	孙彤宇
基于需求选择的养老设施类型决定机制及空间布局模型	国家自然科学基金	面上	2016	李斌
基于住宅工业化的公共租赁住房填充体体系研究——以上海地区为例	国家自然科学基金	面上	2016	周静敏
基于建筑策划“群决策”的大城市传统社区“原居安老”改造设计研究 ——以上海工人新村为例	国家自然科学基金	面上	2016	涂慧君
基于传统材料的数字化设计与建造新工艺研究	国家自然科学基金	面上	2016	袁烽
长三角地区“城中厂”的社区化更新技术体系研究	国家自然科学基金	面上	2017	李振宇
建筑集群节能减排导向的高密度城区城市设计图谱方法研究	国家自然科学基金	面上	2017	杨峰
街区空间形态对老年人步行行为的影响机理及导控研究：以上海为例	国家自然科学基金	面上	2017	陈泳
我国城乡风土建筑谱系保护与再生中的基质传承方法研究	国家自然科学基金	面上	2017	常青
基于社会网络分析的当代中国建筑师群体及创作演变机制研究	国家自然科学基金	面上	2018	支文军
土地制度演进与村镇空间格局变迁的互动机制研究 ——以浙江地区为例	国家自然科学基金	面上	2018	王方戟
低技视野下乡土营造的基质传承与调适性研究 ——以西南侗族区域为例	国家自然科学基金	面上	2018	王红军
基于城市空间日常效率的普通建筑更新设计策略研究	国家自然科学基金	面上	2018	华霞虹
公共建筑中人流模拟的“互联网 +”方法	国家自然科学基金	面上	2018	孙澄宇
气候响应的高密度住区环境生态修复设计策略研究	国家自然科学基金	面上	2018	宋德萱
基于 ICT 技术的社区复合养老设施空间绩效优化模型研究	国家自然科学基金	面上	2018	姚栋
住区公共服务设施空间配置与居住人群时空间行为耦合模型研究	国家自然科学基金	面上	2018	贺永
基于公共性的公共空间布局效能与关键指标研究： 以中心商业区地块为例	国家自然科学基金	面上	2018	徐磊青
近代美国宾夕法尼亚大学建筑设计教育及其对中国的影响	国家自然科学基金	面上	2018	钱锋
城市滨水工业文化遗产廊道从生产岸线向生活岸线的转型研究 ——以上海黄浦江两岸为例	国家自然科学基金	面上	2018	章明
基于遗产价值评估的我国近代都市住宅室内环境风貌演进的系统研究	国家自然科学基金	面上	2019	左琰

续表

项目名称	一级类别	二级类别	年份	负责人
近代上海市政公共建筑的型制、谱系及保护更新策略研究	国家自然科学基金	面上	2019	张晓春
传播学视野下我国南方乡土营造的源流和变迁研究	国家自然科学基金	面上	2019	李浈
基于关联域批评话语分析的当代中国建筑国际评价认知模式与传播机制研究	国家自然科学基金	面上	2019	李翔宁
乡土文化传承与现代乡村旅游发展耦合机制研究——以皖南乡村为例	国家自然科学基金	青年	2015	张琳
适应性建筑表皮的多目标优化模型	国家自然科学基金	青年	2015	金倩
基于空间句法与心理图像的城市滨水公共空间设计优化策略——以上海苏州河为例	国家自然科学基金	青年	2016	田唯佳
城市开敞空间小气候——人行为数字模拟与评价	国家自然科学基金	青年	2016	匡纬
群众体育活动与城市开放空间耦合度的量化评价体系研究	国家自然科学基金	青年	2016	汪浩
老年人居住空间光照环境对阿尔茨海默病患者节律紊乱的缓解作用研究	国家自然科学基金	青年	2016	崔哲
基于室内人员定位跟踪的建筑空间布局优化方法研究——以社区综合养老服务设施为例	国家自然科学基金	青年	2017	司马蕾
形态学视角下的中国近现代城市居住空间演变研究——以1920—1960年代上海的"新村"为例	国家自然科学基金	青年	2017	李颖春
基于人体节律效应的室内LED照明光谱优化研究	国家自然科学基金	青年	2017	戴奇
街道空间界面宜步行性的精细化测度及设计导控研究——以上海为例	国家自然科学基金	青年	2018	叶宇
东南沿海地区风土建筑空间与构造特征的本构模型与演变机制研究	国家自然科学基金	青年	2018	周易知
大数据驱动下基于居民生活感知的参与式生活环境质量评价研究	国家自然科学基金	青年	2018	骆晓
基于BIM协同分析技术的建筑策划预评价方法研究：以教育建筑策划为例	国家自然科学基金	青年	2019	屈张
基于节律、视觉二维参数的室内健康照明研究	国家自然科学基金	青年	2019	戴奇
基于机器人建造平台的可持续翦朱性能化设计方法研究	国家自然科学基金	国际合作	2016	袁烽
中国近现代城市建筑嬗变与转型研究	国家社会科学基金	面上	2014	梅青
城市公共文化服务场所拓展及其协同营建模式研究	国家社会科学基金	面上	2016	王桢栋
三线建设工业遗产保护与创新利用的实证研究	国家社会科学基金	面上	2019	左琰
气候适应型城市风险管理评估与治理对策研究	国家社会科学基金	面上	2019	伍江
二十世纪中国建筑学核心概念谱系的历史研究	教育部繁荣计划专项资金项目	二级课题	2016	王凯
流散德国的乾隆时期紫光阁功臣像研究	全国艺术科学规划项目	面上	2019	胡炜

论文及著作

Publications

科研论文

2017 年科研论文

论著名称	刊物 / 会议	作者
乡村低碳化改造的现实与动力：以瀛东村的经验为例	H+A 华建筑	陈易，唐琦
上海生态城市建设及绿色建筑发展	南方建筑	陈易，邓武
医养模式养老建筑室内居住空间调研分析——以江苏省宿迁市某护理院为例	住宅科技	张冬卿，陈易
既有居住区室外环境改造策略研究——以上海市鞍山新村为例	住宅科技	马曼·哈山，王唯渊，陈易
上海既有住宅低碳化改造中的健康设计研究	住宅科技	李品，陈易
Building as Major Energy Consumer,Editor in chief Scott A. Elias, Reference Module in Earth Systems and Environmental Sciences	Elsevier Inc.	陈易，夏冰
江南传统民居室内空间中的生态智慧	首届海丝建筑文化（泉州）高端论坛论文集	陈易
公共与自治：我国城市综合体发展趋势刍议	建筑技艺	王桢栋，崔婧，潘逸瀚，杨旭
城市公共文化服务场所拓展及其价值创造研究——以城市综合体为例	建筑学报	王桢栋，阚雯，方家，杨旭
微气候响应的高密度城区立体步行系统设计：上海陆家嘴实证研究	住宅科技	杨峰，钱锋
Research on water free injection grouts using sieved soil and micro-lime	International Journal of Architectural Heritage Vol.11	Gesa Schwantes, Shibing DAI
历史建筑材料病理诊断、修复与监测的前沿技术	中国科学院院刊	戴仕炳，钟燕
无水灰土注浆料修复壁画实验研究	艺术与技术——中国古代壁画保护、研究与制作国际研讨会论文集	格桑，戴仕炳
The assessment of soft capping as a new material and approach for ruin wall protection by experiment on two test walls in Shanghai, PR China	“REHAB 2017，Proceedings of 3rd Internationa Conference on Preservation，Maintenance and Rehabilitation of Historic Buildings and Structures”，ed. By R. Amoeda，S. Lira，C Pinheriro，Green lines institute publishing（Conference Publication）	Zhong Yan，Liu Yuhan，DAI Shibing
Reflection on authenticity in the reuse of East Asian architectural heritage from the perspective of historiography	Built Heritage	Xiaomin ZHU，Shibing DAI
明《天工开物》之“风吹成粉”石灰性能初步研究	文物保护与考古科学	戴仕炳，钟燕，胡战勇，石登科

续表

论著名称	刊物 / 会议	作者
Smart communities: the coexisting of the intelligent future and the intimate neighborhood past	The 53th international society of city and regional planner annual meeting at the US	Xiaomin Zhu& Shibing Dai
解析乡愁——对建筑遗产再生策略及实践的思考	conference of Built heritage held in TONGJI university	朱晓敏，戴仕炳
办公照明的光生物效应研究综述	照明工程学报	林怡，刘聪
高密度办公空间人工照明的非视觉效应现场实验研究	照明工程学报	林怡，董英俊，杜怡婷
Concurrent topological design of composite structures and materials containing multiple phases of distinct Poisson's ratios	Engineering Optimization	Kai Long，Philip F. Yuan，Shanqing Xu & Yi Min Xie
Urban renewal based wind environment at pedestrian level in high-density and high-rise urban areas in Sai Ying Pun, Hong Kong	IOP Conference Series: Materials Science and Engineering	J W Yao，J Y Zheng，Y Zhao，Y H Shao and F Yuan
Architectural Generation Approach with Wind Tunnel and CFD Simulation: Environmental Performance-Driven Design Approach for Morphology Analysis in the Early Design Stage	CADDRIA2017 - Protocols，Flows and Glitches	袁烽，郑静云，姚佳伟
Robotic 3d Printing Acoustic Column: Responsive Spatial Design on the Geometric Acoustics	CADDRIA2017 - Protocols，Flows and Glitches	袁烽，赵耀，胡雨辰，张立名，姚佳伟
Spherical Perspective Notational Drawing System for non-Euclidean Geometry	CAAD FUTURES 2017	袁烽，闫超
Construction Sequence Based Influence of High-rise Urban Development on Pedestrian Wind Comfort in Lujiazui, Shanghai	3rd 2017 International Conference on Sustainable Development（ICSD 2017）	Feng Yuan，Jiawei Yao，Zhi Zhuang
人机协作与智能建造探索	建筑学报	袁烽，胡雨辰
竹里：数字人文时代的乡村预制产业化实践	建筑学报	袁烽，韩力，张雯
走向数字时代的建筑结构性能化设计	建筑学报	袁烽，柴华，谢亿民
西岸 Fab-Union Space	世界建筑	袁烽
从算法生形到几何空间：卜石·新天地玉石博物馆设计实践探索	建筑技艺	袁烽，尹昊
基于转、木材料的建筑机器人产业化探索	城市建筑	袁烽，尹昊
纯粹几何——上海卜石•新天地玉石博物馆	室内设计与装修	袁烽
卜石•新天地玉石博物馆	现代装饰	袁烽
Robotic Wood Tectonics	FABRICATE 2017	Feng Yuan，Hua Chai
Study on Auxiliary Heat Sources in Solar Hot Water System in China	9th International Conference on Applied Energy，ICAE2017	Zhi Zhuang，Feng Yuan，Hai Ye，Jiawei Yao
Complex Power: An Analytical Approach to Measuring the Degree of Urbanity of Urban Building Complexes	International Journal of High-Rise Buildings	Shuchen Xu，Yu Ye，Leiqing Xu
步行活动品质与建成环境——以上海三条商业街为例	上海城市规划	徐磊青，施婧
站城一体化视角下的轨交地块开发与空间效能研究——以上海三个轨交站为例	西部人居环境学刊	唐枫，徐磊青
地块开敞空间的布局效率与优化：以上海八个轨交商业地块为例	时代建筑	徐磊青，徐梦阳
迷人的街道：建筑界面与绿视率的影响	风景园林	徐磊青，孟若希，陈筝
地块公共空间供应系数与效用研究：以上海 14 个轨交地块为例	时代建筑	言语，徐磊青

续表

论著名称	刊物 / 会议	作者
第三场所可持续营造的环境行为学研究 ——基于室外环境—行为互馈共生分析与选择性行为验证	城市设计	任凯，徐磊青
社区街道活力的影响因素及街道活力评价 ——以上海市鞍山社区为例	城市建筑	黄舒晴，徐磊青
疗愈环境与疗愈建筑研究的发展与应用初探	建筑与文化	黄舒晴，徐磊青
街道转型：一部公共空间的现代简史	时代建筑	徐磊青
特别论坛(3)：交通 + 空间	城市交通	陈小鸿，唐子来，郑德高，蔡润林，张尚武，殷毅，徐磊青，熊文
社会复愈，数字再地——以大数据策略实现空间自组织	景观设计学	徐磊青，言语，黄舒晴
室内环境疗愈效果综合评估初探	城市建筑	黄舒晴，徐磊青
健康建筑及其评价标准	建筑科学	叶海，罗淼，徐婧
相变蓄热围护结构实验研究	住宅科技	叶海，程俊
热景观刍议	2017 建筑热工与节能学术年会论文集	叶海，罗淼，徐婧
日本低碳建筑认定制度及其对中国的启示	2017 建筑热工与节能学术年会论文集	叶海，徐婧，罗淼
夏热冬冷地区相变蓄能围护结构的适用性探讨	2017 中国制冷学会学术年会论文集	叶海，徐婧，罗淼
The main difference in existing green building standards: GBEL, DGNB, LEED and OGNB	2017 SuDBE 会议论文集	XU Jing，YE Hai
Effect of Constructed Wetland on Thermal Environment of Buildings in High Density Cities	2017 SuDBE 会议论文集	LUO Miao，YE Hai
科学、媒介、艺术：20 世纪 20-30 年代中国建筑图学的发展	时代建筑	高曦，彭怒
国立艺专“美术建筑”的观念与实践：法国现代绘画的中国化产物	时代建筑	高曦，彭怒
住宅适老化改造的目标与内容——国际经验与上海实践	城市建筑	姚栋，徐蜀辰，李华
基于 ICT 技术的社区养老设施空间绩效研究	建筑学报	姚栋
新形势、新任务和新策略： 《瓦莱塔原则》的诞生背景及其核心概念解析	建筑师	陆地，钟燕
关于历史城镇和城区维护与管理的瓦莱塔原则	建筑遗产	陆地
梁思成的“整旧如旧”和西方的相关概念	时代建筑	陆地
虹桥疗养院作品解读：略论中国近代建筑中的功能主义	建筑师	卢永毅，陈艳
近代上海四大百货公司：建筑类型学中的都市现代性解读	新建筑	卢永毅，周慧琳
“平台与高岗”——伍重建筑中的跨文化地景及其精神体验	建筑师	姚冬晖，卢永毅
现代建筑的图像传播与中国想象 ——以 20 世纪初上海的大众出版物为研究对象	2017 第 7 届“世界建筑史教学与研究国际研讨会”论文集	希尔德·海嫩，卢永毅，周鸣浩，陈屹峰
以居住为主体的城市更新与参与性设计研究 ——以贵州省进化街道改造项目为例	住宅科技	黄一如，盛立，廖凯，谢司琪
德国村庄公共空间规划设计初探	城市建筑	黄一如，徐燕宁
绿色化城市更新设计策略研究 ——以美国亚特兰大环线改造为例	住宅科技	黄一如，廖凯，盛立，谢嶷

续表

论著名称	刊物 / 会议	作者
住区边际噪声控制设计要点	时代建筑	黄一如, 郭欣欣
住区声环境研究综述	住宅科技	黄一如, 谢薿
巴塞罗那扩展区围合式街区的城市更新	住宅科技	许赟, 黄一如
集体化时期乡村住宅设计研究(1958—1978)	住宅科技	黄一如, 叶露
集体化时期乡村住宅设计研究(1978—1992)	住宅科技	黄一如, 叶露
1958—1966 年“设计下乡”历程考察及主客体影响分析	建筑师	叶露, 黄一如
长三角地区无机保温装饰复合板防水透气性探讨	住宅科技	颜宏亮
基于实际工程模型的无机砂浆保温装饰复合板耐候性温度场与温度应力模拟	建筑科学	颜宏亮
紫韵——刘秀兰雕塑绘画艺术		
乡土营造中低技术的概念、内涵及系统——福建邵武金坑古村保护实践中的启发和思考	传承与实践——第 22 届中国民居建筑学术年会”论文集(下)	李浈, 王一帆
长三角地区“城中厂”的社区化更新技术体系研究导论	建筑学报	李振宇, 孙淼
都市内边缘滨水工业遗产更新设计策略研究——以费城海军码头为例	城市建筑	孙淼, 李振宇
从 Loft 到社区——上海中心城区“城中厂”居住化更新的特征研究	建筑遗产	孙淼, 李振宇
迈向共享建筑学	建筑学报	朱怡晨, 李振宇
“共享”作为城市滨水区再生的驱动以美国费城、布鲁克林、华盛顿海军码头更新为例	时代建筑	朱怡晨, 李振宇
极少主义在葡萄牙当代独户住宅中的呈现	世界建筑	宋健健, 李振宇
居住社区导向的工业街区更新策略研究——以伦敦沙德−泰晤士仓库区为例	2017 建成遗产: 一种城乡演进的文化驱动力, 上海	李振宇, 孙淼
重塑历史水岸, 提升底层社区——城市建成环境更新项目中社区复兴的三种方式	2017 建成遗产: 一种城乡演进的文化驱动力, 上海	朱怡晨, 李振宇
共享、特色、节约: 保障性住房创新设计的探索	第十二届中国城市住宅研讨会, 广州	李振宇, 孙二奇
北方家属楼的特征性演变: 以哈尔滨职工住宅为例	第十二届中国城市住宅研讨会, 广州	顾闻, 李振宇
碎片整理: 针对未来租赁住房的开放建筑新模式	第十二届中国城市住宅研讨会, 广州	姚严奇, 李振宇
“城中厂”的紧凑型居住化改造探索: 嘉兴市民丰造纸厂、冶金机械厂的改造经验	第十二届中国城市住宅研讨会, 广州	邝远霄, 李振宇
维也纳社会住宅的可持续整合性设计策略: 以 Mautner-Markhof 为例	第十二届中国城市住宅研讨会, 广州	胡裕庆, 李振宇
开放住宅体系周期性共享租用模式探究	第十二届中国城市住宅研讨会, 广州	王春彧, 李振宇
铁路工业遗产及再生策略研究——以中东铁路哈尔滨段为例	第八届中国工业遗产大会, 南京	王浩宇, 李振宇
沉默在城市的“艺术孤岛”: 工业遗产作为艺术园区的批判性研究——以西安纺织城工业艺术园区为例	第八届中国工业遗产大会, 南京	张篪, 李振宇
IAHAC 国内外废弃铁路改造模式案例探究——以高架型线状铁路桥改造为例	第八届中国工业遗产大会, 南京	张一丹, 李振宇
基于文化创意产业的工业遗产改造现状与策略研究——以汉阳造文化创意产业园为例	第八届中国工业遗产大会, 南京	梅卿, 李振宇

续表

论著名称	刊物 / 会议	作者
The Present Situation and Development Strategy of Building Space Utilization in Harbin Section of Middle East Railway	VI INTERNATIONAL CONGRESS OF RAILWAYS HISTORY, Mendoza	Haoyu Wang, Zhenyu Li
The Symbiotic relationship between Railway Heritage Rebirth and the Urban Renewal--Case StudY of Baqiao Railway Theme Park in Xi' an, China	VI INTERNATIONAL CONGRESS OF RAILWAYS HISTORY, Mendoza	Chi Zhang, Zhenyu Li
Research on ruined binzhou railway bridge along the zhongdong railway in Harbin	VI INTERNATIONAL CONGRESS OF RAILWAYS HISTORY, Mendoza	Yidan Zhang, Zhenyu Li
Research on the management and conservation of railway heritage – take yunnan-vietnam railway as an example	VI INTERNATIONAL CONGRESS OF RAILWAYS HISTORY, Mendoza	Qing Mei, Zhenyu Li
建筑节能中的 BIPV 技术数字化研究——以同济联合广场为例	建筑学报	钱锋, 杨丽
体育馆建筑的风环境模拟研究	建筑科学	钱锋, 杨丽
建筑策划与建筑可持续——以体育建筑为例	住宅科技	钱锋, 程剑
钢木混合张弦壳体结构游泳馆实践——上海崇明体育训练基地游泳馆设计	建筑学报	钱锋, 余中奇, 汤朔宁
Green Campus environmental design based on sustainable theory	Journal of Clean Energy Technologies	Feng Qian, Li Yang
走向城市建筑学的可能——“虹口 1617 展览暨城市研究”研讨会评述	建筑学报	华霞虹
上海摩登之源与流：以拉斯洛·邬达克的建筑作品为例	2017 海峡两岸中生代学者建筑史与文化遗产论坛论文集	华霞虹
逆向还原城市“空间冗余”的日常逻辑——对话庄慎与华霞虹	城市中国	华霞虹
A Brief Analysis of the Development Trends of Mass Sports Space in Contemporary Beijing	2017 UIA World Architects Congress, Seoul	Hao Wang, Wei Wang
钢木混合张弦壳体结构游泳馆实践——上海崇明体育训练基地游泳馆设计	建筑学报	汤朔宁
数字化方法下流体空间形态生成	住宅科技	顾卓行, 姚佳伟, 杨春侠
上海陆家嘴中心区公共绿地的城市活力解析	城市建筑	耿慧志, 朱笠, 杨春侠
Study on Urban Bridge Layout Oriented by Slow-traffic and Lingering Space——taking Shanghai Suzhou Creek as an example	The 3rd International Conference on Civil, Architectural, Structural and Constructional Engineering (ICCASCE 2017). 韩国首尔	Yang Chunxia, Lyu Chengzhe, Geng Huizhi
The Analysis of the Slow-traffic and Lingering Space System of the Bridges and Both Banks——Taking the Estuary Area of Suzhou Creek in Shanghai as an Example	The 3rd International Conference on Civil, Architectural, Structural and Constructional Engineering (ICCASCE 2017). 韩国首尔	Yang Chunxia, Liang Yu, Geng Huizhi
大型复杂项目的建筑策划“群决策”模型研究初探	华中建筑	涂慧君
从大光明电影院到吴同文住宅——邬达克现代派建筑中的装饰风格研究	建筑师	左琰, 刘春瑶, 刘涟
历史建筑保护与再利用的节能评价方法研究	新建筑	左琰, 高玉凤
美国历史建筑保护与更新的财政激励政策与实践研究	时代建筑	刘春瑶, 左琰

续表

论著名称	刊物 / 会议	作者
近代上海文化名人居住室内环境特征研究 ——以鲁迅、巴金、柯灵为例	时代建筑	左琰, 刘涟
西部“三线”工业遗产的再生契机与模式探索: 以青海大通为例	城市建筑	左琰
石库门住宅再生研究 ——以三益村石库门住宅改造为例	住宅科技	董春方, 刘敬
自然而生的建筑——莫干山竹久居客栈设计实践	建筑技艺	董春方, 马路明
自然合成的建筑——莫干山竹久居客栈设计思考	室内设计师	董春方
延续、融合、共生: 中国丝绸博物馆改扩建工程	建筑学报	李立
山水之园: 中国丝绸博物馆改扩建工程	时代建筑	刘一歌, 李立
越南胡志明市 PCC 设计生产中心: 解读王维仁的模数建构与绿色建筑策略	时代建筑	李颖春
“新村”: 一个建筑历史研究的观察视角	时代建筑	李颖春
隐性基因的显性表达: 城市化进程中水路演变的空间影响	时代建筑	田唯佳, 肖潇
内向的景观与自我的表达 RCR 事务所访谈实录	建筑师	田唯佳, 宋玮
意外与必然——RCR 建筑作品与特点综述	建筑学报	宋玮, 田唯佳
未知之城	美术观察	于幸泽
Towards Thermodynamic Architecture: Research on Systems-based Design Oriented by Renewable Energy	2018 2nd International Conference on Environmental and Energy Engineering, Xiamen	LI Linxue, TAO Simin
Smog Purification: Research by Infrastructure-Oriented Design in Lujiazui Area	International Conference on Architecture and Civil Engineering, Singapore	LI Linxue, TAO Simin
The Climate Responsive Design in Architecture and its practices in China	Tenth International Conference on Climate Change: Impact & Responses, UC Berkley	LI Linxue, HE Meiting
环境智能建筑	时代建筑	李麟学, 叶心成, 王轶群
住宅建造中人际关系的演变	城市住宅	孟刚
Nonstandardization Based on Standardization	International Conference on Architectural Engineering and Civil Engineering (AECE-16)	孟刚
场地及几何的基本策略 ——南京岱山小学及岱山幼儿园建筑设计	时代建筑	王方戟, 游航
社会性内容是设计中无法回避的因素	建筑创作	王方戟
骨架与体验——山间旅舍“七园居”建筑改造设计	建筑学报	王方戟, 董晓
Are Private Bedrooms Necessary for Residential Facilities for the Elderly in China ? A Study on Residents’ preferences in Shanghai	AIJ Journal of Technology and Design	SIMA Lei
Concerns on Elderly Care Institutions among Chinese Urban Elders and Differences between Individuals: Evidences from Shanghai	AIJ Journal of Technology and Design	SIMA Lei

续表

论著名称	刊物 / 会议	作者
何种形式的居室更适合我国的养老设施？对使用者居室偏好的调查结果及启示	新建筑	司马蕾
上海市农村动迁安置住区户外活动调查	建筑学报	周晓红，卢骏
保障性住房卫生间“精细化设计”问题研究	住宅科技	周晓红
干热气候中的建筑致凉模式研究	住宅科技	宋德萱，周伊利
绿色建筑教学创新体系整合思考	2017 全国建筑教育学术研讨会论文集	宋德萱
交互技术在绿色建筑中的应用及探索	2017 全国建筑热工与节能学术会议论文集	宋德萱，韩珊珊
回顾与展望：建筑智能化与绿色 – 智能建筑	2017 全国建筑热工与节能学术会议论文集	宋德萱，张璐璐
建筑室内空间环境舒适性的数值模拟研究	建筑科学	杨丽，钱峰，宋德萱
高密度城市建筑立面开口设计探究	住宅科技	史洁，朱丹，宋德萱
中国近代建筑结构技术演进初探——以上海外滩建筑为例	建筑学报	张鹏，杨奕娇
海门卫城的近代之维——台州椒江海门天主教堂的历史及其价值研究	建成遗产：一种城乡演进的文化驱动力国际学术研讨会论文集	张鹏，张雨慧
建国初期“华东院”工业建筑设计——以 1958 年大跃进时期 2500t 水压机车间为例	时代建筑	朱晓明，姜海纳
建国初期苏联建筑规范在中国的传播——以原同济大学电工馆双曲砖拱为例	建筑遗产	朱晓明，祝东海
遗产岛：上海复兴岛国家项目、民族工业与工业遗存关联性研究	第八届工业遗产研讨会	朱晓明，夏琴
面向实践的城市三维模型自动生成方法——以北海市强度分区规划为例	建筑学报	孙澄宇，罗启明，宋小冬，谢俊民，饶鉴
在线虚拟实验在建筑教育中的技术应用方案讨论与效果评估简	实验技术与管理	孙澄宇，许迪琼，汤众
A “Bounded Adoption” Strategy and its Performance Evaluation of Virtual Reality Technologies Applied in Online Architectural Education	Proceedings of CAADRIA 2017, April 5th-8th Su Zhou, China	Chengyu Sun, Diqiong Xu, Daria Kryvko, Peihong Tao
A Low-tech Experiment—International Bamboo Biennale Longquan, China	Arquitectura Viva. 196.7-8	张晓春，李翔宁
城市更新背景下中国城市街道网络的生成途径	新建筑	许凯，孙彤宇
街道 · 生活	时代建筑	李彦伯
城市街道的本质——步行空间路径 – 界面耦合关系	时代建筑	孙彤宇，许凯，杜叶铖
上海核心城区轨道交通站域客流量对开发强度的影响分析	建筑学报	庄宇，袁铭
高密度城市公共活动中心步行系统更新研究	西部人居环境学刊	庄宇，吴景炜
Mechanism of air development and its application in urban renewal: a case study in Shanghai	14th APSA	Wen Chao. Zhuang Yu
The second-level pedestrian network design access impact assessment and findings in Shanghai Xujiahui area	14th APSA	Jingwei WU, Xi WU. Yu Zhuang
A comparative study on high-performance glazing for office buildings	Intelligent Buildings International	Qian Jin, Mauro Overend

续表

论著名称	刊物 / 会议	作者
'The indoor environmental quality improving and energy saving potential of phase-change material integrated facades for high-rise office buildings in Shanghai'	International Journal of High-rise Buildings 6（2）	Qian Jin
'Design and control optimisation of adaptive insulation systems for office buildings. Part 1: Adaptive technologies and simulation framework'	Energy 127	Fabio Favoino, Qian Jin, Mauro Overend
'Design and control optimisation of adaptive insulation systems for office buildings. Part 2: A parametric study for a temperate climate'.	Energy 127	Qian Jin, Fabio Favoino, Mauro Overend.
城市 建筑 符号——汉堡易北爱乐音乐厅设计解析	时代建筑	支文军, 潘佳力
包容与多元——国际语境演进中的 2016 阿卡汗建筑奖	世界建筑	支文军, 徐蜀辰
充满幸福感的建筑——第 19 届亚洲建协论坛报道	时代建筑	支文军, 费甲辰
城市之魂——UIA2017 首尔世界建筑师大会综述	时代建筑	支文军, 何润
From Crisis to Crisis: Reading, Writing and Criticism in Architecture	Cultivating a Critical Culture: The Interplay of Time + Architecture and Contemporary Chinese Architecture	Wenjun Zhi, Guanghui Ding
长三角地区无机保温装饰复合板防水透气性探讨	住宅科技	胡向磊
基于实际工程模型的无机砂浆保温装饰复合板耐候性温度场与温度应力模拟	建筑科学	胡向磊
Numerical Simulation of Weather Resistance Experiment for Insulated Decorative Panel	Applied Mechanics and Materials	胡向磊
街区空间形态对居民步行通行的影响分析	规划师	陈泳, 王全燕, 奚文沁, 毛婕
步行活动与轨道交通的共生——德国老城步行化发展的公共交通策略	上海城市规划	陈泳, 严佳
在地的平实建造	时代建筑	陈泳, 袁琦
基于人性化维度的街道设计导控——以美国为例	时代建筑	陈泳, 张一功, 袁琦
Plan pedestrian friendly environments around subway stations: lessons from Shanghai, China	Journal of Urban Design	焦峻峰, 陈泳
从文化认同到消费认同——商业建筑的文化图解	华建筑	董屹
Cultural Transfer and Architecture: Foreign Architectural Practice in Shanghai after 1949	UIA 2017 Seoul World Architects Congress	刘刊
既有建筑再生中的策略与技术——以德国工业建筑遗产为例	城市建筑	李论, 刘刊
德国鲁尔区工业遗产的"博物馆式更新"策略研究	西部人居环境学刊	李论, 刘刊
基于数据统计的陆家嘴中心区高层建筑群规划及发展研究	华中建筑	李论, 刘刊
Intermediary for Creation vs. Aesthetic Experience. Searching for a Modern Architecture Inheriting the Tradition of Chinese Garden in 1980s	Rome: Gangemi Editore spa	ZHOU Minghao
街区尺度下建筑群体能耗数值模拟与敏感形态因子研究	DADA2017 数字建筑国际学术研讨会论文集	王一, 王雅馨
特色活力区建设——城市更新的一个重要方法	城市规划学刊	卢济威, 王一

续表

论著名称	刊物 / 会议	作者
中国传统屋木画中斗栱表达方式的变迁	世界建筑	刘涤宇
博弈于拼贴肌理之间——上海棋院的设计选择	时代建筑	刘涤宇
局部片段的交织——上海画家之宅设计思路解析	时代建筑	刘涤宇
经济制约下地域建筑中材料的建构——巴兰扎特圣母教堂分析	建筑学报	胡滨, 李旭坤
Constructing New Meanings of Chinese Architectural Heritage in the World Heritage Sites of Malacca Straits	Built Heritage	Qing Mei
Chinoiserie: An Exploration on Cultural Heritage Along The Maritime Silk Roads	Conference publication: Preserving Transcultural Heritage: Your Way or My Way? Publisher: Caleidoscópio, Vale de Cambra	Mei Qing
双层通风青瓦屋顶被动蒸发冷却研究、低能耗宜居建筑营造理论与实践	2017 全国建筑热工与节能学术会议论文集	赵群
Thermal performance of double-layer black tile roof in winter	Energy Procedia	赵群
城市更新背景下中国城市街道网络的生成途径	新建筑	许凯, 孙彤宇
城市街道的本质 步行空间路径—界面耦合关系	时代建筑	孙彤宇, 许凯, 杜叶铖
"殿堂"——解读佛光寺东大殿的斗栱设计	建筑学报	温静
私の見た日本	近代建筑	温静
语境中的建构：建筑学专业造型课程探索	华中建筑	王珂, 阴佳
理论、历史与批评	建筑学报	王骏阳
池舍的数字化与非数字化 ——再论数字化建筑与传统建筑学的融合	时代建筑	王骏阳
尤恩·伍重:现代主义与复合工艺	时代建筑	王骏阳
A proposed lighting-design space: circadian effect versus visual illuminance	Building & Environment	Dai Q, Cai W, Shi W, et al
Spectral optimisation and a novel lighting-design space based on circadian stimulus	Lighting Research & Technology	Dai Q, Cai W, Hao L, et al
A Study on the Emotional and Visual Influence of the CICU Luminous Environment on Patients and Nurses	Journal of Asian Architecture & Building Engineering	Cui Z, Hao L, Xu J
光与健康的研究动态与展望	照明工程学报	郝洛西, 曹亦潇, 崔哲, 曾堃, 邵戎镝
EEG 作为光与情绪实验方法的探讨 ——以心内科 CICU 模拟空间白光实验为例	照明工程学报	曾堃, 郝洛西
城市照明光污染的类别与危害浅析	城市照明	郝洛西
从美学角度谈桥梁照明与景观	城市照明	郝洛西
Lighting of a cardiac intensive care unit: Emotional and visual effects on patients and nurses	Lighting Research & Technology	Z Cui, L Hao, J Xu
Investing in local construction skills: Scenarios for upgrading the built environment with more labor and less material resources	Procedia Engineering	Belle I
The architecture, engineering and construction industry and blockchain technology	Guohua Ji, Zhyu Tong (eds.) Digital Culture	Belle I

续表

论著名称	刊物 / 会议	作者
隐藏的图形——当代中国城市广场的九宫格局	城市设计	蔡永洁, 江家旸
蔡永洁 . 说(访谈)	城市设计	蔡永洁
Museo del Terremoto de Wenchuan (China), Anti-Seismic Landscape of Green Roofs and Corroded Steel Boards	Arquitectura Viva	蔡永洁, 曹野
简单才能独特(访谈)	室内设计师	蔡永洁
Three Types of Chiaroscuro and Their Artistic Contexts	Claudia Lehmann (eds.) Chiaroscuro als aesthetisches Prinzip	胡炜
Lighting of a cardiac intensive care unit: Emotional and visual effects on patients and nurses	Lighting Research & Technology	Z Cui, L Hao, J Xu
A Study on the Emotional and Visual Influence of the CICU Luminous Environment on Patients and Nurses,	Journal of Asian Architecture and Building Engineering	Zhe Cui, Luoxi Hao, Junli Xu
装配式内装工业化体系在既有住宅改造中的适用性研究	建筑技艺	周静敏, 苗青, 陈静雯
结构支撑体与住宅平面灵活性	住宅科技	黄杰, 周静敏
浅析上海工人新村形态特征与历史更新	城市空间设计	黄杰, 周静敏
浅析卫浴空间的发展与住在舒适度的提高	城市空间设计	卫泽华, 周静敏
青年公寓的户型可变设计与技术应用探索 ——基于开放建筑理论的工业化住宅设计(下)	住宅科技	卫泽华, 周静敏, 袁正, 郝志伟
开放住宅下的青年居住模式设计探讨 ——基于开放建筑理论的工业化住宅设计(上)	住宅科技	卫泽华, 明磊, 卜梅梅, 周静敏
Residential satisfaction among young people in post-socialist countries: the case of Serbia	J Hous and the Built Environ	Jelena Milić, Jingmin Zhou
Whose city ? On the Shifts of the city Centers of Shanghai in Modern Times	The Influence of Western Architecture in China	Li Xiangning, Zhang Xiaochun
"The Ease of Excellence: On the Works of Archimixing"	Plan	Li Xiangning
"The future is Today: On the works of MAD"	Plan	Li Xiangning
"Here and Now: On the works of Atelier Jiakun"	Plan	Li Xiangning
"From Southern China Landscape to Ontology of Architecture: On the works of Scenic "	Plan	Li Xiangning
未来已来——马岩松和 MAD 的实践	UED 城市环境设计	李翔宁
锚固与游离——上海杨浦滨江公共空间一期	时代建筑	章明, 张姿, 秦曙
水车胡同 24 号 × 展览方案: 在当下的"水车花界"遇见"过去"与"未来"	UED 城市环境设计	章明, 张姿
显性的日常——黄浦江水岸码头与都市滨水空间	时代建筑	章明, 孙嘉龙
城市的未来取决于我们对待过去的态度	H+A 华建筑	章明
卷首语:城市滨水工业文化遗产廊道转型研究	UA 城市建筑	章明
老年人日间照料中心运行管理中的类型定位问题与解决对策	建筑学报学术论文专刊	王依明, 李斌, 李雪, 李华
小城镇居民婚俗礼仪行为变化研究	建筑学报	李斌, 谢凡
环境行为理论和设计方法论	西部人居环境学刊	李斌

续表

论著名称	刊物 / 会议	作者
社区综合养老设施类型划分和服务内容	建筑学报学术论文专刊	李斌, 李雪, 王依明
三峡库区移民村落居住环境转换研究	建筑学报学术论文专刊	李斌, 金鑫
Form Syntax as a Contribution to Geodesign：A Morphological Tool for Urbanity Making in Urban Design	Urban Design International（SSCI&AHCI）, Vol.22	Ye, Y., Yeh, Anthony, Zhuang, Y., van Nes, A. and Liu, J.
Using the Online Walking Journal to explore the relationship between campus environment and walking behaviour	Journal of Transport & Health（SSCI）, No. 5	Lu, Y., Sarkar, C., Ye. Y., and Xiao, Y.
Urban Density, Diversity and Design: Is more always better for walking? A study from Hong Kong	Preventive Medicine（SCI）. Vol. 103	Lu, Y., Xiao, Y., and Ye. Y
新技术与新数据条件下的空间感知与设计可能	时代建筑	叶宇, 戴晓玲
新区空间形态与活力的演化假说：基于街道可达性、建筑密度及形态, 以及功能混合度的整合分析	国际城市规划	叶宇, 庄宇
国际城市设计专业教育模式浅析 —— 基于多所知名高校城市设计专业教育的比较	国际城市规划	叶宇, 庄宇
The Initial Exploration of Adaptedness in Chinese Traditional Settlements	Urbanistica Informazion–10th Study Day of INU "Crisis and Rebirth of Cities", Francesco Domenico Moccia, INU Edizioni, 2017:799-801	Wang Xiaofeng, Chen Yi

2018 年科研论文

论著名称	刊物 / 会议	作者
现代木材建造的全方位技术技能培养: 瑞士比尔高等木材技术学校的启示	时代建筑	彭怒, 李凌洲
中国现代建筑遗产的保护与遗产价值研究:以华东电力大楼为例	时代建筑	彭怒, 董斯静
The Urban Change in Modern Shanghai Descript by Urban Maps, 1840s–1930s	The 18th International Planning History Society Conference Proceedings	GAO Xi, PENG Nu
现代建筑的图像传播与中国想象——以近代上海的大众媒体为例	建筑学报	卢永毅
先锋派的"乡土本心"——重读阿姆斯特丹孤儿院	建筑学报	姚冬晖, 卢永毅
日本低碳建筑认定制度对中国的启示	住宅科技	叶海, 徐婧, 罗淼
建筑风—光环境性能的数字化设计方法初探	第十四届国际绿色建筑与建筑节能大会暨新技术与产品博览会	叶海
室外热环境评价指标及其可视化应用探讨	第十四届国际绿色建筑与建筑节能大会暨新技术与产品博览会	叶海
建成环境性能虚拟仿真实验软件开发 ——其 2:传热系数及其影响因素	第 13 届全国建筑物理学术会议论文集	叶海, 罗小华
声景·光景·热景——中国古代诗文中的建筑物理景观分析	"建筑·城市·文学"学术研讨会论文集	叶海
Thermalscape of Ecological City and its Visualized Evaluation	Applied Energy Symposium and Forum 2018: Low carbon cities and urban energy systems,	YE Hai, QIAN Feng
构造、细部与建筑设计的整合 建筑—家具一体化设计教学的意义	时代建筑	陈镌
社区养老设施综合性设计策略 ——基于老年人使用需求的国内外三案例考察	新建筑	李斌, 张雪, 徐钰彬, 李华
社区环境中老年人的步行行为类型及场景	建筑学报学术论文专刊	李斌, 王尧田, 李雪
Satisfaction Evaluation of Residents in Traditional Villages in the Periphery of Hano	Proceedings of 13th International Symposium for Environment-Behavior Studies	Duong Hoang Trung, Li Bin, Li Hua, Tran Xuan Hieu
The Sociality of W Village Project in View of the Project's Generation Process and Its Post-Completion Impacts	Proceedings of 13th International Symposium for Environment-Behavior Studies	Zhang Bingxi, Xu Yubin, Li Bin, Li Hua.
Influence of Subject Stability on Participatory Community Renewal.	Proceedings of 13th International Symposium for Environment-Behavior Studies	Tao Manli, Li Bin, Kang Kege
Construction and Types of Ethogram of the Elderly Aging at Home: Illustrated By the Case of Yangpu District, Shanghai	Proceedings of 13th International Symposium for Environment-Behavior Studies	Wang Yiming, Li Bin, Li Xue.

续表

论著名称	刊物 / 会议	作者
Environment-Behavior Study of Families with One Healthy and One Sick in Elderly Facility.	Proceedings of 13th International Symposium for Environment-Behavior Studies	Wu Shiqiang, Li Bin, Li Hua.
Negative Behaviors and Related Factors of Elderly with Dementia in Elderly Facility.	Proceedings of 13th International Symposium for Environment-Behavior Studies	Wu Yong, Li Bin, Li Hua.
Changes of the Elderly' s Behavior Before and After Using the Day Care Centers. Proceedings of 13th International Symposium for Environment-Behavior Studies	Proceedings of 13th International Symposium for Environment-Behavior Studies	Li Xue, Li Bin, Wang Yiming
Post-occupancy Evaluation of the University Campus Pedestrian System: A Case Study of the Siping Road Campus of Tongji University.	Proceedings of 13th International Symposium for Environment-Behavior Studies	Wang Wei, Li Bin.
Planning and Architectural Solutions for Preserving and Promoting the Heritage Values of Van La Ancient Village, Dong Hoi city, Vietnam by Minimizing Damage Caused by Natural Calamities and Floods.	Proceedings of 13th International Symposium for Environment-Behavior Studies	Tran Xuan Hieu, Li Bin, Duong Quynh Nga, Dao Hai Nam, Tran Quoc Thai, Duong Hoang Trung, Le Minh Khue
Problem Determination of Participatory Action Research: An Investigation of the Elderly Facility.	Proceedings of 13th International Symposium for Environment-Behavior Studies	Kang Kege, Li Bin, Li Hua.
当代中国建筑评论的新起点：中国建筑学会建筑评论学术委员会成立大会综述	时代建筑	王凯
Effects of Tree Shading and Transpiration on Building Cooling Energy Use	Energy and Buildings	Chun-Ming Hsieh, Juan-Juan Li, Liman Zhang, Ben Schwegler,
城市风廊道的空间规划应用——以北海市强度分区规划为例	第十三届全国建筑物理学术大会	谢俊民, 梁雍, 宋小冬, 孙澄宇, 颜燕
The Improvement Of Micro Climate For An Old Apartment – The Ha Noi City Case	2018 International Conference of Asia-Pacific Planning Societies	Van Long Vu, Chun-Ming Hsieh
通风廊道在城市更新中的应用研究——以台北市万华区爲例	2018 第十届都市与农村经营研讨会	邵路云, 谢俊民, 游政谕
都市风廊道路径算法之研究	2018 第十届都市与农村经营研讨会	陈旺暘, 谢俊民, 黄信桥, 林峰田
基于微气候观点的水岸城市空间规划与设计——以台湾台南市为例	中国滨海城市规划及设计论坛	谢俊民, 李永奇, 何亦萱
面向上海转型发展的亚洲城市研究	时代建筑	沙永杰
新加坡公共交通规划与管理综述	国际城市规划	沙永杰, 纪雁, [新] 陈婉婷
近代上海法租界西区的特征——基于当代上海历史文化风貌区保护更新视角的解读	建筑与文化	沙永杰

续表

论著名称	刊物 / 会议	作者
台北市兴隆公共住宅——台湾地区社会住宅与城市更新案例解读	城市建筑	凌琳, 沙永杰
日本历史建筑保护再利用的两种用意	城市建筑	沙永杰
我们的乡村: 关于2018威尼斯建筑双年展中国国家馆的思考	时代建筑	张晓春
Rural Futures: Challenges and Opportunities in Contemporary China	Architecture China	Zhang Xiaochun, Li Xiangning.
高效、活力、绿色的城市中心区建设——以深圳市香蜜湖片区城市设计国际咨询方案为例	城市建筑	杨春侠, 吕承哲, 梁瑜, 乔映荷, 徐思璐
汉堡港口新城城市设计特征解析及对上海北外滩更新的启示	住宅科技	杨春侠, 吕承哲, 徐琛
Generating Continuous Architectural Morphology in Computational Fluid Dynamics		Zhuoxing Gu and Chunxia Yang
基于城市肌理层级解读的滨水步行可达性研究——以上海市苏州河河口地区为例	城市规划	杨春侠, 史敏, 耿慧志
滨水公共空间要素对驻留活力的影响和对策——以上海黄浦江两个典型滨水区为例	城市建筑	杨春侠
伦敦金丝雀码头的城市设计特点与开发得失	城市建筑	杨春侠, 吕承哲, 徐思璐
从新加坡河区域城市设计反思上海黄浦江滨水区开发	住宅科技	杨春侠, 吕承哲, 乔映荷
赵秀恒教授谈上海3000人歌剧院观众厅研究, "薛求理教授关于上海戏剧学院实验剧场和上海电影制片厂摄影棚工程的回忆"	中国建筑口述史文库(第一辑)	华霞虹
上海摩登之源与流: 以拉斯洛·邬达克的建筑作品为例	华人建筑历史研究的新曙光: 2017海峡两岸中生代学者建筑史与文化遗产论坛论文集	华霞虹
Everyday, Change and the Unrecognisable System	Architectural Design	Xiahong Hua, Shen Zhuang
时代语境中的"形式"变迁——上海华东电力大楼的30年争论	时代建筑	刘嘉纬, 华霞虹
一扇门打开两个书店——上海悦阅 / 志达书店的理念与工艺	时代建筑	华霞虹
依法确保在城市规划中实现"保护优先"	城市规划学刊	张松
The Preservation of 20th-Century Architectural Heritage in China: Evolution and Prospects	Built Heritage	ZHANG Song
城市文化的传承与创生刍议	城市规划学刊	张松
总体城市设计的意义及景观管理策略探讨	上海城市规划	张松
美好城市与城市设计	品质规划	张松
绿色建筑自然通风设计研究——以同济大学嘉定体育中心为例	建筑科学	钱锋, 汤朔宁
Ventilation effect on Different Position of Classrooms in "Line" type Teaching Building	Journal of Cleaner Production	Li Yang, Xiaodong Liu, Feng Qian, Shubo Du
绿色太阳能建筑研究	中国建筑学会第十三届建筑物理学术大会论文集——绿色健康宜居	杨丽, 钱锋, 宋德萱, 李丽, 郑可佳

续表

论著名称	刊物／会议	作者
Thermalscape of Ecological City and Its Visualized Evaluation	CUE2018-Applied Energy Symposium and Forum 2018: Low Carbon Cities and Urban Energy Systems	Ye Hai, Qian Feng
夏热冬冷地区近零能耗建筑技术途径探索	南方建筑	宋德萱
基于环境调控的高层住宅立面开口形态——以中国香港为例	住宅科技	宋德萱
攀援植物的墙体环境影响探究——以上海居住小区石质矮墙实测为依据	2018 第十四届国际绿色建筑与建筑节能大会暨新技术与产品博览会	宋德萱
绿化类型对高密度城市住区的热环境影响研究	建筑科学	宋德萱
干热地区城市住宅建造技术与气候适应性探讨——以也门为例	住宅科技	宋德萱
居住区密度参数对太阳能潜力的影响——北京、上海两地对比研究	2018 国际绿色建筑与建筑节能大会论文集	宋德萱
高密度城市住区宅间室外热舒适性研究——以长三角地区典型高层住区为例	2018 国际绿色建筑与建筑节能大会论文集	宋德萱
不同类型村镇住宅室内自然通风模式研究——以浙东南为例	2018 国际绿色建筑与建筑节能大会论文集	宋德萱
绿色太阳能建筑研究	中国建筑学会第十三届建筑物理学术大会论文集	宋德萱
湘西民居围合界面生态修复策略探析	生态城市与绿色建筑	宋德萱
以公交和步行为导向的当代城市中心区空间重塑策略研究	西部人居环境学刊	孙彤宇
建筑作为城市公共空间的引擎——2022 杭州亚运会亚运村公共区青少年活动中心建筑设计	时代建筑	孙彤宇
城市创意社区空间形态的自组织特征研究——以国内四个创意社区为例	城市规划学刊	孙彤宇
环境智能建筑	时代建筑	李麟学
热力学建筑原型 环境调控的形式法则	时代建筑	李麟学
The Beauty and Comfort in Catering Space	The Beauty in Eating Together –Design of Catering Space, Maggopli Editore, Italy, 2018.3	Yan Jun
遗传算法在围护结构设计中的应用	住宅科技	金倩, 王飞
建筑围护结构评价体系与设计方法探讨	住宅科技	金倩
Knowledge-Rich Optimisation of Prefabricated Facades to Support Conceptual Design	Automation in Construction 97	Jacopo Montali, Michele Sauchelli, Qian Jin, Mauro Overend
历史保护 VS 更新利用——同济校园历史建筑保护与改造实践的几点思考	城市建筑	左琰, 程城
青海西川监狱工业旧址的保护与再生策略研究	遗产与保护	左琰, 杨来申, 程 城
四个近代租界城市建筑遗产保护比较研究	第五届“建筑遗产保护与可持续发展天津”学术论坛	左琰, 程城
中国近代工艺美术设计师对室内设计发展的探索与实践	International Journal of Spatial Design & Research	程城, 左琰

续表

论著名称	刊物 / 会议	作者
近代建筑室内环境风貌保护策略及评价研究	建筑遗产	左琰, 程城
中国南方传统营造技艺区划与谱系研究 ——对传播学理论与方法的借鉴	建筑遗产	李浈, 丁曦明
文化传承和创新视野下乡土营造的历史借鉴	城市建筑	李浈, 雷冬霞
传统营造语境下黎川乡土建筑营造技艺特色探析 ——兼议"赣系临川派"的乡土区划	建筑遗产	李浈, 丁曦明
南方乡土营造技艺整体性研究中的几个关键问题	南方建筑	李浈, 吕颖琦
扇架地区乡土营造口述史研究纲要	民居建筑文化传承与创新(第 23 届中国民居建筑学术年会论文集)	刘军瑞, 李浈
辐柯谱系学历史研究法视野下的云南干栏式建筑研究思考	民居建筑文化传承与创新	唐黎洲, 李浈
武汉近代基督教堂地方性营造研究	民居建筑文化传承与创新(第 23 届中国民居建筑学术年会论文集)	朱友利, 李浈
体育建筑装配式金属屋面的可行性探讨	城市建筑	刘宏伟
里弄微更新——一项以问题导向社会空间再生的建筑学教育实验	建筑学报	李彦伯
绿色住区研究的兴起、发展与挑战	住宅科技	庄宇, 刘新瑜
职业建筑师实践中的城市设计思维	城市建筑	庄宇, 王阳
Measuring daily accessed street greenery: A human-scale approach for informing better urban planning practices	Landscape and Urban Planning	Yu Zhuang
建筑作为生活的介质 中西当代建筑更新案例展	时代建筑	田唯佳
后现代图景下的批判性保护——美国当代建成遗产保护动向	建筑师	张鹏, 陈曦
作为后现代城市复兴动力的工业遗产 ——美国费城海军船厂的保护与再生	建筑遗产	张鹏, 陈曦
居住品质与居住环境	世界建筑	李振宇
作为共享城市景观的滨水工业遗产改造策略——以苏州河为例	风景园林	朱怡晨, 李振宇
《说园》三法的意义与启示	时代建筑	李振宇, 朱怡晨
新城市主义理论在都市边缘工业遗产地更新中的合与离	2018 年中国第 9 届工业遗产学术研讨会	孙淼, 李振宇
成都东郊工业遗产保护利用现状与发展研究	2018 年中国第 9 届工业遗产学术研讨会	干云妮, 李振宇
基于工业遗产保护的钢铁旧工业区更新与改造策略研究	2018 年中国第 9 届工业遗产学术研讨会	吴文珂, 李振宇
Growing as Human - Field Office in Yilan, Taiwan(China)	IFLA World Congress Singapore 2018	Zhang Chi, Li Zhenyu.
Reclaiming Landscape as Critical Framework for New Town Renewal: Case Study of Shanghai Nanqiao New Town	IFLA World Congress Singapore 2018. Singapore	Zhenyu LI, Yichen ZHU, Jianjian Song
A Comparative Study of Urban Ecological Functions of Floodstorage Landscape Parks - Take Landscape Parks Design in Harbin as Examples	IFLA World Congress Singapore 2018. Singapore	WANG Haoyu, LI Zhenyu.
Waterfront industry heritage regeneration for bridging the urban space – a case study of the London Canary Wharf and the Shanghai Xuhui Riverside	IFLA World Congress Singapore 2018	Daren Wang, Zhenyu Li

续表

论著名称	刊物 / 会议	作者
Comparison study of typical historical street space between China and Germany: Take Friedrichstrasse in Berlin and Central Street in Harbin as examples	.25th ISUF International Conference	Wang Haoyu, Li Zhenyu
Research on landscape\oriented urban design: Take QIXIAN new industry district design in Fengxian, Shanghai as example	25th ISUF International Conference	Wang Haoyu, Li Zhenyu
Riverside Transformation as Urban Landscape: Case study on the Huangpu Riverside Reconstruction in Shanghai, China	25th ISUF International Conference	Zhang Chi, Li Zhenyu
The Spatial Fabric Analysis of Harbin JingYu Historical Block Based on the Relationship between Culture and Morphology	25th ISUF International Conference	Zhang Yidan, Li Zhenyu
四步关联——建筑分析及设计的方法	建筑学报	王方戟
佛光寺东大殿结构特征 ——《中国古代木结构建筑的技术(战国—北宋)》相关内容再议	建筑学报	王方戟, 王梓童
图纸引导体验——上海宝山贝贝佳欧莱幼儿园设计	建筑学报	王方戟, 王梓童
量化指标体系下长三角大学校园与其周边区域互动关系研究	新建筑	涂慧君
建筑策划群决策方法应用于上海徐汇区工人新村适老化改造研究	十四届 EBRA 会议	涂慧君, 李宛蓉
城市老旧住宅原地更新的使用后评估研究	十四届 EBRA 会议	涂慧君, 张靖
基于建筑策划群决策的城市工业遗产转型策略 ——以上海吴淞国际艺术城为例	十四届 EBRA 会议	涂慧君, 路秀洁
法西斯政权下的意大利公共住房政策和建设实践	建筑师	周晓红
Concerns on Elderly Care Institutions among Chinese Urban Elders and Differences between Individuals: Evidences from Shanghai	AIJ Journal of Technology and Design	SIMA Lei.
上海市养老设施与养老床位的空间分布特征研究	建筑学报	司马蕾
工作你好——建筑系学生的 50 种职业方向	世界建筑	司马蕾, 欧小林
新中国工矿职工住宅竞赛评述	建筑学报	朱晓明, 吴杨杰
独立与外援——柬埔寨新高棉建筑及总建筑师	时代建筑	朱晓明, 吴杨杰
遗产岛——上海复兴岛建筑遗产特征研究	住宅科技	朱晓明, 夏琴
二门·主席像——湖北黄石华新水泥厂记忆之场研究	新建筑	朱晓明, 胡淼
"浙派"的气韵与风骨——陈从周造园思想再析	中国园林	朱宇晖
基于个人沉浸式虚拟环境的模拟建造再评估——以浙江宁波保国寺为例	苏州科技大学学报(工程技术版)	孙澄宇
建筑项目异地实施过程中虚拟现实技术的应用方式与效果评估 ——以六主村无止桥公益项目情景为例	2018 年全国建筑院系建筑数字技术教学与研究学术研讨会	孙澄宇
Navigation modes, operation methods, observation scales and background options in UI design for high learning performance in VR-based architectural applications.	Journal of Computational Design and Engineering	Chengyu Sun, Wei Hu, Diqiong Xu
面向应用的深度神经网络图说	时代建筑	孙澄宇

续表

论著名称	刊物 / 会议	作者
Hybrid Fabrication: A Free-form Building Process with High Onsite Flexibility and Acceptable Accumulative Error.	Proceedings of the 38th Annual Conference of the Association for Computer Aided Design in Architecture (ACADIA)	Chengyu SUN, Zhaohua ZHENG, Yuze WANG, Tongyu SUN
MR.SAP: An Assistant Co-working with Architects in Tangible-Model-Based Design Process	Proceedings of the 23rd International Conference on Computer-Aided Architectural Design Research in Asia, Beijing	Sun, C., Wang, Y. and Zheng, Z.
A Topological-Rule-Based Algorithm Converting a Point Cloud into a Key-Feature Mes	Proceedings of the 23rd International Conference on Computer-Aided Architectural Design Research in Asia, Beijing	Sun, C., Zheng, Z. and Wang, Y
基于未来建材 FRP 复合材料的新设计可能性	时代建筑	刘一歌, 李立, 袁烽
Research Analysis and Test Model Development of a Social Phenomenon: Sharing Bicycles and its Influence on the Urban Fabric	PLEA 2018	Ercument Gorgul, Gonçalo Araújo, Manuel Correia-Guedes,
大型设计院组织模式的动态性演变与组织即兴推动：以华建集团华东总院为典型样本	时代建筑	徐洁
地方性建构中的规范与偏离——广西百色干部学院解读	时代建筑	徐洁
融入日常的无限可能:体育的起源, 演变和未来	华建筑	徐洁
浅析陈从周建筑史学研究分期与类型特征	时代建筑	鲁晨海
绿色建筑自然通风设计研究——以同济大学嘉定体育中心为例	建筑科学	汤朔宁
体育建筑领域技术集成应用与研究	城市建筑	汤朔宁
“互联网 +”时代大中型体育中心体验式复合化设计研究	H+A 华建筑	汤朔宁
养老空间光照环境对老年人抑郁症的疗愈作用研究进展	照明工程学报	陈尧东, 崔哲, 郝洛西
Spatial and spectral illumination design for energy-efficient circadian lighting	Building & Environment	Dai Q, Huang Y, Hao L
Calculation and measurement of mean room surface exitance:The accuracy evaluation	Lighting Research & Technology	Q Dai, Y Huang, L Hao, W Cai
The impact of room surface reflectance on corneal illuminance and rule-of-thumb equations for circadian lighting design	Building & Environment	Wenjing Cai, Jiguang Yue, Qi Dai, Luoxi Hao
Research on the Status quo of the Lighting Environment in the Senior living Facilities in Shanghai	The 11th Asia Lighting Conference Proceeding	Kai Peng, Zhe Cui, Luoxi Hao
The impact of color design on the elderly' s health in nursing homes	The 11th Asia Lighting Conference Proceeding	Wenjing Ge, Luoxi Hao, Zhe Cui.
Providing hope and health support for cancer patients with therapeutic lighting: A Case study of hematology ward	The 11th Asia Lighting Conference Proceeding	Yixiao Cao, Luoxi Hao*, Wenyuan Shi
Lighting Design Exploration for Relieving Depression Disorder	The 11th Asia Lighting Conference Proceeding	Rongdi Shao, Luoxi Hao

续表

论著名称	刊物 / 会议	作者
建筑太阳辐射得热对室内辐射热环境影响	第十三届建筑物理学术大会论文集	赵群
明代威海海防卫所城池与其影响下的海草房村落军事防御关联研究	传统技艺与现代科技:东亚文化遗产保护学会第六次国际学术研讨会论文集	梅青, 王茜
Material Transformation Study from Vernacular to Modern ——Taking the Vernacular Seaweed House Prototype and its Interpretation of the Big Dipper Mountain Villa In Rongcheng City by Tongji University as Case Study	UIA 2017, Seoul	Xi Wang, Mei Qing
用工业化部品改造后的既有住宅评价研究 ——基于现场空间体验的居民满意度分析(上)	住宅科技	周静敏
中小套型住宅厨卫空间问题调查与分析	住宅科技	周静敏
基于使用后评估的城市旧住宅改造策略研究 ——以上海鞍山新村为例	住宅科技	刘敏, 周静敏, 柯婕
E·HOUSE 基于开放建筑体系的互联网住宅系统	建筑技艺	张理奥, 周静敏
商住进化论 开放建筑体系下的工业化住宅设计	建筑技艺	张淑菁, 周静敏
从公共性到开放性——从青年住宅实践看未来青年共享社区发展	住宅科技	伍曼琳, 周静敏
The Historical Development of Flexible and Adaptive Housing in China	MAKING SPACE FOR HOPE, AESOP Annual Congress	Jingwen CHEN, Jingmin ZHOU, Qing MIAO, Ziqian ZHOU
A study on Residential demands of young people living in Shanghai Chuangzhi Fang Area	MAKING SPACE FOR HOPE, AESOP Annual Congress	Zehua WEI, Jingmin ZHOU, Jingwen CHEN, Ziqian ZHOU
中小套型住宅厨卫空间问题调查与分析	住宅科技	周静敏, 陈静雯
多核生长对住宅发展的一种新探索	建筑技艺	公维杰, 周静敏
1+N 宅开放建筑体系下的可变住宅设计	建筑技艺	诸梦杰, 周静敏
新加坡公共住房设计策略分析及其对我国的启示	城市住宅	张理奥, 周静敏
工业化内装应用于既有住宅改造的评价研究 ——基于现场空间体验的居民满意度分析(下)	住宅科技	伍曼琳, 周静敏
Residential satisfaction among young people in post-socialist countries: the case of Serbia	Journal of Housing and the Built Environment	Milić, J., & Zhou, J.
基于 ArcGIS 平台的热舒适性与行为耦合的评价方法和公共空间改善策略研究	住宅科技	王一, 李丽莎
城市街区热舒适性与空间行为关联性研究	住宅科技	王一
铁路废弃地城市更新绩效评估	城市建筑	黄嘉萱, 王一, 徐浩然
Urban Regeneration and Public Space Making: Case study of the urban design for North Bund in Shanghai	Vertical Urbanism	Wang, Y.
The application potential of solar energy sources in Shanghai's existing worker's village	Energy Procedia	Peipei Jiang, Yi Wang, Zhikai Peng

续表

论著名称	刊物 / 会议	作者
基于人车和谐的历史街道交通稳静化设计：以米兰地区四条生活街道为例	城市建筑	陈泳, 郗晓阳
基于校社共享理念的教育建筑综合体探索	建筑技艺	李晓红, 许潇, 陈泳
基于老龄人的人行道步行安全感知分析	2018 世界交通运输大会论文集	张昭希, 陈泳
The Impact of Neighborhood Built Environments on Walking Shopping Activities in Shanghai, China,	Proceedings of Association of Collegiate Schools of Planning（ACSP2018）	吴昊, 焦峻峰, 陈泳
何不再问“自由空间”——第 16 届威尼斯国际建筑双年展中国国家馆策展记录与思考	世界建筑	李翔宁
建筑师介入乡村的策略与实践：以第十六届威尼斯国际建筑双年展中国国家馆的参展作品为例	公共艺术	李翔宁
我们的乡村：关于 2018 威尼斯建筑双年展中国国家馆的思考	时代建筑	李翔宁
文化·纪念性·场所——何镜堂作品阅读	城市环境设计	李翔宁
建筑设计新思维和新实验	世界建筑	李翔宁
当代中国建筑与城市美学刍议	美术观察	李翔宁
映射——浅谈当代建筑热点与建筑教育新关系呈现	中国建筑教育	李翔宁
全球视野中的“当代中国建筑”	时代建筑	李翔宁
从 1929 到 1986: 巴塞罗那德国馆的重建之路	建筑学报	李翔宁
2018 威尼斯建筑双年展中国国家馆策展手记	人民日报	李翔宁
Towards the Biennale: Rural Life as an Urban Cure	the Plan	Li Xiangning
Design Maturaity and Balance: Natural Build	the Plan	Li Xiangning
From Garden to City Street: TM Studio	the Plan	Li Xiangning
A Macrocosmic/Macroscopic View of Architecture: ZAO/standardarchitecture	the Plan	Li Xiangning
Study on Waterproof and Air Permeability of Inorganic Insulated Decorative Pannel	MATEC Web of Conferences	Hu, Xianglei
门、窗、楼梯	建筑与文化	胡滨
院(园)子的空间意图	建筑与文化	胡滨
The everyday: a degree zero agenda for contemporary Chinese architecture	Architectural Research Quarterly	王骏阳
2018《建筑学报》“青年学者支持计划”评述	建筑学报	王骏阳
“历史的”与“非历史的”——80 年后再看佛光寺	建筑学报	王骏阳
他者南方, 具体的南方	新建筑	王骏阳
华黎的在地建筑——一种对建筑学基本问题的回应	建筑学报	王骏阳
性能化设计在城市设计中的应用与研究	建筑技艺	戚广平
我国高铁车站入站空间组织模式的发展过程与趋势——迈向信息化和全域化的站城融合	建筑技艺	戴一正, 戚广平

续表

论著名称	刊物 / 会议	作者
航站楼旅客登机桥改造——以兰州中川机场 T1 航站楼到达夹层扩建方案为例	建筑技艺	戴一正, 戚广平
基于多主体代理的航站楼功能空间性能化设计研究 ——以兰州中川 T3 航站楼值机厅为例	城市建筑	戚广平, 戴一正
航站楼接驳空间性能化设计研究	数字技术 • 建筑全生命周期——2018 年全国建筑院系建筑数字技术教学与研究学术研讨会论文集	戴一正, 戚广平
基于"散点透视"的高速铁路沿线动态景观设计研究	华中建筑	戴一正, 戚广平
永续咖啡馆	国际木业	戴颂华
装配式 CLT 建筑从模型到建造	建筑结构	熊海贝, 戴颂华
Research on Renovation Strategies of Historic District Based on Architectural Programming Theory and Methods- Take the overall renovation design of South Yuliang Road, Jiujiang City as an example; Differences and Integration of Urban and Rural Environment	Proceedings of the 13th International Symposium For Environment-Behavior Studies	Liu Min, Hao Zhiwei, Zhu Jiahua, Zhang Ke
基于使用后评估的城市旧住宅改造策略研究 ——以上海鞍山新村为例	住宅科技	刘敏 周静敏, 柯婕
基于建筑策划理论及方法的历史街区更新策略研究 ——以九江市庾亮南路整体更新设计为例	建筑与文化	刘敏, 郝志伟, 朱佳桦, 张克
中国早期探索现代建筑的两条路径 ——以之江大学和圣约翰大学建筑系师生作品为例	华人建筑历史研究的新曙光 .2017: 海峡两岸中生代学者建筑史与文化遗产论坛论文集	钱锋
"非建筑"的设计策略: "5.12"汶川特大地震纪念馆中人与自然的一次审慎对话	时代建筑	蔡永洁
城市设计: 从西特、塞特到中国	城市设计	蔡永洁
中国城市细胞建构	首届郑州国际城市设计大会论文集	蔡永洁
城市创意社区空间形态的自组织特征研究 ——以国内四个创意社区为例	城市规划学刊	许凯, 孙彤宇
建筑作为城市公共空间的引擎 2022 杭州亚运会亚运村公共区青少年活动中心建筑设计	时代建筑	孙彤宇, 许凯, 郭智超
宁波赫威斯肯特学校(一期)	城市建筑	董屹, 邹天格
宁波诺丁汉大学附属中学	城市建筑	董屹
宁波钱湖商务行政中心	城市建筑	董屹
以文化输出为导向的多元化城市更新与建筑改造设计	建筑学报	王桢栋, 董屹
壮建筑	时代建筑	张永和
砼器	探索家 3	张永和
激活历史: 重庆安达森央行故宫学院设计	文史杂志——故宫文物南迁专辑	张永和
重庆西站站房金属屋面防水设计与施工	中国建筑防水	褚松涛, 魏崴
基础设施之用——杨树浦水厂栈桥设计	时代建筑	章明, 王绪男, 秦曙

续表

论著名称	刊物 / 会议	作者
自然之灵：四川山区老杨家农舍改造	时代建筑	章明
并置产生的交集与简单的多样性——咸阳市市民文化中心	建筑学报	章明，张姿，丁阔
焦虑的守望者——慧剑社区中心（原四川石油钻采设备厂影剧院）改造札记	建筑学报	张姿，章明，章昊
杨树浦驿站“人人屋”——复合木构的实践	建筑技艺	秦曙，张姿，章明
从十八世纪清宫肖像看中西绘画艺术的互动	书与画	胡炜
Three Types of Chiaroscuro and Their Artistic Contexts	hiaroscuro als aesthetisches Prinzip	HU Wei
中国宋、辽、金代建筑的斗栱	建筑的历史、样式、社会	温静
近代上海租界的土地重划与自主开发	时代建筑	刘刚
创建适老社区生活环境，让老年人安然养老	中国社会工作	李华
社区养老设施综合性设计策略 ——基于老年人使用需求的国内外三案例考察	新建筑	李华（第四作者）
养老设施中的一健一患家庭老年人的环境行为研究（英文）	13 届 EBRA 国际学术研讨会	李华（第三作者）
指标城市——作为批判与投射的城市图解	新建筑	谭峥
The fusion of dimensions: Planning, infrastructure and transborder space of Luohu Port, Shenzhen, China	Cities	Tan, Zheng, Charlie Q.L. Xue, Yingbo Xiao
同济中生代建筑师事务所机构群体略论：以“同济八骏”为例	时代建筑	刘刊
基于数据统计的陆家嘴中心区高层建筑群规划及发展研究	华中建筑	刘刊
当代中国建筑评论的新起点： 中国建筑学会建筑评论学术委员会成立大会综述	时代建筑	刘刊
中国古代赏鉴活动的空间性 ——以四卷香山九老雅集题材画作为例	装饰	刘涤宇
两种原型的相遇——莪山实践的形式操作思路解析	时代建筑	刘涤宇
古文书中的一组明代徽州宅院 ——《万历十五年金濠等丈量基地尺式》研究	建筑学报	刘涤宇
北京南城五道庙附近街坊建筑肌理及其演变趋势分析	中国建筑学会建筑史学分会学术年会	刘涤宇
How block density and typology affect urban vitality: an exploratory analysis in Shenzhen, China	Urban Geography	Ye Y, Li D, Liu X.
Measuring daily accessed street greenery: A human-scale approach for informing better urban planning practices	Landscape and Urban Planning	Ye Y, Richards D, Lu Y, et al
Space in a social movement: a case study of occupy central in Hong Kong in 2014	Space and Culture（SSCI,A&HCI）	Wang X, Ye Y, Chan C K.
VitalVizor: A Visual Analytics System for Studying Urban Vitality	IEEE computer graphics and applications（SCI）	Zeng W, Ye Y.
StreetVizor: Visual Exploration of Human-Scale Urban Forms Based on Street Views	IEEE transactions on visualization and computer graphics（SCI）,	Shen Q, Zeng W, Ye Y, et al.
街道绿化品质的人本视角测度框架 ——基于百度街景数据和机器学习的大规模分析	风景园林	叶宇，张灵珠，颜文涛， 曾伟

续表

论著名称	刊物 / 会议	作者
国际城市设计专业教育模式浅析 ——基于多所知名高校城市设计专业教育的比较	国际城市规划	叶宇
From Verifiable Authenticity to Verisimilar Interventions: Xintiandi, Fuxing SOHO, and the Alternatives to Built Heritage Conservation in Shanghai	International Journal of Heritage Studies	Placido Gonzalez
'"Laboratorio Q", Seville: creative production of collective spaces before and after austerity	Journal of Urbanism: International Research on Placemaking and Urban Sustainability.	Placido Gonzalez, A. Alanis, M. Carrascal, C. Garcia, A. Guajardo, P. Sendra
Lights and shadows over the Recommendation on the Historic Urban Landscape: "Managing change" in Ballarat and Cuenca through a radical approach focused on values and authenticity	International Journal of Heritage Studies	Placido Gonzalez , J. Rey Perez
建筑作为生活的介质——中西当代建筑更新案例展 'Architecture Set: Everyday Life Prepositions. Context in Dialogue of Spanish and Shanghai Architectural Practices'	Time + Architecture	Placido Gonzalez, W. Tian
'Shanghai, ¿Surprise?: cinco actos de construcción de la ciudad del patrimonio en China (Shanghai, surprise? Five stages in the construction of the Heritage City in China)	Astragalo	Placido Gonzalez
20th Century Heritage in Spain: Recovery and Intervention' (with PÉREZ ESCOLANO, V.), in REICHLIN, Bruno; GRIGNOLO, Roberta (eds.), Conservation, restoration and reuse of 20th century heritage.	A historical-critical encyclopaedia, Vol. I – History and Theory, Colmena Verlag, Basel 2018.	Placido Gonzalez
燃气三联供——热泵容量优化匹配分析方法	电力系统自动化	何桂雄, 黄子硕, 闫华光, 彭震伟, 于航, 杨柯
广域网视角下的城市能量系统及其规划	科学通报	黄子硕, 于航, 彭震伟 .
A novel optimization model based on game tree for multi-energy conversion systems	Energy	Zishuo Huang, Hang Yu, Xiangyang Chu, Zhenwei Peng.
上海高层住宅被动式超低能耗设计策略研究	住宅科技	邓丰
被动式超低能耗住宅设计的隐性成本分析	住宅科技	邓丰

教学论文

2017 年教学论文

论著名称	书刊 / 会议	作者
基于日常生活感知的建筑设计基础教学	时代建筑	张建龙, 徐甘
完整而有深度的建筑设计训练 ——同济大学二年级第二学期建筑设计课程教学改革	中国建筑教育	徐甘, 张建龙
关于教学设计的思考:实验班教学的思考	建筑创作	王凯
从现场出发:一次建筑学入门教学实验	时代建筑	王凯, 李彦伯
适应性设计:关于一年级设计教学思考	城市建筑	李彦伯, 王凯
开放史学中的建筑史教学方法新探	价值认知与特色教学:2017 年全国建筑院校建筑历史与理论教学研讨会论文集	卢永毅
基于自然形态模型建构的建筑设计基础教学研究	中国建筑教育:2017 全国建筑教育学术研讨会论文集	张雪伟, 岑伟
从现代性到当代性: 同济建筑学教育发展的四条线索和一点思考	时代建筑	李振宇
教学相长, 和而不同 ——从“同济八骏”看建筑教育的变革与机遇	2017 建筑教育国际学术研讨会, 深圳	李振宇, 朱怡晨
通过建造学习建筑 ——以 50 年历史的耶鲁设计建造课程为例	建筑学报	华霞虹, 吴骁, 刘嘉纬, 蒲肖依
快速城市化背景下的高校建筑设计研究院	时代建筑	丁洁民, 华霞虹
城市设计教育体系的分析和建议 ——以美国高校的城市设计教育体系和核心课程为例	城市规划学刊	杨春侠, 耿慧志
基于与人互动的参与式建筑设计教学 ——建筑策划方法引入建筑设计教学的探索	南方建筑	涂慧君, 赵伊娜
聚落的新生 ——少数民族地区城镇历史文化遗产保护与利用实践联合教学	2017 全国建筑教育学术研讨会论文集	张建龙, 俞泳, 田唯佳
从日常到非常:同济大学建筑与城市规划学院复合型创新实验班建筑设计教学	建筑创作	王方戟
虚拟仿真实验教学的探索与实践	实验室研究与探索	赵铭超, 孙澄宇

续表

论著名称	书刊 / 会议	作者
虚拟体验驱动下的学生自主深化设计	2017 全国建筑教育学术研讨会论文集	孙澄宇
“智能人工” ——基于三维扫描与视觉引导的人工建造方法	2017 全国建筑院系建筑数字技术教学研讨会暨 DADA2017 数字建筑国际学术研讨会论文集	孙澄宇，郑兆华，王宇泽
当代中国建筑教育走向与问题的思考——王建国院士访谈	时代建筑	王建国, 张晓春
国际城市设计专业教育模式浅析 ——基于多所知名高校城市设计专业教育的比较	国际城市规划	叶宇, 庄宇, 等
中法联合城市设计工作坊的实践与反思： 同济大学与巴黎美丽城高等建筑学院研究生联合设计教学研究	2017 全国建筑教育学术研讨会论文集	张凡
建筑教育与海外旅行——一次海外教学活动及其引发的思考	2017 世界建筑史教学与研究国际研讨会论文集	周鸣浩
城市设计课教学组织的探索与挑战	2017 建筑教育国际学术研讨会论文集	王一, 黄林琳, 杨沛儒
课程教学中知识点教学的分析与思考	2017 全国建筑教育学术研讨会论文集	谢振宇, 孙逸群等
以拓展认知为导向的专题型设计教学探索 ——同济大学建筑系三年级城市综合体“长题”教学体系优化	建筑学报	王桢栋, 谢振宇, 汪浩
建筑结构体系课程中的虚拟仿真实验教学探索与实践	2017 建筑教育国际学术研讨会论文集	曲翠松
包豪斯思想影响下哈佛大学早期建筑教育（1930s-1940s）状况探究	2017 世界建筑史教学与研究国际研讨会论文集	钱锋，徐翔洲
对古希腊雅典卫城历史建筑形成和型制的探讨——西方历史建筑型制与工艺课程案例研究	2017 中外建筑史教学研讨会论文集	钱锋
批判性训练为导向的毕业设计：陆家嘴再城市化	全国建筑教育学术研讨会论文集	蔡永洁, 张溱, 许凯
补课同步转型：现实驱动下的中国建筑教育	时代建筑	蔡永洁
工业化住宅设计教学探索	2017 全国建筑教育学术研讨会论文集	周静敏, 贺永, 黄一如

2018 年教学论文

论著名称	书刊 / 会议	作者
教育体系演变史视野下的“五七公社”典型工程设计教学: 以四平大楼的教学和设计为例	建筑师	彭怒, 董斯静
作为学科记忆的建筑史教学	中国建筑教育	卢永毅
基于有限元分析的建筑设计教学——以 Dlubal RFEM 为例	住宅科技	金倩, 陈镌
家具空间——整体艺术设计教学的契入点	2018 中国高等学校建筑教育学术研讨会论文集	陈镌
高校设计院与建筑学的教育革命 以 1958 至 1965 年间同济大学建筑设计院的组织与实践为例	时代建筑	华霞虹
高校设计院的设计实践与学科思考 同济大学建筑设计研究院 60 年历史回顾	时代建筑	郑时龄
从“设计”重技术:绿色建筑教育再思考	2018 中国高等学校建筑教育学术研讨会论文集	宋德萱
科教结合与国际合作对建筑教育和学科发展的深层意义	中国建筑教育	孙彤宇
造型空间艺术教学与拓展	第十届高等学校建筑与环境设计专业美术教学研讨会教师论文集	刘秀兰
美国宾夕法尼亚大学的遗产保护教育	建筑遗产	张鹏, 吴霜
“建筑学”与“遗产保护”的交响 ——写在同济大学历史建筑保护工程专业创建 15 周年之际	中国建筑教育	张鹏
强化场地认知与空间体验的“三段式”教学法初探 ——以同济大学二年级下“评图中心”长题教学为例	中国建筑教育:2018 全国建筑教育学术研讨会论文集	张雪伟, 李彦伯, 刘宏伟
他山之石, 可以攻玉——记夏威夷大学建筑学院 Concentration Design Studio 教学实践及对国内建筑教育改革的借鉴	中国建筑教育:2018 全国建筑教育学术研讨会论文集	张雪伟, 蔡永洁
走向国际化的艺术教育实践	中国建筑教育	于幸泽
放大写生:动物骨骼——素描造型教学方法	第十四届全国高等学校建筑与环境设计专业美术教学研讨会教师论文集	于幸泽
依托社会资源创建建筑设计基础教学实践平台	中国建筑教育	张建龙
多元融合的建筑专业基础教学	中国建筑教育	徐甘, 张建龙
浅谈建筑教育的国际合作	时代建筑	李振宇
《篆刻艺术》通识课程	第十四届全国高等学校建筑与环境设计专业美术教学研讨会教师论文集	刘辉
助教眼中的三年级建筑设计课程——实验班“小菜场上的家”教学总结	中国建筑教育	王方戟, 杨剑飞
从总体到单体的关联教学——一次毕业设计的教学总结	时代建筑	王方戟, 张婷
虚拟仿真技术在中国古建筑教学上的应用研究	2018 年全国建筑院系建筑数字技术教学与研究学术研讨会	孙澄宇

续表

论著名称	书刊 / 会议	作者
建筑类全英语课程的教学组织探索 ——以同济大学 seminar 02031301 课程为例	2018 中国高等学校建筑教育学术研讨会论文集	贺永
走向国际化的艺术教育实践	中国建筑教育	赵巍岩
“产学研”协力共进下的建筑光环境教学探索与创新实践	中国建筑教育	郝洛西
建筑学专业的技术维度和建造意识培养	中国建筑教育	王一
社区更新背景下的毕业设计教学 ——以上海杨浦区大桥街道沈阳路周边地块（微）更新为例	2018 全国高等学校建筑学学科专业指导委员会年会会议论文集	陈强, 陈泳
以实践创新能力为导向的建筑学专业学位硕士研究生培养体系改革 ——以同济大学为例	2018 中国高等学校建筑教育学术研讨会论文集	王志军
本科阶段专题建筑设计的课程特色和教学组织	中国建筑教育	谢振宇, 汪浩
校企联合的研究生课程设计探索与思考 ——2017 同济—凯德中国联合设计工作坊	2018 年全国建筑教育学术研讨会论文集	谢振宇, 李社宸等
全国第一届高校木结构设计邀请赛一等奖获奖作品	中国木屋	戴颂华
嵌入与拓展——《建筑策划》研究生课程体系的建设与教学手段的探讨	中国建筑教育 2018 中国高等学校建筑教育学术研讨会论文集	刘敏
高亦兰教授谈清华大学早期建筑教育	中国建筑口述史文库(第一辑)	钱锋
包豪斯思想影响下的哈佛大学早期建筑教育(20 世纪三四十年代)状况探究	时代建筑	钱锋, 徐翔洲
高度与深度双向拓展的建筑学培养体系探索	中国建筑教育	蔡永洁
新城改造中的城市细胞修补术——陆家嘴再城市化的教学实验	城市设计	蔡永洁
开放互动的建筑学专业毕业设计课程建设	中国建筑教育	董屹
本科阶段专题建筑设计的课程特色和教学组织	中国建筑教育	汪浩
两项关联与两项对立思考引导的教学实践初探 ——本科三年级城市综合体长题课程设计研究	2018 中国高等学校建筑教育学术研讨会论文集	张凡
“城市阅读”: 一门专业基础理论课程的创设与探索	中国建筑教育	刘刚
“产学研”协力共进下的建筑光环境教学探索与创新实践	中国建筑教育	郝洛西, 崔哲等
关于城市形态导控方法的探索性设计教学	中国建筑教育	谭峥
从总体到单体的关联教学——一次毕业设计的教学总结	时代建筑	王方戟, 张婷

学术著作

2017 年学术著作

论著名称	出版机构	作者
灰作十问——建成遗产保护石灰技术	同济大学出版社	戴仕炳，钟燕，胡战勇
生土类建筑原址保护技术与策略：以井冈山刘氏房祠保护与修缮为例	同济大学出版社	方小牛，唐雅欣，陈琳，戴仕炳
从图解思维到数字建造	同济大学出版社	袁烽
Digital Fabrication	Tongji University Press	Philip F. Yuan, Achim Menges, Neil Leach
Computational Design	Tongji University Press	Neil Leach, Philip F. Yuan
城市空间设计概念史	中国建筑工业出版社	王凯，刘刊 译；郑时龄 校
画境之外——同济福美海外艺术实践	上海人民美术出版社	赵巍岩，田唯佳，阴佳
物我之间——写生的一种方法	中国建筑工业出版社	赵巍岩，阴佳，杨萌
上海圣约翰大学校园的空间、建筑及其历史文化解读	东海大学创意设计暨艺术学院建筑系	卢永毅
建筑设计资料集（第三版）第 1 分册：建筑构造	中国建筑工业出版社	颜宏亮 主编
同济建筑创作奖十年——同济建筑设计近期作品辨析 丁洁民 主编．TJAD 2012—2017 作品选	广西师范大学出版社	吴长福
Flyover: Scanning Cities from the Air	Tongji University Press	Zhenyu Li
室内设计制图，建筑设计资料集（室内设计）	中国建筑工业出版社	颜隽
西部地区再开发与"三线"工业遗产再生——青海大通模式的探索与研究	科学出版社	左琰，朱晓明，杨来申
Learning from Urban Elements and Patterns: Exploring and Documenting Busan	Pusan National University	Lee Inhee, Tian Weijia
未知之城	清华大学出版社	于幸泽
设计方法与建筑形态——小菜场上的家 3	同济大学出版社	王方戟，等
建筑思维的草图表达	江苏凤凰科技出版社	赵巍岩 译
意大利公共住房发展史（1861—1945）	广西师范大学出版社	周晓红
保障性住房技术支撑	中国建筑工业出版社	周晓红

续表

论著名称	出版机构	作者
紧凑居住——省地型住宅设计策略研究	中国建筑工业出版社	贺永
营造之美: CAUP 台湾之行	中国建材工业出版社	何伟
中国当代艺术家系列画集(第四辑) 当代绘画 · 何伟	江苏凤凰美术出版社	何伟
马克笔建筑画与视觉笔记	中国电力出版社	刘辉
Whose city? On the Shifts of the city Centers of Shanghai in Modern Times. The Influence of Western Architecture in China	Gangemi Editore International	Li Xiangning, Zhang Xiaochun
建筑钢笔画技法	上海人民美术出版社	孙彤宇
步行与干道的合集	同济大学出版社	孙彤宇, 许凯
站城协同:轨道车站地区的交通可达与空间使用	同济大学出版社	庄宇
城市空间设计概念史	中国建筑工业出版社	王凯, 刘刊 译; 郑时龄 校
中国传统建筑解析与传承 : 上海卷 / 上海传统建筑文化的传承策略和未来展望	中国建筑工业出版社	周鸣浩
解构建筑与建构城市 ——四个解构主义作品的城市设计视角研究	金琅学术出版社	黄林琳
跨语际的空间 ——中国城市广场的语言学视角研究	同济大学出版社	黄林琳
理论·历史·批评(一) ——王骏阳建筑学论文集之一	同济大学出版社	王骏阳
不待五彩: 胡炜花鸟作品 2011—2015	天津人民美术出版社	胡炜
从乔托到贝聿铭	上海书画出版社	胡炜
社区设计与城市文化	中国建筑工业出版社	李晴, 戴颂华
当代中国建筑读本	中国建筑工业出版社	李翔宁 主编
Shanghai Regeneration: Five Paradigms	Applied Research & Design	Li Xiangning, Huang Xiangming, Yang Dingliang
Made in Shanghai	Tongji University Press	Li Xiangning, Li Danfeng, Jiang Jiawei

2018 年学术著作

论著名称	出版机构	作者
Beautiful Villages: Rural Construction Practice in Contemporary China	Images Publishing	Zhang Xiaochun
同济大学建筑设计院 60 年	同济大学出版社	郑时龄, 华霞虹
城市笔记	东方出版中心	张松
站城协同:轨道车站地区空间使用的分布与绩效	同济大学出版社	庄宇, 袁铭
田林新村共有空间中的溢出及共生——小菜场上的家 4: 同济大学建筑与城市规划学院 2013 级实验班 2015 年建筑设计作业集	同济大学出版社	张斌, 王方戟, 庄慎
建筑大师自宅 1920s—1960s	中国建筑工业出版社	朱晓明, 吴杨杰
建筑学专业英语	中国建筑工业出版社	王一, 岑伟
鼓浪屿的世界文化遗产价值研究	同济大学出版社	梅青
建筑构造图解(第二版)	中国建筑工业出版社	胡向磊
空间与身体——建筑设计基础教程	同济大学出版社	胡滨
阅读柯林·罗的《拉图雷特》:王骏阳建筑学论文集之二	同济大学出版社	王骏阳
2015—2016 同济都市建筑年度作品	同济大学出版社	谢振宇
生态城市设计:崇明生态岛的策略与思考	同济大学出版社	王一, 黄林琳, 杨沛儒
5 · 12 汶川特大地震纪念馆设计与建造:与自然的对话	同济大学出版社	蔡永洁
创意产业与自发性城市更新	中国建筑工业出版社	许凯, 孙彤宇
上海改革开放 40 年大事研究 卷七:城市建设	格致出版社 上海人民出版社	伍江, 周鸣浩

2019 年学术著作

论著名称	出版机构	作者
转型时代的空间治理变革	东南大学出版社	陈易
非盟会议中心	中国建筑工业出版社	任力之 主编
建筑概论(第 3 版)	中国建筑工业出版社	沈福煦, 王珂
王季卿文选	同济大学出版社	同济大学建筑与城市规划学院 编
工业化住宅概念研究与方案设计	中国建筑工业出版社	周静敏, 等
节能建筑设计与技术	中国建筑工业出版社	宋德萱, 赵秀玲
热力学建筑原型	同济大学出版社	李麟学
历史街道精细化规划研究	同济大学出版社	伍江, 沙永杰
建筑遗产保护、修复与康复性再生导论	武汉大学出版社	陆地
航空联系视角下的中国城市网络	科学出版社	张凡
Robotic Force Printing	Tongji University Press	Philip F. Yuan, Philippe Block
东京城市更新经验:城市再开发重大案例研究	同济大学出版社	同济大学建筑与城市空间研究所,株式会社日本设计
济语未来:同济大学新生院讲演录	同济大学出版社	黄一如 主编
生态城市设计	同济大学出版社	王一, 黄林琳, 杨佩儒

AWARDS

获奖

教学成果
Teaching Achievements

国家和上海市教学成果奖

同济大学建筑与城市规划学院积极开展教学改革研究，取得丰硕成果。建筑系荣获 2017 年高等教育上海市级教学成果奖特等奖 1 项，一等奖 1 项，二等奖 2 项；2018 年高等教育国家级教学成果奖二等奖 2 项。

2017 年高等教育上海市级教学成果奖获奖名单

奖项	成果名称	成果完成人
特等奖	基于中国绿色发展经验的输出型国际化工程人才培养体系	伍江, 李风亭, 黄一如, 黄宏伟, 廖振良, 李振宇, 周俭, 谭洪卫, 王信, 叶为民
一等奖	基于文化与技术整合的城乡建成遗产保护及传承特型人才培养体系	常青, 周俭, 戴仕炳, 张鹏, 邵甬, 韩锋, 陆地, 李浈, 王红军, 汤众
一等奖	以提升国际竞争力为导向的建筑规划景观人才培养体系深化改革	黄一如, 李振宇, 吴长福, 孙彤宇, 王一
二等奖	基于科教结合与国际协同的研究生全英语研究型设计教学体系建设	孙彤宇, 王一, 王桢栋, 袁烽, 许凯
二等奖	“历史、理论、评论”三位一体的建筑理论教学体系建设	郑时龄, 常青, 卢永毅, 章明, 李翔宁, 王骏阳, 王凯

2018 年高等教育国家级教学成果奖获奖名单

奖项	成果名称	成果完成人
二等奖	基于中国绿色发展经验的输出型国际化工程人才培养体系	伍江,李风亭,黄一如,廖振良,王颖,王信,诸大建,徐竟成,邓慧萍,叶建红,李振宇,叶为民,钱昕,单烨,贾倩
二等奖	基于文化与技术整合的城乡建成遗产保护及传承特型人才培养体系	常青, 周俭, 本杰明·穆栋, 戴仕炳, 张鹏, 邵甬, 韩锋, 卢永毅, 张松, 陆地, 李浈, 王红军, 朱晓明, 卢文胜, 梅青, 鲁晨海, 钱锋, 朱宇晖, 刘刚, 汤众

课程建设

（1）王一老师主持的《建筑学专业设计课程思政教学链》获得2018年“上海高校课程思政教育教学改革试点”项目立项。

（2）李浈老师主持的《建筑史》获得“2018年度同济大学在线开放课程建设项目”立项。其中李浈老师的《建筑史》获批2018年上海市优质在线课程建设项目。

（3）王红军老师的《建筑遗产保护法规与管理》、田唯佳老师的《设计概论》获得2018年上海高校示范性全英语教学课程建设项目立项。

（4）徐甘老师负责的《设计概论》，张鹏老师负责的《保护技术》获批“2018年度同济大学交叉课程建设项目”。

（5）建筑系5门通识选修课程获批“2018年度同济大学精品类通识选修课程建设项目”。

（6）胡炜老师负责的《艺术造型1，2》课程获批2018年“同济大学精品公共基础课程建设项目”。

2018年度同济大学精品类通识选修课程建设项目

课程名称	课程负责人	课程类型
当代城市建筑学导论	张永和	长青系列
陶艺设计	阴佳	核心系列
中西艺术比较	胡炜	精品系列
篆刻艺术	刘辉	精品系列
雕塑	刘庆安	精品系列

教师荣誉

2018年，郑时龄院士获“上海市教育功臣”荣誉称号。

2019年，常青院士获“全国优秀教师”称号。

2019年，郑时龄院士入选年度“最美教师”。

科研成果
Research Awards

建筑系科研获奖

成果大类	奖励名称	成果名称	授奖单位	完成人名单
自然科学	2017 中国轻工业联合会科学技术进步奖一等奖	改善情绪与节律的健康照明系统	中国轻工业联合会	郝洛西，林怡，崔哲，戴奇
自然科学	2016 上海市科学技术进步奖三等奖	建筑空间环境节能技术	上海市人民政府	杨丽，钱锋，项秉仁，宋德萱，叶海，杨峰，郑可佳
自然科学	2017 高校科学研究成果科技进步奖 二等奖	超大城市转型背景下既有城区精细化治理的规划体系及其实践	教育部	伍江，周俭，常青，阮仪三，沙永杰，张松，王林，卢永毅，邵甬，侯斌超，周鸣浩，刘刚

设计成果
Design Awards

全国优秀工程勘察设计行业奖

序号	获奖项目名称	获奖等级	获奖人
1	上海交响乐团迁建工程	公建一等奖	徐风
2	遂宁市体育中心	公建二等奖	钱锋, 汤朔宁
3	延安中路816号"严同春"宅(解放日报社)修缮及改建	公建二等奖	章明
4	山东省第二十三届省运会配建场馆建设工程	公建二等奖	钱锋
5	烟台经济技术开发区城市规划中心	公建二等奖	章明
6	金山卫抗战遗址纪念园改扩建工程	园林景观工程一等奖	李翔宁

教育部优秀设计奖

序号	获奖项目名称	获奖类别与等级	获奖人
1	延安中路816号"严同春"宅(解放日报社)修缮及改建	工程设计一等奖	章明
2	山东省第二十三届省运会配建场馆建设工程	工程设计二等奖	钱锋, 汤朔宁
3	烟台经济技术开发区城市规划中心	工程设计二等奖	章明
4	金山卫抗战遗址纪念园改扩建工程	园林设计一等奖	李翔宁
5	山东省第二十三届省运会配建场馆建设工程	园林设计三等奖	李瑞冬
6	5 · 12汶川特大地震纪念馆	公建一等奖	蔡永洁 等
7	一战华工纪念馆	公建一等奖 绿建二等奖	李立等
8	咸阳市市民文化中心	公建一等奖	章明等
9	安徽艺术学院美术楼	公建一等奖	陈强等
10	南开大学津南校区学生活动中心	公建一等奖	李麟学 等
11	同济大学新建嘉定校区体育中心项目	公建二等奖	钱锋, 汤朔宁 等
12	南开大学新校区(津南校区)建设工程体育馆	公建二等奖	钱锋, 汤朔宁 等
13	中国丝绸博物馆改扩建工程	公建二等奖	李立等
14	上海国际旅游度假区核心区南入口公共交通枢纽 及市政综合服务用房项目	公建三等奖	汤朔宁等
15	上海崇明体育训练基地一期项目	规划一等奖	钱锋, 汤朔宁 等
16	光明田缘生态田园综合体项目核心区景观专项规划	规划二等奖	汤朔宁, 李瑞冬, 钱锋 等

上海市优秀工程设计奖

序号	获奖项目名称	获奖等级	获奖人
1	中国商飞总部基地(一期)	一等奖	钱锋, 汤朔宁
2	南开大学新校区公共教学楼综合实验楼(核心教学区)组团	一等奖	章明
3	无锡阖闾城遗址博物馆	三等奖	李立
4	上海国际旅游度假区一期乐园配套用房(精品购物村)项目	三等奖	汤朔宁
5	南京绿博园环境提升项目III区建筑工程设计	三等奖	袁烽, 赵秀恒, 汤朔宁, 李翔宁
6	上海国际旅游度假区一期乐园配套用房(精品购物村)	园林景观设计二等奖	汤朔宁, 李瑞冬
7	上海当代艺术博物馆	一等奖	章明 等
8	晋中城市规划馆	二等奖	章明等
9	长江剧场装修工程	三等奖	徐风 等

香港建筑师学会两岸四地建筑设计大奖

序号	获奖项目名称	获奖等级	获奖人
1	5.12 汶川特大地震纪念馆	金奖	蔡永洁
2	范曾艺术馆	金奖	章明
3	上海延安中路 618 号修缮项目——解放日报社	银奖	章明
4	南开大学津南校区学生活动中心	提名奖	李麟学
5	杭州桥西直街 D32 商业街区——杭政储出(2011)32 号地块	提名奖	庄宇
6	安徽大学艺术与传媒学院 · 美术楼	金奖	陈强 等
7	上海第一百货商业中心六合路商业街	银奖	章明 等
8	义乌世贸中心	卓越奖	李麟学 等
9	咸阳市市民文化中心	卓越奖	章明 等
10	杨树浦水厂栈桥	卓越奖	章明 等
11	第一次世界大战华人劳工纪念馆	卓越奖	李立 等

上海市绿色建筑协会

序号	获奖项目名称	获奖等级	获奖人
1	中国商飞总部基地	上海绿色建筑贡献奖	钱锋, 汤朔宁

上海市建筑学会建筑创作奖

序号	获奖项目名称	获奖等级	获奖人
1	青浦区体育文化活动中心一期工程	公共建筑类优秀奖	章明
2	中国丝绸博物馆改扩建工程	城市更新类优秀奖	李立
3	上海延安中路 816 号改扩建项目——解放日报社	城市更新类优秀奖	章明
4	杨浦滨江公共空间一期(示范段)	园林景观类优秀奖	章明
5	连州市丰阳镇丰阳村设计及改造	城市设计类佳作奖	金云峰
6	虹口区北外滩地区城市设计	城市设计类佳作奖	卢济威, 王一, 张凡, 杨春侠, 李立
7	三亚当代艺术馆暨世界手工艺理事会国际交流中心项目	城市设计类佳作奖	章明
8	上海国际旅游度假区核心区南入口公共交通枢纽及市政综合服务用房项目	公共建筑类佳作奖	汤朔宁

续表

序号	获奖项目名称	获奖等级	获奖人
9	烟台经济技术开发区城市规划中心	公共建筑类佳作奖	章明
10	青岛颐海温泉大酒店	公共建筑类佳作奖	李麟学
11	复旦相辉堂改扩建项目	城市更新类佳作奖	章明
12	连州市西岸镇马带村设计及改造	城市设计类提名奖	金云峰
13	阜阳市奥林匹克体育公园设计项目	公共建筑类提名奖	钱锋
14	金山卫抗战遗址纪念园改扩建工程	园林景观提名奖	李翔宁
15	第一百货商业中心六合路商业街	优秀奖(公建类)	章明, 张姿, 肖镭
16	汨罗市屈子书院一期项目	优秀奖(公建类)	常青, 华耘, 刘伟
17	南开大学津南校区学生活动中心	优秀奖(公建类)	李麟学, 吴杰, 周凯锋
18	上海崇明体育训练基地一期项目(1、2、3 号楼)	优秀奖(公建类)	李麟学, 周凯锋, 刘旸
19	安徽大学艺术与传媒学院文忠路校区美术楼	优秀奖(公建类)	陈强, 王文胜, 周峻
20	慧剑社区中心(原钻采厂影剧院)改造	优秀奖(公建类)	章明, 张姿, 丁纯
21	中国驻慕尼黑总领馆馆舍新建工程精装修室内设计	优秀奖(室内类)	王志军, 张子岩
22	杨树浦水厂栈桥	优秀奖(景观类)	章明, 张姿, 王绪男
23	海口骑楼建筑历史文化街区保护与综合整治项目 骑楼建筑立面修缮设计与街道整治工程	优秀奖(历保类)	常青, 王红军, 戴仕炳
24	中国驻慕尼黑总领馆馆舍新建工程	佳作奖(公建类)	王志军, 李振宇, 张子岩
25	杨树浦驿站——人人屋	佳作奖(公建类)	章明, 张姿, 秦曙
26	杨浦区宁国路轮渡站	佳作奖(公建类)	章明, 张姿, 王绪男
27	杭政储出(2011)32 号地块工程	提名奖(公建类)	庄宇, 黄凯, 陈杰
28	青浦区金泽文体中心及成人学校	提名奖(公建类)	蒋红蕾, 陈易
29	光明田缘生态田园综合体项目核心区景观专项规划	提名奖(规划类)	汤朔宁, 李瑞冬, 潘鸿婷, 翟宝华, 廖晓娟

中国建筑学会建筑创作奖

序号	获奖项目名称	获奖等级	获奖人
1	咸阳市市民文化中心	综合奖(建筑创作)金奖	章明
2	5 · 12 汶川特大地震纪念馆	综合奖(建筑创作)金奖	蔡永洁
3	杨浦滨江公共空间一期 (示范段)	专业奖(园林景观)一等奖	章明
4	金山卫抗战遗址纪念园改扩建工程	专业奖(园林景观)二等奖	李翔宁, 汤朔宁
5	中国丝绸博物馆改扩建工程	专业奖(园林景观)三等奖	李立
6	人物奖	建筑教育奖	伍江
7	人物奖	青年建筑师奖	陈强

亚洲建筑协会创作奖

序号	获奖项目名称	获奖等级	获奖人
1	杨浦滨江公共空间	金奖	章明

EVENTS

学术活动

讲座
Lectures

2017年学术讲座

编号	题目	主讲人	主持人
1	建筑师的头几年：从学生向建筑师的转变	王开	叶宇
2	AFRICAN MODERNITY	Ana Tostões	温静
3	自在具足，心意呈现——刘克成教授受聘仪式暨学术报告会	刘克成	
4	上海碎片	席子	
5	从超薄板材到细胞化腔体薄壳	王祥	袁烽
6	王小慧：我的跨界艺术	王小慧	
7	青年柯布的多米诺笔记	刘东洋	常青
8	Atmospheres, towards an Environmental Imagination	Martin Bressani	
9	历史的态度——上海历史建筑修缮实例	沈晓明	徐磊青
10	城市更新导向的城市设计——杨浦滨江城市设计	王曙光	徐磊青
11	北京胡同的死与生	华新民	
12	城市保护与更新：以上海为例	王林	
13	切换与联想——建筑案例研究的若干要点	王方戟	
14	“城市设计”在日本城市更新中的作用	张晓辉	庄宇
15	西方建筑史专题讲座：The Emergence of Chicago Modern Architecture	Thomas Mical	卢永毅
16	激进与敏感并存的城市更新策略	Marcus White	徐磊青
17	城市空间肌理与街道空间特征	沙永杰	
18	Bricoleur 的野性思维	童明	张晓春
19	绅士化与城市变化	Sharon Zukin	
20	上海石库门里弄的存废	刘刚	
21	北京胡同的死与生	华新民	徐磊青
22	明末清初的“新艺术运动”	朱宇晖	
23	环境与行为：观察方法	Anne Vernez-Moudon	陈泳
24	梁思成、兰登华纳与保护京都的历史政治语境	左拉拉	卢永毅
25	上海历史文化遗产保护	侯斌超	
26	原始住俗与早期建筑群组织	王鲁民	张晓春
27	王澍建筑师专场学术报告会	王澍	李翔宁
28	住宅和类型学创新	托马斯·约赫	李振宇
29	中国语境的新城市主义：基础设施 + 公共空间	张永和，谭峥	
30	GOING PUBLIC: TECHNIQUES, TECHNOLOGIES AND TECTONICS	J. Meejin Yoon	袁烽
31	李德华—罗小未设计教席 Jacob Van Rijs 教授授聘仪式暨学术报告会	Jacob Van Rijs	
32	“建筑学科前沿——(手)工艺”研究生课程系列讲座：THE JOINT PROJECT	谭峥	
33	People, Architecture and Technology - Three Keys to a Sustainable Future	Chris Tweed	庄宇
34	跨文化视域下的中国大型住区	迪特·哈森福鲁格	童明
35	国际博士生院系列讲座：为什么要新城更新	蔡永洁	
36	国际博士生院系列讲座：Frontier of Architecture Forum	郝洛西, Lyla Wu, He Wanyu	袁烽

同济大学建筑与城市规划学院
《城市文化与空间》系列 · 05
The City Cultures and Spaces · 05

高峰计划，公正城市与城市治理团队系列讲座

Instructor: Prof. David Grahame Shane, Professor of Urban Design
讲座人：【美】戴维 · 格雷厄姆 · 肖恩 教授
Director: Prof. & Dr. TongMing, Professor of Urban Design
主持人：童明 教授
Time: Oct. 26th, Thursday, 19:00-20:30
时间：10月26日，周四，19:00-20:30
Location: Room D3, Building D, CAUP, Tongji University
地点：同济大学建筑与城市规划学院，D楼，D3教室

建筑人类学课程讲座

原始住俗与早期建筑群组织

主讲人：王鲁民

深圳大学建筑与城市规划学院教授。长期从事中国建筑文化与建筑史研究、参与历史遗产保护设计与规划工作。出版专著《中国古典建筑文化探源》、《中国古代建筑思想史纲》、《营造的智慧——深圳大鹏半岛滨海传统村落研究》、《建构丽江——秩序、形态、方法》。

主持人：常青 教授
时间：2017年5月17日15:20-17:00
地点：同济大学建筑与城市规划学院D楼D1报告厅

主讲人：王禹恒
Xframe设计事务所创始人/主持建筑师/插画家
宁波诺丁汉大学讲师
AA建筑联盟学院年度杰出毕业生（AA Projective Cities）

主持人：朱晓明 教授
地点：建筑与城市规划学院 中庭报告厅
时间：11月16号（周五） 13：30-15：00

图像 . 框架

-- 角落里的大都市

建筑人类学课程

Bricoleur的野性思维

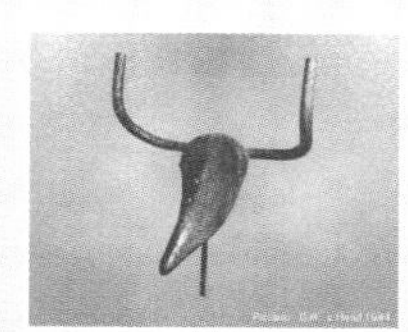

主讲人：童明 博士/教授
Lecturer: Prof. & Dr. Tong Ming
主持人：张晓春 副教授
Host: Prof. Zhang Xiaochun
时间：2017年4月26日15:30-17:00
Time: 15:30-17:00, April 26th, 2017
地点：同济大学建筑与城市规划学院D楼D1报告厅
Venue: Hall D1, Building D, CAUP, Tongji University

建筑人类学课程讲座

关于具体事物的科学

THE SCIENCE OF THE CONCRETE

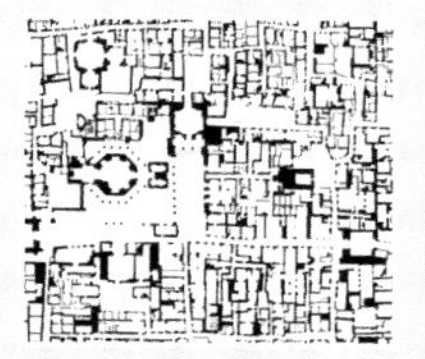

主讲人：童明 博士/教授
Lecturer: Prof. & Dr. Tong Ming
主持人：张晓春 副教授
Host: Prof. Zhang Xiaochun
时间：2018年5月9日 星期三 13:30
Time: 13:30, Wednesday, May 9th, 2018
地点：同济大学建筑与城市规划学院D楼D2报告厅
Venue: Hall D2, Building D, CAUP, Tongji University

主讲人

王鲁民

制度与偶然

从殷墟与镐京说起

《营国：东汉以前华夏聚落景观规制与秩序》新书发布及专题讲座

嘉宾

常青
李振宇
张松
刘涤宇
温静

主持

张晓春

建筑人类学课程讲座

CAUP

光明城

COLLEGE OF ARCHITECTURE AND URBAN PLANNING TONGJI UNIVERSITY
同济大学建筑与城市规划学院

Urban Design Since 1945
1945年以后的城市设计

高峰计划，公正城市与城市治理团队系列讲座

Instructor: Prof. David Grahame Shane, Professor of Urban Design
讲座人：【美】戴维 · 格雷厄姆 · 肖恩 教授
Director: Prof. & Dr. TongMing, Professor of Urban Design
主持人：童明 教授
Time: Oct. 26th, Thursday, 10:00-11:30
时间：10月26日，周四，10:00-11:30
Location: Room D2, Building D, CAUP, Tongji University
地点：同济大学建筑与城市规划学院，D楼，D2教室

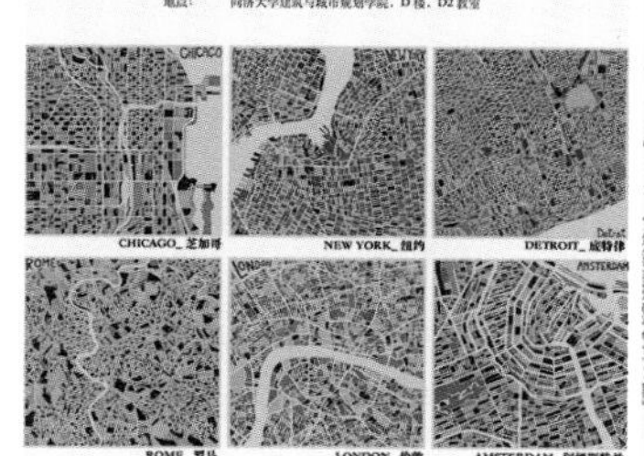

COLLEGE OF ARCHITECTURE AND URBAN PLANNING TONGJI UNIVERSITY
同济大学建筑与城市规划学院
城市设计系列讲座

3 Dimensions of Collage City
拼贴城市的三维时态

高峰计划，公正城市与城市治理团队系列讲座

Instructor: Professor David Grahame Shane, GSAPP, Columbia University
讲座人：【美】戴维 · 格雷厄姆 · 肖恩 教授
Director: Prof. & Dr. TongMing, Professor of Urban Design
主持人：童 明 教授
Time: Nov. 2nd, Thursday, 10:00-11:30
时间：11月02日，周四，10:00-11:30
Location: The Bell Hall, Building B, CAUP, Tongji University
地点：同济大学建筑与城市规划学院，B楼，中庭报告厅

ON UTOPIAS
乌托邦

高峰计划，公正城市与城市治理团队系列讲座

Instructor: Professor David Grahame Shane, GSAPP, Columbia University
讲座人：【美】戴维 · 格雷厄姆 · 肖恩 教授
Director: Prof. & Dr. TongMing, Professor of Urban Design
主持人：童明 教授
Time: Nov. 2nd, Thursday, 19:00-20:30
时间：11月02日，周四，19:00-20:30
Location: Room D3, Building D, CAUP, Tongji University
地点：同济大学建筑与城市规划学院，D楼，D3教室

COLLEGE OF ARCHITECTURE AND URBAN PLANNING TONGJI UNIVERSITY
同济大学建筑与城市规划学院

1

1. 学术讲座海报集锦

同济大学建筑与城市规划学院前沿研究生课程
《建筑学前沿：（手）工艺》课程系列讲座（六）
LECTURES ON FRONTIERS OF ARCHITECTURE: CRAFT

THE TYPICALITY OF AN ATYPICAL CORBU'S PROJECT
—— MAISONS JAOUL

GENERAL INTRODUCTION

王辉
WANG Hui

时间：11月27日19:00-21:00
Time: 19:00 – 21:00, Nov. 27th
地点：同济大学建筑与城市规划学院B楼钟庭报告厅
Venue: The Bell Hall, Building B, CAUP, Tongji University

New Buildings in Dimen village:
Construction Evolvement in Dong Settlements

Heinz Binefeld :
Evolution of Several Details

时间：11月06日19:00-21:00
Time: 19:00 – 21:00, Nov. 6th
地点：同济大学建筑与城市规划学院B楼钟庭报告厅
Venue: The Bell Hall, Building B, CAUP, Tongji University

THE JOINT PROJECT:
Konrad Wachsmann and the Paradox of Prefabricated Buildings

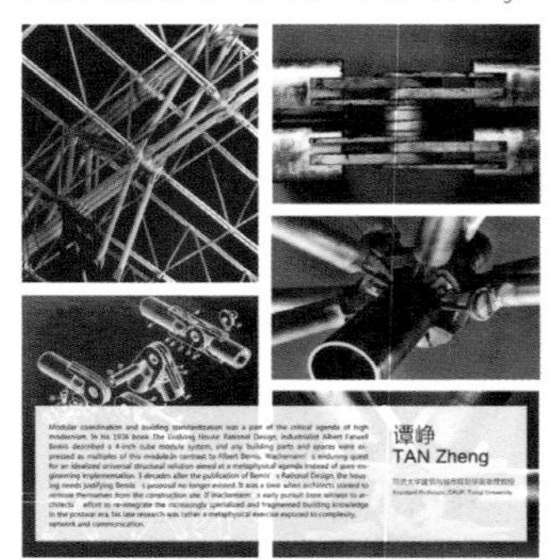

时间：9月25日19:00-21:00
Time: 19:00 – 21:00, Sept. 25th
地点：同济大学建筑与城市规划学院B楼钟庭报告厅
Venue: The Bell Hall, Building B, CAUP, Tongji University

LECTURES ON FRONTIERS OF ARCHITECTURE: CRAFT

RED FUTURISM:
UNDERSTANDING THE CHINESE ARCHITECTURE OF THE 1960S AND ITS TECHNOLOGICAL MONUMENTALITY THROUGH CASE STUDY OF THE NANJING YANGTZE RIVER BRIDGE

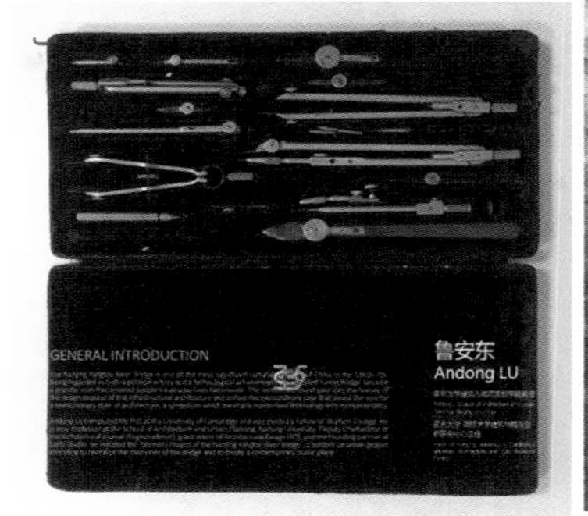

时间：10月23日19:00-21:00
Time: 19:00 – 21:00, Oct. 23th
地点：同济大学建筑与城市规划学院B楼钟庭报告厅
Venue: The Bell Hall, Building B, CAUP, Tongji University

LECTURES ON FRONTIERS OF ARCHITECTURE: CRAFT

WHY ARCHITECTURE ?

时间：9月2日19:00-21:00
Time: 19:00 – 21:00, Sept. 2nd
地点：同济大学建筑与城市规划学院B楼钟庭报告厅
Venue: The Bell Hall, Building B, CAUP, Tongji University

萨默森——讨论一种现代建筑理论所引发的几个问题
Summerson, several problems from 'The Case of a Theory of Modern Architecture'

时间：9月18日15:30-17:05
Time: 15:30-17:05,Sept. 18th
地点：同济大学建筑与城市规划学院D楼第2报告厅
Venue: The 2nd Hall, Building D, CAUP, Tongji University

Building in Text : Academic Reading and Writing 2017 Fall Public Lecture

From Perception to Analysis
—Reading Haus Schütte
从感知到分析——阅读Schütte宅

Instructor: 华霞虹 Xiahong Hua
Lecturer: 龚晨曦 Chenxi Gong

FROM MIES VAN DER ROHE TO WANG DA-HONG AND CHANG CHAO-KANG

时间：10月29日19:00-20:30
Time: 19:00 – 20:30, Oct. 29th
地点：钟庭报告厅
Venue: The Bell Hall

LECTURES ON FRONTIERS OF ARCHITECTURE: CRAFT

The Renascence of Form-type:
Chen Qikuan's Architectural Exploration at Tunghai University

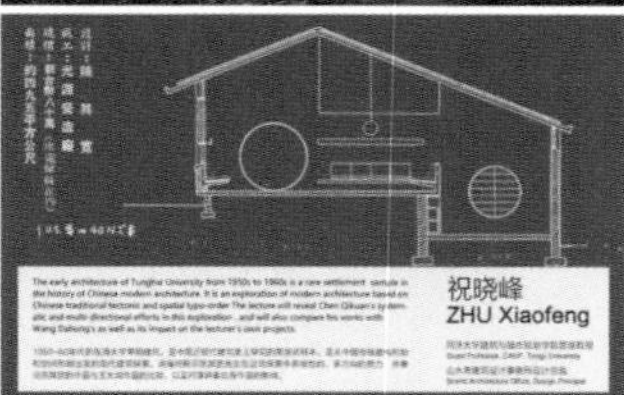

时间：9月16日19:00-21:00
Time: 19:00 – 21:00, Sept. 16th
地点：同济大学建筑与城市规划学院B楼钟庭报告厅
Venue: The Bell Hall, Building B, CAUP, Tongji University

2. 学术讲座海报集锦

2

续表

编号	题目	主讲人	主持人
37	国际博士生院系列讲座:Frontier of Landscape Architecture Forum	Christian Nolf, Helen Woolley, Trudy Maria Tertilt	Dong Nannan
38	国际博士生院系列讲座:Architectural Global Political Compass Forum	Alejandro Zaera-Polo	李翔宁
39	不可摄影化空间与现代别墅建筑的视觉后像	Thomas Mical	
40	文化之都:十九世纪的伦敦和巴黎	Dana Arnold	卢永毅
41	重组城市	戴维·格雷厄姆·肖恩	童明
42	“建筑学科前沿——(手)工艺”研究生课程系列讲座:RED FUTURISM	鲁安东	
43	1945 年以后的城市设计	戴维·格雷厄姆·肖恩	童明
44	UCL 巴特莱特—中国学者访问 2017“城市空间:如何创造, 保留, 增强和衡量价值”	艾伦·佩恩	李振宇
45	建筑的书写与打印	本杰明·狄伦博格	袁烽
46	新高棉建筑——柬埔寨“黄金时代”及总建筑师凡 · 莫利万作品	朱晓明	梅青
47	3 Dimensions of Collage City	戴维·格雷厄姆·肖恩	童明
48	On Utopias	戴维·格雷厄姆·肖恩	童明
49	光与建筑实验	张昕	郝洛西
50	Documentary Remains: The Archival Exhibition	马克·瓦西乌塔	李翔宁
51	大学在促进更可持续的社会变革中的作用:环境设计专业的贡献	Robert Warren Marans	李斌
52	历史建筑存量的研究 / 城市设计中的反演与减法	Uta Hassler, Iris Belle, Kees Christiaanse	蔡永洁
53	New Buildings in Dimen village & Heinz Binefeld	龚晨曦	王红军
54	当代绘画讲座——从纸本水墨经过布面油画到色彩空间	陈若冰	于幸泽
55	错觉感知与建筑非确定性:幻影、想象、共感	闫超	袁烽
56	故宫学院(上海)学术讲坛——辉煌的紫禁城 & 故宫与江南匠系	晋宏逵, 常青	李振宇
57	巴黎圣母院:从十二世纪到二十一世纪	本杰明·穆栋	张鹏
58	数字复制时代的建筑设计	帕特里克·舒马赫	袁烽
59	FROM FREI OTTO TO ACHIM MENGES	袁烽	
60	建筑遗产案例研究:拘率——造园之两难	覃池泉	朱晓明
61	建筑修缮技术新进展	毛宗根	
62	建筑的文学语境 Architecture in Context of Literature	金宇澄	汤惟杰
63	从空间现象学到建造技术	赵奕清	袁烽
64	THE TYPICALITY OF AN ATYPICAL CORBU'S PROJECT	王辉	
65	环境性能化设计简史:从富勒到现在	周渐佳	袁烽
66	2017 年《中德建筑比较》特邀讲座:Public Space 公共空间	陈立缤	蔡永洁
67	阿尔瓦 · 阿尔托: 身体性的现代建筑	李辉	朱晓明
68	ARTICULATED TOPOGRAPHY	刘宇扬	
69	环境性能化导向的建筑数字化生行方法	姚佳伟	袁烽
70	从感知到分析——阅读 Schütte 宅	龚晨曦	华霞虹
71	哥特教堂的结构特征及其保护	本杰明·穆栋	
72	规章体系论	大卫·格林	陈泳
73	力的设计——从结构优化到数字建造	王祥	袁烽
74	城市高密度发展与建筑师的应对和责任	郑士寿	董春方
75	基于结构性能的数字化生形	谢忆民	袁烽
76	一个记者的英文建筑写作实践	乔争月	华霞虹

2018 年学术讲座

编号	题目	主讲人	主持人
1	平凡的价值:当代中国的日常性遗产保护	李光涵	
2	建筑思考	欧蒂娜·戴克	李麟学
3	从绿色建筑到环境修复	Lau Siu Kit, 史洁, 周伊利	宋德萱
4	社区营造中参与式规划的思与惑 -- 以深圳立新社区微更新为例	王静	陈泳
5	We' ll Get There When We Cross That Bridge	阿德安·安德拉奥斯	李翔宁
6	八十年后再看佛光寺当代建筑师的视角	王维仁, 张斌, 柳亦春, 李兴钢, 董功, 王方戟, 冯路	王骏阳
7	热力学与近期实践	伊纳吉·阿巴罗斯	李麟学
8	日本对中国城市与建筑的研究	徐苏斌	
9	埃森曼教授同济讲座:第二数字时代的建筑	彼得·埃森曼	
10	悦读城市 | "里院 VS 里弄:青岛—上海双城记"	金山	刘刚
11	分辨率:从建筑类型到城市形态	邓浩	陈泳
12	当代艺术与城市公共空间	姜俊	卢永毅
13	现代建筑——19 世纪以来的发展成果以及奥托 · 瓦格纳的贡献	沃德·奥克斯林	卢永毅
14	修复城市: 对孤独、冷漠和不平等城市空间规划的"抵抗之道"	徐磊青	
15	CORPORATE ARCHITECTURE — BRANDING ARCHITECTURE	Jochen Siegemund	
16	建筑人类学课程讲座——关于具体事物的科学	童明	张晓春
17	阅读城市——以古今重叠型城址为中心略谈中国古代城市考古的方法与实践	王子奇	
18	开放街区:住宅设计的 40 年之争	李振宇	
19	城市历史住区的发展模式选择	李彦伯	
20	生态城市与都市农业:日本的实践与经验	池上俊郎, 梅林克, 宗本晋作	徐磊青
21	FORM OF KNOWLEDGE ——Werner Oechslin 同济大学顾问教授授聘仪式暨学术讲座	Werner Oechslin	
22	模型作为工具——回归过程而非结果的模型工作方法	李博	徐洁
23	Adaptive reuse and new houses in the historic city	Fernando Vegas & Camilla Mileto	
24	The Alhambra of Granada: History and Conservation	Fernando Vegas & Camilla Mileto	
25	建筑神探怎样炼成——遗产保护研究中的原状推测	朱光亚	李浈
26	从军机处到马林迪——物质形式与政治活动的几种关系	朱剑飞	华霞虹
27	制度与偶然—从殷墟与镐京说起	王鲁民	张晓春
28	从故宫建筑维修工程实践看遗产保护中的五个关键词	赵鹏	刘涤宇
29	FOSTERING A CULTURE OF REHABILITATION IN A WORLD HERITAGE CITY	Vito Redaelli	Placido Gonzalez Martinez
30	建筑历史与理论学术讲座——佘山教堂建造的历史寻踪	高曼士	卢永毅
31	上海杨树浦发电厂厂房保护与更新设计	Dipl. -Ing. Alex Dill	朱晓明
32	可见的变革——未来源于我们的梦想	本杰明·伍德	涂慧君
33	风格与技巧:如何撰写令人印象深刻的申请文书	侯丽, 华霞虹	侯丽
34	李德华—罗小未设计教席 Nikolaus Goetze 教授 授聘仪式暨学术报告会	Nikolaus Goetze	

续表

编号	题目	主讲人	主持人
35	李德华—罗小未设计教席 姚仁喜教授 授聘仪式暨学术报告会	姚仁喜	
36	布尔诺图根哈特住宅与其他捷克世界文化遗产	Martin Horacek	张鹏
37	2018 研究生城市设计课题及同济—TU DELFT 联合设计系列讲座 ——锚固与游离	章明	
38	夏约课程在同济 | 建筑的病害	本杰明 · 穆栋	张鹏
39	夏约课程在同济 | 砖石建筑的保护	本杰明 · 穆栋	张鹏
40	夏约课程在同济 | 历史建筑的结构加固	本杰明 · 穆栋	张鹏
41	视觉与展示博物馆光环境设计	沈迎九	
42	Freedom and Architecture	帕特里克 · 舒马赫	袁烽
43	涵义:建筑的信条	曼哈德 · 冯 · 格康	蔡永洁
44	矶崎新六十年研究回顾系列讲 |“城市 · 建筑 · 媒体”论 ——不可视内容的可视化（装置 · 制度 · 表现）	矶崎新	
45	剖面与身体——在中国霍夫曼窑设计变迁背后可以发现什么?	李海清	朱晓明
46	人类纪的实验性保护	Jorge Otero-Pailos	
47	上海租赁住宅研究与实践	陈磊	贺永
48	近代上海城市文化论坛系列讲座 | 都市摩登 : 新的观看与日常性	汤惟杰, 张屏瑾, 朱晓明	路坦
49	城市设计与社区营造	孙乃飞	贺永
50	中文语境下的空间、景观与建筑史	丁垚	温静

PETER
EISENMAN
Architecture
in the
Second
Digital Age
彼得·埃森曼
第二数字
时代的
建筑
讲座暨新书发布会
16:00
18:00
03/20/2018
同济大学
建筑城规学院
钟庭报告厅
CAUP

Series, No.2
同济大学 | Tongji University
Arata Isozaki Retrospective Lecture
DAY 1
2018/12/10 14:00
Greater Number
巨大数
巨大数
DAY 2
2018/12/11 13:30
Marginality
边境のアーキ
テクチャ
边境
DAY 3
2018/12/13 14:00
Urban Apparatus
都市建築
合体装置
城市建筑合体装置
矶崎新
六十年研究回顾系列讲座
城市●建筑●媒体论
不可视内容的可视化装置·制度·表现
City Architecture Media—Visualize the Invisible
A Retrospective Tour of ARATA ISOZAKI's Architectural Life with the architect himself, through c. 30 lectures of 6 series, at Tongji University in 3 consecutive academic years (6 semesters)
CAUP
2018/12/10
-12/13

Prof. Meinhard von Gerkan
曼哈德·冯·格康 教授
Sinn als Credo der Architektur
涵义：建筑的信条
Meaning: the Guiding Principle of Architecture
2018.12.03 15:00-17:00
Speaker:
Prof. Meinhard von Gerkan
gmp Architects Founding Partner
Advisory Professor of Tongji University
Lecture Host:
Prof. Cai Yongjie
Bell Hall in Building B, Tongji CAUP
Lecture in German/Chinese interpretation
主讲人：
曼哈德·冯·格康 教授
gmp建筑师事务所创始合伙人
同济大学顾问教授
学术主持：蔡永洁教授
同济大学建筑与城市规划学院
B楼钟庭报告厅
德语讲座（中文翻译）
gmp

Lecture Series
数字建筑学理论、历史与方法讨论
系列讲座
数字复制时代的建筑设计
ARCHITECTURE IN THE AGE OF
DIGITAL REPRODUCTION
2017/11/14
10:00-11:30
Tue 周二
Patrik Schumacher
帕特里克·舒马赫
Principal Zaha Hadid Architects
扎哈哈迪德建筑设计事务所合伙人
Place/地点
Lecture Room D2, 5F, Building D
College of Architecture and Urban Planning
Tongji University
同济大学建筑与城市规划学院 D楼五楼第二报告厅
Moderator/主持人
Philip F. Yuan 袁烽教授

LECTURE
PAX
PATIOS DE LA AXERQUÍA, CÓRDOBA
FOSTERING A CULTURE
OF REHABILITATION
IN A WORLD HERITAGE CITY
Speaker: Dr. Vito REDAELLI
Host: Assoc. Prof. Placido GONZALEZ MARTINEZ
Wednesday June 27th, 2018, 15:30h
Room B214
Building B CAUP - Tongji University
BUILT HERITAGE

Tongji University, College of Architecture and Urban Planning
Built Environment Technology Center
同济大学建筑与城市规划学院
建成环境技术中心
Patrik Schumacher
帕特里克·舒马赫
Freedom and Architecture
自由与建筑
Time: November 27th, 2018 18:30-20:00
D2, 5F, Building D, CAUP, Tongji University
Lecture Host: Philip F. Yuan
时间：2018年11月27日 18:30-20:00
讲座主持：袁烽教授
CAUP

A HOUSE, A PALACE
演讲人：Iñaki Ábalos 伊纳基·阿巴罗斯

DUBAI & THE DESERT:
ARCHITECTURE & URBANISM IN FOCUS
迪拜和沙漠：聚焦建筑与城市主义
Professor Marcus Farr

热力学与近期实践
THERMODYNAMICS & RECENT WORKS

3

3. 学术讲座海报集锦

2019 年学术讲座

编号	题目	主讲人	主持人
1	The Terraforming: Urban Planetarity	本杰明·H·布拉顿	
2	王骏阳:萨默森——讨论一种现代建筑理论所引发的几个问题	王骏阳	
3	零碳主动式建筑	Phil Jones	袁烽
4	The Renascence of Form-type	祝晓峰	
5	勒·柯布西耶,走向新建筑还是走向一种建筑	王骏阳	
6	THE JOINT PROJECT	谭峥	
7	张永和:WHY ARCHITECTURE?	张永和	
8	医疗健康设计——历史沿革及未来趋势	吕志鹏	
9	倾听——现代科学危机之后的建筑意义	Alberto Pérez-Gómez	卢永毅
10	上海城市规划演变史	俞斯佳	伍江
11	People, Place, Purpose and Poetry	Francine Houben	周鸣浩
12	重塑现代主义——贝聿铭前期建筑创作空间观	秦颖源	周鸣浩
13	中国当代城乡规划简史	侯丽	伍江
14	被动房——超高效率,气候保护的软路径	Wolfgang Feist	宋德萱
15	问卷调查及数据分析介绍	朱仲义	陈泳
16	作为一只甲方我如何看待商场设计	唐晓虎	谢振宇
17	城市历史保护与城市更新中的认识误区	伍江	
18	1862 老船厂:陆家嘴的新辉煌	汤黎明	刘敏
19	重建城市,重建公共性	朱涛	侯丽
20	分辨率:从房屋类型到城市形态	邓浩	陈泳
21	上海历史风貌保护与城市更新历程与政策	候斌超	伍江
22	迪拜与沙漠:聚焦建筑与城市主义	Marcus Farr	周鸣浩
23	什么是建筑 / 哲学的形式体系	David Ruy & Graham Harman	李麟学、王轶群
24	SOM 上海办公室设计沙龙	李屹华、潘斌、陈轩志	贺永
25	城市规划和建筑设计中的策划思维	郭奇为	涂慧君
26	城市更新的国际经验与上海实践	王林	伍江
27	批判的实用主义:思想和实体之间的调解	Luis Rojo de Castro	王方戟
28	城市空间肌理问题	沙永杰	伍江
29	城市更新的规定动作	Christian Dobrick	董楠楠
30	城市规划和建筑设计中的策划思维	李忠	涂慧君
31	城市空间与社会结构	王甫勤	伍江
32	第二届中瑞建筑对话——瑞士建筑大师马里奥·博塔	马里奥·博塔	
33	城市空间的政治经济学分析	王伟强	伍江
34	从拈花湾到嵩山小镇、拙之岛的文化思考与商业逻辑	毛厚德	涂慧君
35	城市研究的基本问题	伍江	
36	留意间隙:城市空间新策略	Alan J. Plattus	华霞虹
37	城市语境下的文化遗产——从亚太地区得到的启示	William Chapman	王一
38	EVERY DAY THE EVERYDAY 日常与每一天	Kees Kaan	庄宇
39	Future? Asia of Difference 走向何方? 差异性的亚洲	洪人杰	王一
40	PER-FORM-Architecture practices in The Netherlands 形式之上——荷兰建筑实践	张洋	王一

续表

编号	题目	主讲人	主持人
41	城市研究的复杂性与矛盾性	孙施文	伍江
42	意在笔先——建筑策划的创作价值	李振宇	涂慧君
43	Intersection of Architecture and the City 建筑与城市的交汇	Jeffrey Johnson	李翔宁
44	Architecture's Long Game 建筑的持久战	Dana Cuff	
45	全球化背景下世界城市评价指标体系与中城市近 10 年排名	王信	伍江
46	风格的“幽灵”:20 世纪中国建筑话语中风格观念的演变	王颖	华霞虹
47	世界的十字路口:上海, 孟买, 伦敦 Global Crossroads: Shanghai, Mumbai, London	Rosemary Wakeman	侯丽
48	International Development of the Modern Hospital	Julie Willis	郝洛西
49	中国城镇化与小城镇发展	张立	伍江
50	Neil Leach : Do Robots Dream of Digital Sheep?	Neil Leach	李振宇
51	透过镜头思考:视觉城市探索与中国化伦敦的思考	Caroline Knowles	华霞虹
52	中国城镇化与城乡统筹	彭震伟	伍江
53	生态与区域设计	Frederick Steiner	童明
54	“一带一路”中国国际合作园区发展与规划	王兴平	张立
55	A HOUSE, A PALACE	Inaki Abalos	李翔宁
56	土地整治与土地发展权	张占录	张立
57	即物的结构	柳亦春	袁烽
58	片段的组合	童明	袁烽
59	重新构想壳体结构——通过几何操作的强化实现	Philippe Block	袁烽
60	基于结构性能的建筑设计与实现	谢亿民	袁烽
61	Gordon Matta-Clark: Opening Architecture	Philip Ursprung	
62	ORNAMENT AND CRIME: WORKING WITH ADOLF LOOS	Philip Ursprung	
63	何苏斯·乌拉尔基——教学与演练	何苏斯 · 乌拉尔基	王方戟

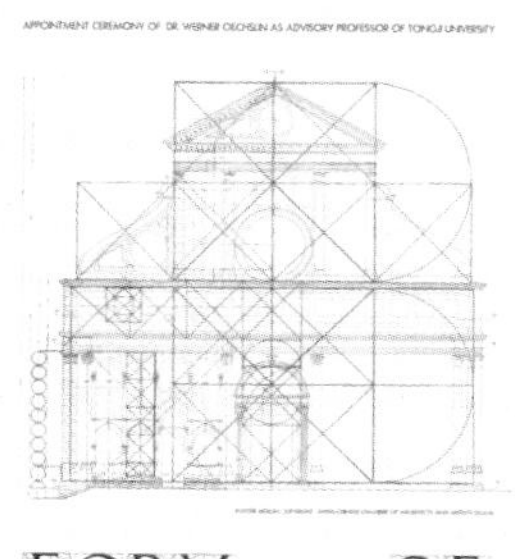
FORM OF
KNOWLEDGE
WERNER OECHSLIN

巴黎圣母院：从十二世纪到二十一世纪

同济大学建筑系校企联合培养合作单位系列讲座
SOM SHANGHAI
EVENING LECTURE
SOM上海办公室
设计沙龙
YIHUA LI, PRC REGISTERED PLANNER 李屹华
BIN PAN, PE, PRC SE 潘斌
JUSTIN CHEN, AIA 陈轩志
2019年5月15日 星期三 19:30-21:30
同济大学建筑与城市规划学院C楼 C1 报告厅
SOM

建筑的
文学语境
Architexture
in context of
literature
2017/11/24
18:30
同济大学建筑与城市规划学院
B楼钟庭报告厅

朱剑飞
從軍機處
到馬林迪
物质形式与
政治活动的
几种关系
From Beijing's Palace to Africa's Malindi
华霞虹
李翔宁
徐磊青
刘涤宇
同济大学建筑与城市规划学院
D楼5层D1报告厅
2018 / 06 / 15
15:30 ~ 17:00
CAUP

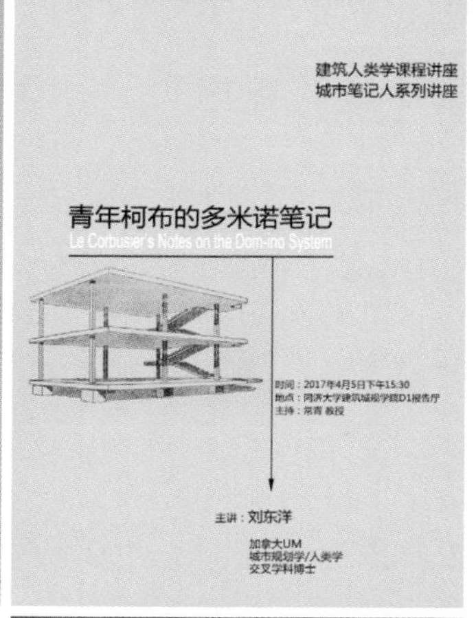
建筑人类学课程讲座
城市笔记人系列讲座
青年柯布的多米诺笔记
Le Corbusier's Notes on the Dom-ino System
主讲：刘东洋
加拿大UM
城市规划学/人类学
交叉学科博士

上 海 碎 片
THE FRAGMENTS OF SHANGHAI
主讲人
席子

历史建筑存量的研究
'Research on Historic Building Stocks'
城市设计中的反演与减法
'Inversion and Subtraction in Urban Design'
Uta Hassler
Iris Belle
Kees Christiaanse
建筑与城市规划学院
D楼，5层，D1报告厅
CAUP, Tongji University
Building D, Floor 5,
Lecture Hall D1
2017年11月7日 星期二
晚上 6:00
7 November 2017, Tuesday
6:00 pm
英文 English
蔡永洁 教授
CAI Yongjie

AFRICAN MODERNITY
Modern Architecture in Angola and Mozambique

Tuesday February 28 18:30 - 20:10
Room D-2
Ana Tostões
Plácido González Martínez
Li Yingchun
Wen Jing
do_co_mo_mo
CAUP

4. 学术讲座海报集锦

会议
Conferences

2017—2019 年学术会议

时间	主题
2017 年 4 月 8—9 日	“建成遗产：一种城乡演进的文化驱动力”国际学术研讨会
2017 年 5 月 9 日	2017 建筑系校庆报告会
2017 年 5 月 18 日	八骏之骏——《同济八骏》新书发布会暨青年建筑师沙龙
2017 年 5 月 18 日	《伊：CAUP 的女教授们》新书发布会
2017 年 5 月 26 日	故宫学院（上海）成立仪式暨故宫博物院单霁翔院长讲座
2017 年 5 月 27 日	EMBT 建筑事务所 Benedetta Tagliabue 城市更新与可持续发展论坛
2017 年 6 月 9 日	摄影师展览馆设计终期评图
2017 年 6 月 24 日	2014 级实验班三年级课程设计终期评图——社区图书馆
2017 年 6 月 24 日	上海数字未来 2017 工作营开幕式开幕演讲暨新书发布讨论会
2017 年 7 月 13 日	基于建筑声学研究的观演建筑设计研讨
2017 年 9 月 26 日	建成环境技术交叉科研论坛
2017 年 10 月 17 日	2017 未来城市与建筑国际博士生院：可持续垂直城市主义论坛
2017 年 11 月 11 日	“跨越新高度”第二届 CAUP 校友论坛
2017 年 11 月 26 日	时代建筑研讨会：街道 一种城市公共空间的活力与更新
2017 年 11 月 30 日	造的现代性——张永和教授作品与思想研讨会
2018 年 1 月 18 日	建筑历史理论研究生论坛——超级工作室 后现代艺术的去观念化
2018 年 3 月 18 日	八十年后再看佛光寺：当代建筑师的视角
2018 年 5 月 5 日	“壹江肆城”建筑院校青年学者论坛
2018 年 5 月 19 日	西方建筑历史与理论教学研讨班——现代建筑史：诠释的多样与变化
2018 年 6 月 6 日	建筑系·校庆报告会：第 16 届威尼斯国际建筑双年展观察
2018 年 6 月 7—8 日	面向空间再生的保护技术 ——2018 建成遗产保护技术国际研讨会
2018 年 7 月 10—12 日	2018“未来城市与建筑”国际博士生院 · 建筑 & 规划 & 景观前沿论坛
2018 年 11 月 2 日	同济大学 CAUP 大阪大学 GSE 国际交流纪念研讨会
2018 年 11 月 25 日	百年从周 | 陈从周先生百年诞辰纪念大会
2019 年 1 月 12 日	重庆永川公厕国际设计竞赛颁奖典礼暨“乡村振兴”主题论坛
2019 年 3 月 28 日	2019 上海高校国际青年学者论坛“建筑学、城乡规划学、风景园林学分论坛”
2019 年 3 月 29 日	中—英老龄友好环境学术论坛：为健康而设计
2019 年 4 月 9 日	程泰宁建筑作品展学术研讨会
2019 年 4 月 20—21 日	“乡村振兴中的建成遗产”国际学术研讨会
2019 年 5 月 11 日	包豪斯回望论坛
2019 年 5 月 31 日	智能时代的空间与传播 | 同济·风语筑“城市传播”论坛
2019 年 5 月 31 日	建筑系 2019 校庆报告会暨青年学者论坛——建筑学研究与实践的新前沿
2019 年 6 月 6 日	CAUP 街景感知与算法讨论会
2019 年 9 月 17 日	城市户外热环境设计研讨会
2019 年 6 月 14—17 日	首届社会—生态实践研究国际研讨会

1. 会议现场照片集锦

展览
Exhibitions

2017—2019 年展览

编号	时间	题目
1	2017 年 5 月 19 日—6 月 19 日	同济大学建筑与城市规划学院校庆历史图片展
2	2017 年 6 月 24 日—7 月 2 日	第七届"上海数字未来"DigitalFUTURES 2019 展览
3	2017 年 11 月 6 日—12 日	"相由心生"2016 级景观专业暑期写生作业汇报展
4	2017 年 11 月 7 日—12 月 15 日	建筑作为生活的介质
5	2017 年 11 月 19 日—2018 年 1 月 26 日	画境之外——城市与乡间的时空印迹 & 连接:城市公共空间的多元视角——同济大学建筑与城市规划学院国际教学实验展
6	2017 年 12 月 28 日—2018 年 1 月 16 日	建筑设计作业展:小菜场上的家——朱家角社区菜场及住宅综合体
7	2018 年 1 月 4 日—20 日	2017 年度李德华—罗小未设计教席 暨同济—MVRDV 联合设计教学成果展
8	2018 年 3 月 14 日—4 月 5 日	二十二城:从二战时期到二十一世纪的历史城市规划
9	2018 年 3 月 30 日—4 月 7 日	色彩教学成果展——山水绘
10	2018 年 6 月 19 日—29 日	建筑系 2018 毕业设计展暨毕业答辩
11	2018 年 7 月 7 日—9 月 30 日	"全筑"DigitalFUTURES Shanghai 2018 国际暑期工作营成果展
12	2018 年 7 月 24 日—29 日	信步行·期颐年——傅信祁百岁画展
13	2018 年 10 月 8 日—22 日	雕塑创意展 | CAUP 艺术造型工作坊成果展览
14	2018 年 11 月 15 日—25 日	时空连接的记叙 | 陈从周造园三章——王伟强摄影展
15	2018 年 12 月 25 日—2019 年 3 月	建筑系 第一届年度优秀作业设计展(2017—2018 学年)
16	2019 年 4 月 9 日—6 月	薪火相传, 匠心再造 | 闻学课堂传统文化系列展览
17	2019 年 5 月 9 日—6 月 6 日	同济大学精品课程《艺术造型》作业展
18	2019 年 5 月 14 日—24 日	校庆展览 | 献艺不言迟——刘家仲建筑水彩展
19	2019 年 5 月 19 日—6 月 1 日	"非山非水" | 吴刚 & 李兴无水墨画展
20	2019 年 5 月 25 日—7 月 14 日	家的成长 | 建筑大师自宅文献展(1930s—1960s)
21	2019 年 6 月 10 日—23 日	建筑系 2019 毕业设计展暨毕业答辩
22	2019 年 7 月 6 日—10 月 14 日	第九届"上海数字未来"DigitalFUTURES 2019 展览

楠园之构
豫园之补
水绘园之复
SHUIHUI GARDEN
信步行·期颐年
傅信祁百岁画展
主办单位：华东建筑集团股份有限公司
同济大学建筑与城市规划学院
同济大学档案馆
支持单位：刘海粟美术馆
开幕时间：2018年7月24日14：00
展览时间：2018年7月24日 7月29日
展览地点：刘海粟美术馆一号展厅
(上海市长宁区延安西路1609号)
非山非水
吴刚 & 李兴无
主办：同济大学建筑与城市规划学院
同济大学博物馆
策展：吴志强
时间：2019.5.8---6.1
地点：同济大学博物馆

1

1. 展览海报集锦

家的成长
建筑大师自宅文献展（1930s-1960s）
Growing Home: Archive of Master Architects' Own Houses (1930s-1960s)
2019.05.25–07.14
香港大学上海学习中心底层艺廊
2019.05.25 15:00
开幕
EXHIBITORS 研究者
Prof. ZHU Xiaoming 朱晓明
WU Yangjie 吴杨杰
CURATORS 策展人
SU Hang Kelsi 苏杭
XU Yuelan 许玥兰
小菜场上的家
建筑设计作业展
SAT 24 JUNE 14:30
14级实验班三年级课程设计终期评图
社区图书馆
同济大学建筑与城规学院D楼二楼室外展厅

2

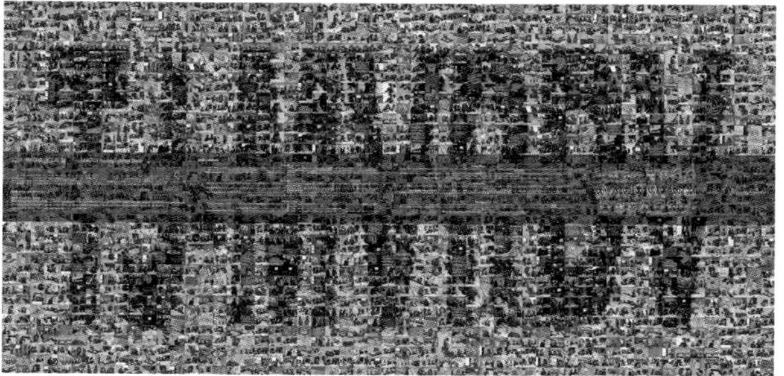

3

2.3. 展览海报及现场照片集锦

EPILOGUE

后记

同济大学建筑与城市规划学院建筑系始终保持兼容并蓄的学术风格和多元多样的人文氛围，理性务实的专业态度和开拓进取的创新精神，以及立足本土的国际化视野，形成结合国情、联系国际、应对社会的独特教学体系和培养特色，并一直保持着向前发展的态势。

本书是建筑系继 2014—2015 版年鉴后再一次系统和全面地对年度的本科和研究生教学的体系、学术研究与专业和社会实践成果进行整理和总结，其中既有宏观的全局资料，又有微观的典型资料；既有原始的文献资料，又有数据统计资料，我们希望能够借此反映建筑系在建筑学专业教育领域的思考与探索，也为未来的发展提供回溯和参考。

本书在有限的时间里从策划到出版，很多人付出了辛勤的劳动，我们对参与本书的所有工作人员表示由衷的感谢。感谢建筑系的全体教师对资料收集和整理做出的贡献，感谢同济大学出版社编辑工作组的辛勤劳动。

因为年鉴的时效性原因，资料收集和统计上难免有疏漏之处，诚请包涵。

同济大学建筑与城市规划学院建筑系

2019 年 7 月

图书在版编目（CIP）数据

同济建筑教育年鉴 . 2017-2019 / 同济大学建筑与城市规划学院
建筑系编著 . -- 上海 : 同济大学出版社 ,2019.11

ISBN 978-7-5608-8805-7
Ⅰ . ①同… Ⅱ . ①同… Ⅲ . ①同济大学－建筑学－教
育学－ 2017-2019 －年鉴 Ⅳ . ① TU-4

中国版本图书馆 CIP 数据核字 (2019) 第 243000 号

同济建筑教育年鉴 2017—2019
DEPARTMENT OF ARCHITECTURE, CAUP, TONGJI UNIVERSITY
同济大学建筑与城市规划学院建筑系 编著

责任编辑：荆　华　朱笑黎
助理编辑：凌　琳
责任校对：徐春莲
出版发行：同济大学出版社（地址：上海市四平路 1239 号　邮编：200092　电话：021-65985622）
经　　销：全国各地新华书店
印　　刷：上海安枫印务有限公司
开　　本：787mm ×1092mm　1/16
印　　张：17
字　　数：340 000
版　　次：2019 年 11 月第 1 版　2019 年 11 月第 1 次印刷
书　　号：ISBN 978-7-5608-8805-7
定　　价：170.00 元